国家示范（骨干）高职院校建筑工程技术重点建设专业成果教材

建筑设备安装与识图

■ 主　编　艾湘军　刘铁鑫
■ 副主编　韩贤贵　程明龙　张　扬

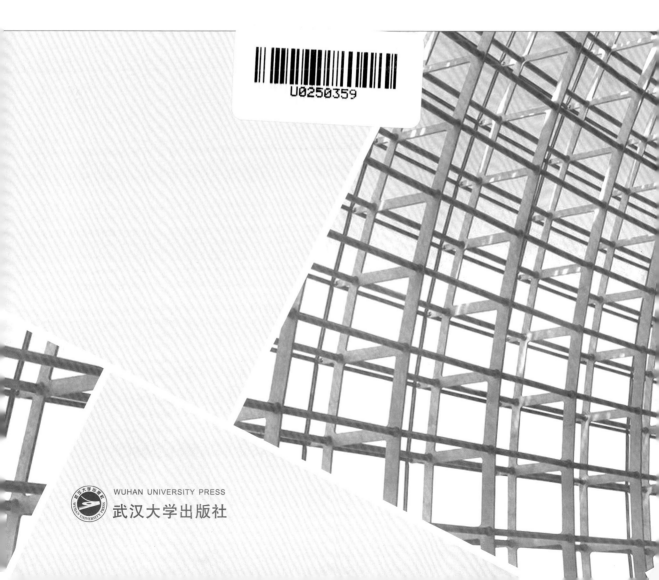

WUHAN UNIVERSITY PRESS
武汉大学出版社

图书在版编目(CIP)数据

建筑设备安装与识图/艾湘军,刘铁鑫主编 . —武汉:武汉大学出版社,
2013.7(2019.12 重印)
高职高专土建类专业"十二五"规划教材
ISBN 978-7-307-10728-1

Ⅰ.建…　Ⅱ.①艾…　②刘…　Ⅲ.①房屋建筑设备—建筑安装—高等职
业教育—教材　②房屋建筑设备—建筑安装—工程施工—识图法—高等职
业教育—教材　Ⅳ.TU8

中国版本图书馆 CIP 数据核字(2013)第 085506 号

责任编辑:胡　艳　　　责任校对:刘　欣　　　版式设计:马　佳

出版发行:**武汉大学出版社**　　(430072　武昌　珞珈山)
　　　　(电子邮箱:cbs22@ whu.edu.cn 网址:www.wdp.com.cn)
印刷:湖北金海印务有限公司
开本:787×1092　1/16　印张:22.5　　字数:545 千字　　插页:1
版次:2013 年 7 月第 1 版　　2019 年 12 月第 4 次印刷
ISBN 978-7-307-10728-1　　　　定价:45.00 元

前　　言

本书为高职高专"任务驱动"型教材，满足建筑工程技术、工程监理类专业对建筑设备工程的职业能力培养要求，并兼顾土建类其他专业的需求。全书配置大量建筑设备图片、施工图图样及识图训练内容，有助于学生能力的培养和提升，具有实用性、针对性和通俗性。

本书在设计和编排过程中具有以下特色：

1. 学习目标明确化

基于高职教育理论知识"够用为度"的原则，本教材的核心内容是使学生了解建筑设备工程的基本设计原理，熟悉常用设备、管材、施工工具，能够正确识读施工图，培养学生处理好建筑施工、管理与建筑设备专业协调与配合的能力。

2. 课程内容情境化

通过对施工员、监理员工作过程进行分析，明确岗位完成工作任务所要求的知识、技能、素质，由此确定学习情境。整本书分为七个学习情境（其中最后一个为识图专项训练），分别为建筑给水系统、建筑排水系统、建筑消防灭火系统、建筑供暖系统、建筑通风空调系统、建筑电气系统、建筑设备图识读专项训练。

3. 学习内容任务化

考虑到学生的认知过程和对应岗位的工作内容，本教材将每个教学情境均分成若干个小的教学任务，任务的设计由简单到复杂，由浅入深，循序渐进，知识和技能螺旋式地融于任务。

此外，本教材融入建筑设备发展的新技术、新材料、新工艺，重点介绍其在建筑物中的设置及应用情况。建筑给水系统章节中详细介绍了新型管材附件的特性和设置要点；建筑消防灭火系统章节中对新型化多样化的喷淋系统均有介绍；建筑供暖系统章节针对地板辐射采暖设置了单独的学习任务；建筑通风空调系统章节里对空调技术的发展形势作了介绍；针对建工、监理专业的专业特点，专门介绍了建筑施工用电。

本书可作为建筑工程技术专业、工程监理专业的教材，也可供相关专业的广大师生和有关设计、施工、监理、咨询、造价和审计等单位的工程技术人员参考。

本书在编写的过程中参考了大量的书籍、文献，在此向有关作者表示由衷的感谢。由于编者水平有限，编写时间较短，书中难免有不足之处，恳请读者提出批评指正。

编　者

2013.6

目　　录

学习情境一　建筑给水系统

【知识目标】

1. 熟悉建筑给水设计的基本原理、建筑给水系统的分类与组成；
2. 掌握常见管材、附件、设备的基本类型和特点；
3. 掌握给水系统安装施工工艺、给水系统安装与土建配合的要点。

【能力目标】

1. 能够针对工程实际问题，查阅给水系统布置、安装、验收等相关技术规范或手册，提出合理解决方案；
2. 能够完成土建工程施工与安装工程施工的配合工作。

【重点】

1. 给水系统的组成与供水方式；
2. 常见给水管材特性、连接方式及适用场所，各类附件、阀门、器材、设备的基本作用；
3. 给水系统安装与土建施工的配合。

【难点】

给水系统安装与土建施工的联系与配合。

任务一　建筑给水系统认知

一、建筑供水基本原理

（一）给水工程分类

不同的用途对水量、水质、水压的要求各不相同，常将给水管网分为不同的系统进行供水，一般有以下三种类型：

（1）生活给水系统：供人们生活饮用、烹饪、盥洗、洗涤、沐浴等日常用水，其水质必须满足《生活饮用水卫生标准》（GB5749—2006）。

（2）生产给水系统：供给各类产品生产过程中所需的用水，如冷却用水、锅炉用水等。生产给水系统的水质、水压因生产工艺不同而有较大差异。

（3）消防给水系统：供给各类消防设备扑灭火灾用水，消防给水系统对水质的要求不高，但必须保证足够的水量和水压，具体参照《建筑设计防火规范》（GB50016—2006）、《高层民用建筑设计防火规范》（GB50045—95）、《自动喷水灭火系统设计规范》（GB50084—2001）等。

上述三种给水系统应根据建筑物的性质，综合考虑技术、经济和安全条件，按水质、水量、水温及室外给水系统情况，组成不同的共同给水系统，如生活-消防给水系统，生产-消防给水系统，生活-生产给水系统，生活-生产-消防给水系统。对于高层建筑，由于消防灭火的重要性和其特殊性，消防给水系统必须单独设置。

(二)建筑给水系统的组成

建筑给水系统的组成如图 1.1 所示。

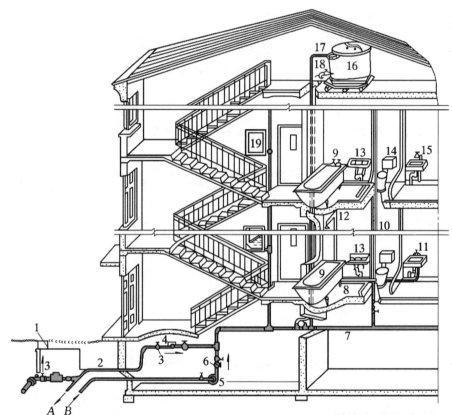

1—阀门井；2—引入管；3—闸阀；4—水表；5—水泵；6—止回阀；7—干管；8—支管；
9—浴盆；10—立管；11—水嘴；12—淋浴器；13—洗脸盆；14—大便器；15—洗涤盆；
16—水箱；17—进水管；18—出水管；19—消火栓；A—入储水池；B—来自储水池

图 1.1 室内给水系统组成示意图

(1)引入管：将室外给水管引入建筑物的管段，它与进户管(入户管)有区别，后者是指住宅内生活给水管道进入住户至水表的管段。为保证用水安全性，引入管可设两条，如图 1.2 所示。

(2)水表节点：引入管上装设的水表及其前后设置的阀门及泄水装置等的总称，如图 1.3 所示。

(3)给水管网：建筑内给水水平干管、立管和支管。

(4)给水管道附件：即配水龙头与各类阀门(控制阀、减压阀、止回阀等)。

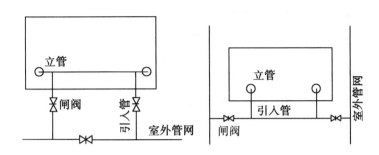

图 1.2 引入管的设置

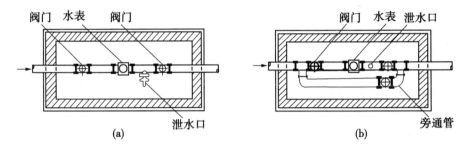

图 1.3 水表节点

(5)升压、储水设备：当室外给水管网的水压、水量不能满足建筑给水要求或建筑内对供水可靠性、水压稳定性有较高要求时，应根据需要在给水系统中设置水泵、气压给水设备和水池、水箱等增压、储水设备。

(三)建筑给水系统的给水方式

室内给水管网应具有一定的压力(图 1.4)，以确保最不利配水点(通常是距引入管起点最远和最高点)的配水龙头和用水设备所需的流量和流出水头。

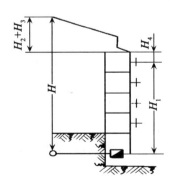

图 1.4 室内供水压力需求

室内给水管网所需的压力可以用下式计算：

$$H = H_1 + H_2 + H_3 + H_4 + H_5$$

式中，H——室内给水管网所需的压力(mH_2O 或 kPa)；

　　　　H_1——室内最不利点与引入管起点的高差或静压差(mH_2O 或 kPa)；

　　　　H_2——计算管路的沿程水头损失和局部水头损失之和(mH_2O 或 kPa)；

　　　　H_3——水流通过水表的水头损失(mH_2O 或 kPa)；

　　　　H_4——最不利配水点水龙头的流出水头或消火栓口所需水压(mH_2O 或 kPa)；

　　　　H_5——最不利配水点水龙头的富余水头(mH_2O 或 kPa)。

对于住宅的生活给水，在未进行精确计算之前，为了选择给水方式，可按建筑物的层数估算自室外地面算起所需的最小保证压力值。一层建筑物为 $10mH_2O$ 或 $100kPa$，二层建筑物为 $12mH_2O$ 或 $120kPa$，三层或三层以上的建筑物，每增加一层，增加 $4mH_2O$ 或 $40kPa$，即符合 $4n+4(n\geqslant2)$ 原理。当引入管或室内管网较长或层高超过 $3.5m$ 时，上述数值应适当增加。

给水方式是考虑外部管网或水源的供水条件和建筑内部用水需求而确定的供水方案。

1. 直接给水方式

直接给水方式适用于室外给水管网的水压、水量在一天内任何时间均能满足室内用水要求时采用(图 1.5)。该系统简单、投资小，可充分利用外网水压；但是一旦外网停水，室内立即断水，用水安全性差。

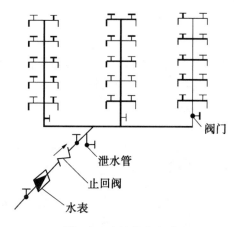

图 1.5　直接给水方式

2. 单设水箱给水方式

单设水箱给水方式一般在市政管压周期性不足时采用(图 1.6)。当用水低峰期时，管网中压力较高，可以将水打到屋顶水箱中储备，用水高峰期时，管网压力不足，较高的楼层可以由屋顶水箱供水。该系统节能，能减轻管网高峰负荷；但水箱水质容易污染，水箱也加重了建筑负荷。

3. 单设水泵给水方式

单设水泵给水方式适用于一天内室外管网压力大部分时间不能满足要求，且室内用水量较大又均匀的情况，可单设水泵升压供水，如生产车间给水(图 1.7)。对于用水量大且不均匀的建筑物，如住宅、高层建筑等，可采用一台或多台变速水泵运行，使水泵的供水

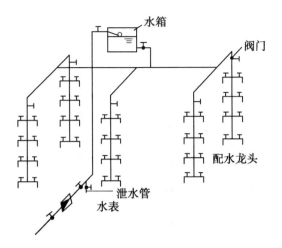

图 1.6　单设水箱给水方式

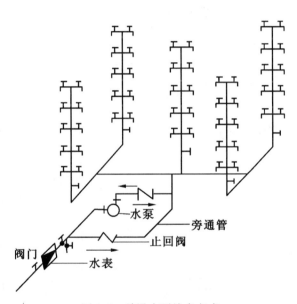

图 1.7　单设水泵给水方式

曲线和用水曲线接近，达到节能的目的。其中，水泵的取水方式有如下两种：

（1）直接取水：即水泵的吸水管接入室外给水管取水，优点是利用了室外给水管网的水压，水不被污染；缺点是容易引起室外给水管网水压的波动，影响周围用户的用水稳定性。

（2）间接取水：先将室外给水管网的水放入储水池，水泵从储水池中吸水，优点是不影响室外给水管网压力的稳定，但是浪费了室外给水管网的压力，同时储水池中的水容易被污染。

4. 水泵、水箱联合给水方式

该系统适用于室外给水管网的水压低于或周期性低于室内给水管网所需的水压，而且室内用水量又很不均匀的情况(图 1.8)。此种给水方式由于水泵可及时向水箱充水，使水箱容积可减小；又由于水箱的调节作用，水泵的出水流量稳定，可以使水泵在高效率区工作。

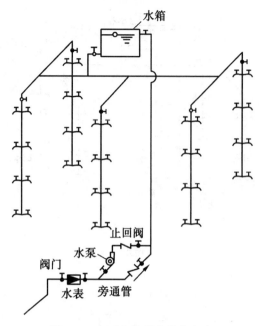

图 1.8　水泵水箱联合给水方式

5. 气压罐给水方式

该系统适用于室外给水管网的水压经常不足、室内用水不均匀，且不宜设置高位水箱的情况(图 1.9)。

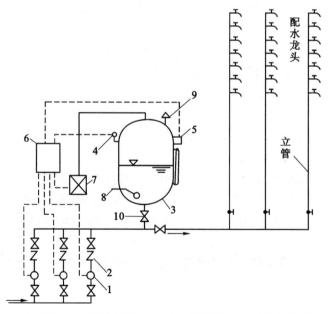

1—水泵；2—止回阀；3—气压水罐；4—压力信号器；5—液位信号器；6—控制器
7—补气装置；8—排气阀；9—安全阀；10—阀门
图 1.9　气压罐给水方式

该系统优点有：

(1)设备可设在建筑物的任何高度上；

(2)水质不易受污染；

(3)安装方便，建设周期短，便于实现自动化等。

但该系统也存在一些缺点：给水压力波动大，调节能力小，供水安全性小，管理及运行费用较高。一般气压罐给水方式只能作为一种辅助给水方式。

6. 分区给水方式

该系统适用于楼房层数较高的情况，为了充分利用外网的压力，宜将给水系统分为上、下两个供水区，下区由外网的压力直接供水，上区由水泵和水箱供水(图1.10)。为了提高供水的安全性，可把两区中的一根或几根立管相连，并在分区处设置阀门，必要时，可使整个管网全由水箱供水或由室外给水箱网直接向水箱充水。

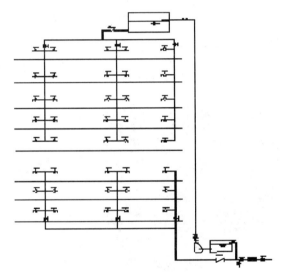

图 1.10　分区给水方式

7. 分质给水方式

该系统适用于小区中水回用等。根据不同用途所需的不同水质，设置独立给水系统的建筑供水(图1.11)。建筑中水系统是指建筑或建筑小区使用后的各种污、废水，经过处理后回用于建筑或小区作为杂用水，如用于冲厕、绿化、洗车等。

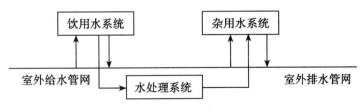

图 1.11　分质给水示意图

8. 无负压给水方式

该系统适用于不设水池的情况，也称为直接式管网叠压给水系统(图 1.12)，它由水泵、稳压平衡器和变频数控柜组成，水泵直接从与自来水管网连接的稳压平衡器吸水加压，然后送至各用水点，无须设置储水池和屋顶水箱。

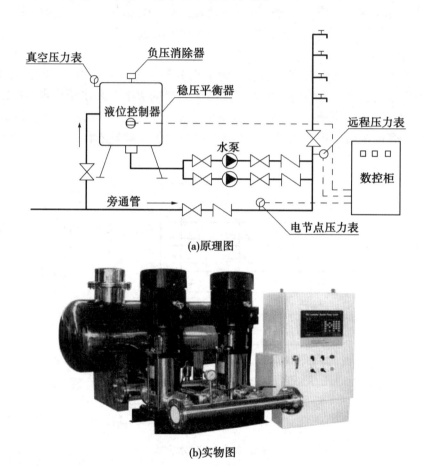

(a)原理图

(b)实物图

图 1.12　无负压给水系统

二、高层建筑供水

(一)高层建筑给水系统的特点

(1)高层建筑市政管网压力不满足高区的用水水压需求，必须二次加压。

(2)高层建筑高度大，若采用同一给水系统供水，则垂直方向管线过长，管网下部管道及设备的静水压力过大，一般管材、配件及设备的强度难以适应。相关规范中对分区供水的要求是：最低卫生器具配水点处的静水压力不宜大于 0.45MPa，特殊情况下不宜大于 0.55MPa。

(3)高层建筑对防震、防沉降、防噪音、防渗透等要求较高，需要更可靠的保证。

(二)常用的高层建筑给水方式

1. 高位水箱给水方式

高位水箱给水方式可分为并联给水方式、串联给水方式、减压水箱给水方式、减压阀给水方式。

（1）分区并联给水方式如图1.13所示。在各分区独立设水箱和水泵，水泵集中设置在建筑底层或地下室，分别向各区供水。该系统各区是独立系统，供水安全可靠；水泵集中，管理维护方便，但水泵数量多，高压管线长，设备费用增加；分区水箱占用建筑面积，影响经济效益。

（2）分区串联给水方式如图1.14所示。水泵分散设置在各区的楼层中，低区的水箱兼做上一区的水池。该系统无高压水泵和高压管线，运行动力费用经济；但水泵分散设置，占用较大面积，管理维护不便，供水可靠性差。

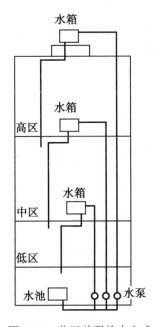

图1.13　分区并联给水方式

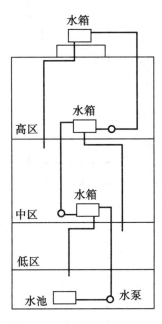

图1.14　分区串联给水方式

（3）减压水箱给水方式如图1.15所示。整个高层建筑的用水量由底层水泵提升至屋顶总水箱，然后再送至各分区减压水箱。该系统水泵数量少，设备费用低，维护管理简单；但水泵运行动力费用高，且屋顶水箱容积大，对建筑结构不利。

（4）减压阀给水方式如图1.16所示。由建筑地下室的泵房进行一次性集中加压，高压水沿主干管送至建筑上部用户，对于建筑下部的用户水压过高，则需要进行集中减压（减压阀组），再送至用户。减压阀价格不高，管材和安装工程量以及系统得维护难度等均大幅度下降，缺点是减压区的水头损失大，水泵功耗较大。

2. 气压水箱给水方式(图1.17)

气压水箱给水方式可分为气压水箱并联给水方式和气压水箱减压阀给水方式，该系统不需高位水箱，不占建筑面积；但运行动力费用高，储水量小，水泵启闭频繁。

3. 无水箱给水方式(图1.18)

该系统可分为变速水泵并联给水方式和变速水泵减压阀给水方式。根据给水系统中用水量情况自动改变水泵的转速,调整出流量并使水泵具有较高工作效率。该系统不需高位水箱,不占建筑面积;但设备费用较大,管理水平要求高(设备维修复杂)。

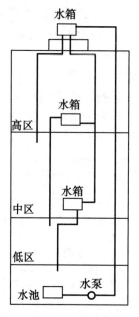

图 1.15　减压水箱给水方式

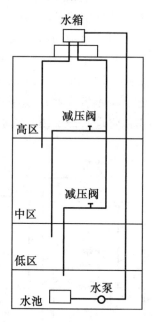

图 1.16　减压阀减压给水方式

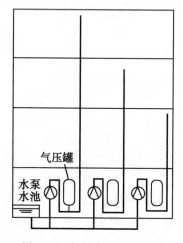

图 1.17　气压水箱给水方式

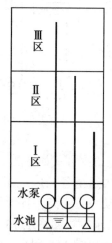

图 1.18　变速水泵并联给水方式

三、建筑热水供应

(一)建筑热水供应系统的分类与组成

1. **热水系统的分类**

建筑热水供应系统按供水范围的大小可分为局部热水供应系统、集中热水供应系统和区域热水供应系统。

（1）局部热水供应系统，即采用小型加热器在用水场所就地加热，供局部范围内一个或几个配水点。常见的加热设备有燃气热水器、电热水器、太阳能热水器（图 1.19）及小型家用锅炉等，适用于一般单元式居住建筑、医院、办公楼、集体宿舍等。

（2）集中热水供应系统，即在锅炉房、热交换站或加热间将水集中加热后，通过热水管网输送到整幢或几幢建筑（图 1.21）。适用于使用要求高、热水量较大，用水点多且分布比较集中的建筑，如较高级居住建筑、旅馆、酒店、公共浴室、医院等。

（3）区域热水供应系统，即热电厂、区域性锅炉房或热交换站将水集中加热后，通过市政热力管网输达至整个建筑群、居民区、城市街坊。适用于严寒地区、寒冷地区或高档住宅（图 1.20）。

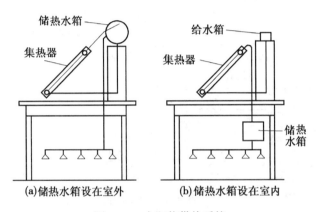

图 1.19 太阳能供热系统

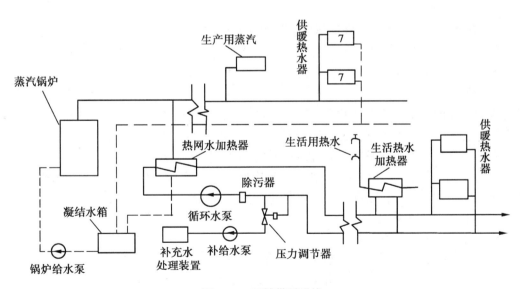

图 1.20 区域供暖系统

2. 热水系统的组成

如图 1.21 所示，室内集中热水系统主要由热媒系统（第一循环系统）、热水系统（第二循环系统)、附件三大部分组成。

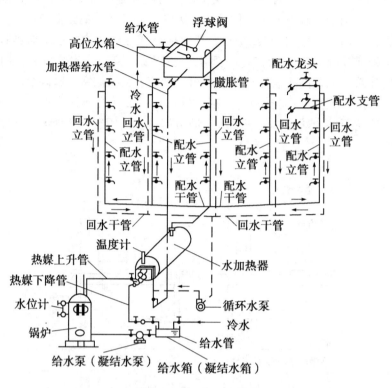

图 1.21　集中热水供应系统组成示意图

(1)热媒系统包括热源、水加热器、热媒管网管等。锅炉产生的蒸汽或过热水通过热媒管网送到水加热器加热冷水,经过热交换,蒸汽变成冷凝水,靠余压再送到冷凝水池,冷凝水和新补充的软化水经冷凝循环泵再送回锅炉加热为蒸汽。

(2)热水系统包括水加热气、热水循环泵、高位水箱、热水供回水管网等。水加热中的冷水由屋顶的水箱或给水管网补给,被加热到一定温度的热水,从水加热器中出来经配水管网送至各个热水配水点,为了保证用水点的水温,在立管和水平干管甚至支管处设置回水管,使部分热水经过循环水泵流回水加热器再加热。

(3)附件包括蒸汽、热水的控制附件及管道的连接附件,如温度自动调节器、疏水器、减压阀、安全阀、自动排气阀、膨胀管、管道伸缩器、闸阀、水嘴等。

(二)建筑热水系统供水方式

1. 根据管网压力工况分类

(1)开式系统(图 1.22),在管网顶部设高位冷水箱、膨胀管或开式加热水箱。管网与大气相通,系统水压决定于水箱的设置高度,而不受室外给水管网水压的波动影响。一般室外水压变化较大,且用户要求水压稳定时采用。

(2)闭式系统(图 1.23),一般设有压力膨胀罐,为了确保系统的安全运转,需设安全阀。冷水直接进入加热器,管路简单,水质不易受污染,但供水水压稳定性差,安全可靠性差。适合屋顶不设水箱且对供水压力要求不太严格的建筑采用。

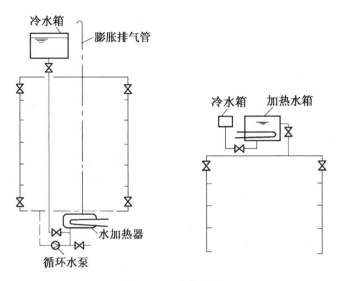

图 1.22　开式系统

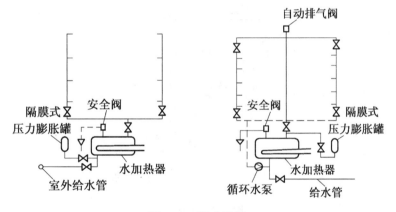

图 1.23　闭式系统

2. 根据加热冷水的方式分类

（1）直接加热（图 1.24），也称一次换热，是利用以燃气、燃油、燃煤为燃料的热水锅炉，把冷水直接加热到所需要的温度，或是将蒸汽直接通入冷水混合制备热水。

（2）间接加热（图 1.25），也称二次换热，是将热媒通过水加热器把热量传递给冷水，达到加热冷水的目的，在加热过程中热媒与被加热水不直接接触。

3. 根据管网设置循环管道分类

（1）全循环（图 1.26），指热水干管、立管及支管均能保持热水的循环，各配水龙头随时打开都能提供符合设计水温要求的热水。它适用于有特殊要求的高标准建筑，如高级宾馆、饭店、高级住宅等。

（2）不循环管道（图 1.27），适用于定时供热水系统，如公共浴室、旅馆等，每天定时供应热水，其他时间没有热水，一般不设循环管道，节约投资。

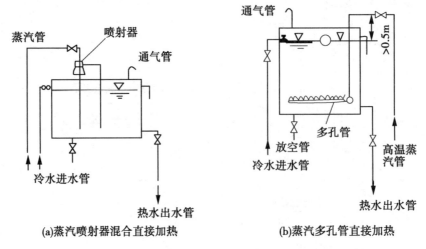

(a)蒸汽喷射器混合直接加热　　　　　(b)蒸汽多孔管直接加热

图 1.24　直接加热

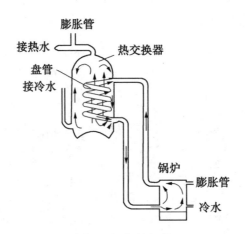

图 1.25　间接加热

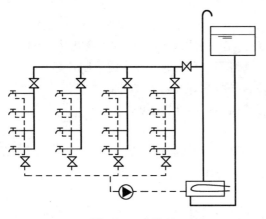

图 1.26　全循环

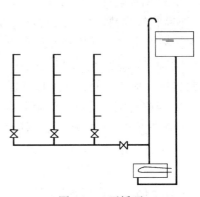

图 1.27　不循环

（3）半循环(图1.28)，其供水方式又分为立管循环和干管循环供水方式，前者是指热水干管和立管均能保持热水的循环，后者是指仅保持热水干管的热水循环。

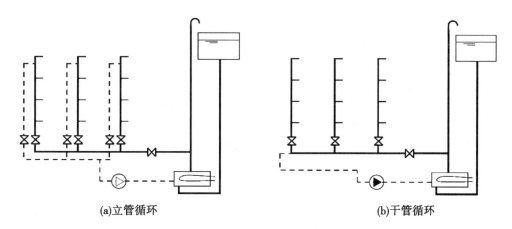

(a)立管循环 　　　　　　　　　　　　　　(b)干管循环

图1.28　半循环

任务二　给水管材、阀门和附件

一、给水管材

（一）管材参数

（1）公称直径：各种管件、管子的通用口径，用符号DN表示，常用管道尺寸见表1.1。

（2）公称压力：制品在基准温度下的耐压强度，用符号PN表示。

（3）试验压力：制品进行强度实验的压力，用符号Ps表示。

（4）工作压力：在正常条件下所承受的压力，用符号P表示。

表1.1　　　　　　　　　　　常用公称通径系列标准

公称通径	管螺纹	公称通径	管螺纹
DN(mm)	IN(″)	DN(mm)	IN(″)
15	1/2	70	2~1/2
20	3/4	80	3
25	1	100	4
32	1~1/4	125	5
40	1~1/2	150	6
50	2	200	8

注：1IN=25.4mm。

(二)常用给水管材

室内给排水工程常用管材根据材质不同，分为金属和非金属两大类，金属类的有钢管、铜管、铜铝复合管，非金属管常见的有塑料管。

1. 钢管

用于给水工程中的钢管主要有焊接钢管和无缝钢管两种。焊接钢管又分镀锌钢管(俗称白铁管)和不镀锌钢管(俗称黑铁管)。钢管的强度高、耐振动、重量较轻、长度大、接头少、管壁光滑、水力条件好，但耐腐性差，易生锈蚀，造价较高。

生活给水管、自动喷水灭火系统的消防给水管应采用镀锌钢管或镀锌无缝钢管，并且要求采用热浸镀锌工艺生产的产品，我国在 2000 年禁止使用冷镀锌钢管，只有水流经常流动的管道及对水质没有特殊要求的生产用水或独立的消防系统，才允许采用非镀锌钢管。

2. 铸铁管

铸铁管多用于给水、排水和煤气管道工程中，按性能分为承压铸铁管和排水铸铁管，按材质分为灰口铸铁、球墨铸铁和高硅铁管，其中，给水球墨铸铁管比普通灰口铸铁有较高强度、较好韧性和塑性，能承受较大工作压力(0.45~1.00MPa)；铸铁管耐腐蚀、价格便宜，管内壁涂沥青后较光滑，因此在管径大于 70mm 时常用做埋地管，其缺点是性脆、长度小、质量大等。

3. 塑料管

塑料管有良好的化学稳定性，耐腐蚀，不受酸、碱、盐、油类等物质的侵蚀；管壁光滑、水流阻力小；容易切割，还可制成各种颜色，也可代替金属管材以节省金属。为了防止管网水质污染，塑料管的推广使用正在加速进行，并将逐步替代质地较差的金属管。常用的塑料管材有：

(1)硬聚氯乙烯管(PVC-U)：按用途分为给水用、排水用和化工用。

(2)聚乙烯管(PE)：按用途分为燃气用埋地聚乙烯管、软聚氯乙烯管、给水用高密度聚氯乙烯管、给水用低密度聚氯乙烯管、胶聚聚氯乙烯等。

(3)聚丙烯管(PP)：主要用做输送水温不超过 95℃ 的给水管材。

4. 复合管材

常用的复合管材有钢塑复合管、铝塑复合管等。

钢塑复合管是以高密度聚乙烯(HDPE)或交联聚乙烯(PEX)为内、外层，中间为对接焊钢管，各层之间采用热熔胶紧密粘接的新型绿色管材，它兼有钢管强度高和塑料管耐腐蚀、保持水质的优点。

铝塑复合管是中间以铝合金为骨架，内、外壁均为聚乙烯等塑料的管道。除具有塑料管的优点外，它还有耐压强度好、耐热、可挠曲、接口少、安装方便、美观等优点。目前，管材规格大多为 DN15~DN40，多用做建筑给水系统的分支管。

5. 其他管材

其他常见管材包括铜管、不锈钢管等。

铜管可以有效地防止卫生洁具被污染，且光亮美观、豪华气派。目前，其连接配件、阀门等也配套产出。根据我国几十年的使用情况，证实其效果良好。铜分为紫铜(纯)、黄铜(锌)、青铜(锡)和白铜(镍)，用于制氧、制冷、空调、高纯水设备等管道，也可用于现代高档次建筑的给水、热水供应管道。铜管规格用外径乘壁厚表示，如 D159×4.5。

不锈钢管表面光滑，亮洁美观，摩擦阻力小；强度高，且有良好的韧性，容易加工；耐腐蚀性能优异，无毒无害，安全可靠，不影响水质；其配件、阀门均已配套。由于人们越来越讲究水质的高标准，不锈钢管的使用呈快速上升之势。

（三）管道连接

管道配件是指在管道系统中起连接、变径、转向、分支等作用的零件，又称为管件。各种不同管材有相应的管道配件，管道配件有带螺纹接头（多用于塑料管、钢管，如图1.29 所示）、带法兰接头、带承插接头（多用于铸铁管、塑料管）等几种形式。

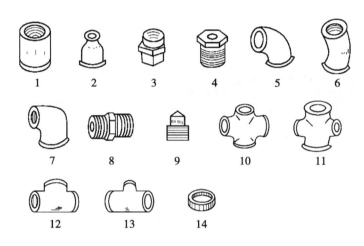

1—管箍；2—异径管箍；3—活接头；4—补心；5— 90°弯头；6— 45°弯头；7—异径弯头；8—内管箍；
9—管塞；10—等径四通；11—异径四通；12—等径三通；13—异径三通；14—根母

图 1.29　钢管螺纹管道配

1. 钢管的连接方法

钢管的连接方法有螺纹连接、焊接和法兰连接和卡箍连接。

（1）螺纹连接，也称丝扣连接。配件大都用可锻铸铁制成，分镀锌与不镀锌两种，其抗腐性及机械强度均较大。这种方法多用于明装管道，一般用于管径 15~150mm，耐压力为 1.0~1.6MPa；为了防腐耐用，小口径的镀锌钢管采用螺纹接口，不可采用焊接。

管螺纹加工分为人工绞板与电动套丝机两种方法。图 1.30 是管子绞板的构造，在绞板的板牙架上设有 4 个板牙孔，用于装板牙，板牙的进退调节靠转动带有滑轨的活动标盘进行。

（2）焊接，用焊机、焊条烧焊将两段管道连接在一起。这种连接方式的优点是：接头紧密、不漏水、不需配件、施工迅速，但无法拆卸。焊接只适用于不镀锌钢管。这种方法多用于暗装管道。

（3）法兰连接（图 1.31），在较大管径（50mm 以上）的管道上，常将法兰盘焊接（或用螺纹连接）在管端，再以螺栓将两个法兰连接在一起，进而两段管道也就连接在一起了。法兰连接一般用在连接阀门、止回阀、水表、水泵等处，以及需要经常拆卸、检修的管段上。

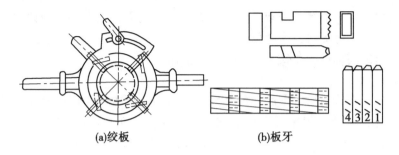

(a)绞板   (b)板牙

图 1.30 绞板及板牙

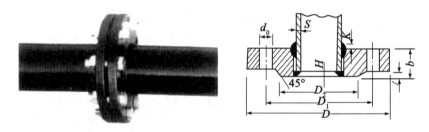

图 1.31 法兰连接

（4）卡箍连接（图 1.32），是一种新型的钢管连接方式，也叫做沟槽连接。这种方式操作简单、施工安全、稳定性好、价格合理。

(a)卡箍接头   (b)机械三通

图 1.32 卡箍连接

《自动喷水灭火系统设计规范》提出，系统管道的连接应采用沟槽式连接、丝扣连接、法兰连接，系统中直径等于或大于 100mm 的管道应分段采用法兰或沟槽式连接件连接。

2. 铸铁管的连接方法

铸铁管与管之间的连接，采用承插式或法兰盘式接口形式，连接阀门等处多用法兰盘连接。承插连接（图 1.33）按功能又可分为柔性接口、刚性接口、半刚半柔性接口。柔性接口用橡胶圈石棉水泥密封，允许有一定限度的转角和位移，因而具有良好的抗震性和密封性，比刚性接口安装简便快速；刚性接口采用油麻石棉水泥接口、橡胶圈膨胀水泥接口；半刚半柔性接口采用麻、铅接口。

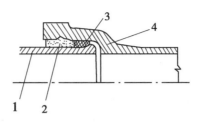

1—插口；2—承口；3—内层填料；4—外层填料
（内层填料有油麻、橡胶圈、粗麻绳和石棉绳等）
图 1.33　承插式铸铁管接口连接

3. 塑料管的连接方法

塑料管的连接方法一般有螺纹连接（其配件为注塑制品）、焊接（热空气焊、热熔焊、电熔焊）、法兰连接、螺纹卡套压接，还有承插接口、胶粘连接等。图 1.34 所示为热熔连接中使用的热熔机。

图 1.34　热熔机

4. 铜管的连接方法

铜管的连接方法有螺纹卡套压接、焊接（有内置锡环焊接配件、内置银合金环焊接配件、加添焊药焊接配件）等。

5. 不锈钢管的连接方法

不锈钢管一般有焊接、螺纹连接、法兰连接、卡箍连接和铰口连接等。

6. 复合管的连接方法

钢塑复合管一般用螺纹连接，其配件一般也是钢塑制品。铝塑复合管一般采用螺纹卡套压接，其配件一般是铜制品，先将配件螺帽套在管道端头，再把配件内芯套入端内，然后用扳手扳紧配件与螺帽即可。

二、管道附件

管道附件是给水管网系统中调节水量、水压，控制水流方向，关断水流等各类装置的总称，可分为配水附件和控制附件两类。

（一）配水附件

配水附件（图 1.35）用以调节和分配水流，通常是指分配或调节水流的各式水龙头。

水龙头按结构可分为单联式、双联式和三联式。单联式水龙头可接冷水管或热水管；双联式水龙头可同时接冷热两根管道，多用于浴室面盆以及有热水供应的厨房洗菜盆的水龙头；三联式水龙头除接冷热水两根管道外，还可以接淋浴喷头，主要用于浴缸的水龙头。

另外，水龙头还有单手柄和双手柄之分。单手柄水龙头通过一个手柄即可调节冷热水的温度，双手柄则需分别调节冷水管和热水管来调节水温。按开启方式来分，水龙头还可分为螺旋式、扳手式、抬启式和感应式等。

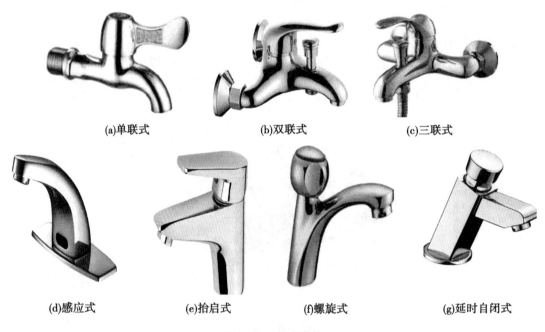

图 1.35　配水附件

（二）控制附件

控制附件用以调节水量或水压、关断水流、改变水流方向等。

1. 阀门种类

常用的阀门种类有以下几种：

（1）截止阀（图 1.36（a）），用于汽、水管路启闭与调节。此阀结构简单，关闭严密，但水流阻力大，适用于管径≤50mm 的管道。安装时，注意方向应为低进高出。

（2）闸阀（图 1.36（b）），用于汽、水管路等的启闭。此阀全开时水流呈直线通过，阻力较小。但如有杂质落入阀座，则阀门不能关闭严实，因而易产生磨损和漏水。当管径在 70mm 以上时，可采用此阀。

（3）蝶阀（图 1.36（c）），用于大直径、低参数管路。阀板在 90°翻转范围内起调节、节流和关闭作用，操作扭矩小，启闭方便，体积较小，适用于管径 70mm 以上或双向流动管道；质轻、尺寸短，但严密性较差。

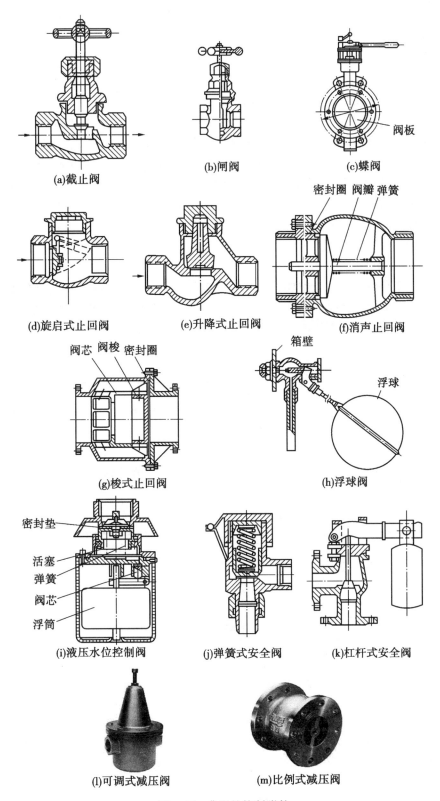

图 1.36　典型的控制附件

(4)止回阀(图1.36(d)、(e)、(f)、(g)),属自动阀,可控制介质流向,介质按规定方向流动阀芯开启,反之关闭,注意按规定方向安装。

(5)浮球阀(图1.36(h)),是一种用以自动控制水箱、水池水位的阀门。其缺点是体积较大,阀芯易卡住引起关闭不严而使水箱溢水。与浮球阀功用相同的还有液压水位控制阀(图1.36(i))。它克服了浮球阀的弊端,是浮球阀的升级换代产品。

(6)安全阀(图1.36(j)、(k)),是一种保安器材。管网中安装此阀可以避免管网、用具或密闭水箱超压遭到破坏。一般有弹簧式、杠杆式两种。

(7)减压阀(图1.36(l)、(m))常用的有两种类型,即弹簧式减压阀和活塞式减压阀(也称比例式减压阀),其作用是降低水流压力。在高层建筑中使用它,可以简化给水系统,减少水泵数量或减少减压水箱,同时可增加建筑的使用面积,降低投资,防止水质的二次污染。在消火栓给水系统中可用它防止消火栓栓口处的超压现象。它的使用已越来越广泛。

2. 阀门的编号

阀门产品型号由七个单元组成按下列顺序编制:依次为类型代号、传动方式代号、连接形式代号、结构形式代号、密封圈或衬里材料代号、公称压力数值/阀体材料代号。

第一部分:阀门的类别用汉语拼音字母表示,见表1.2。

表1.2 阀门的类型

类型	代号	类型	代号	类型	代号
闸阀	Z	蝶阀	D	安全阀	A
截止阀	J	隔膜阀	G	减压阀	Y
节流阀	L	旋塞阀	X	疏水阀	S
球阀	Q	止回阀	H		

第二部分:传动方式用一位阿拉伯数字表示。对于手轮、手柄、扳手等直接传动的阀门,可省略。需用其他传动方式的阀门,见表1.3。

表1.3 传 动 方 式

传动方式	代号	传动方式	代号
电磁动	0	伞齿动	5
电磁液动	1	气动	6
电液动	2	液动	7
蜗轮	3	气液动	8
正齿轮	4	电动	9

第三部分：连接形式用一位阿拉伯数字表示，见表1.4。

表1.4 **连 接 形 式**

连接形式	内螺纹	外螺纹	法兰	焊接	对夹	卡箍	卡套
代号	1	2	4	6	7	8	9

第四部分：结构形式用一位阿拉伯数字表示，见表1.5。

表1.5 **结 构 形 式**

闸阀结构形式				代号
明杆	楔式		弹性闸板	0
		刚性	单闸板	1
			双闸板	2
	平行式		单闸板	3
			双闸板	4
暗杆楔式			单闸板	5
			双闸板	6

截止阀形式	代号	截止阀形式	代号
直通式(铸造)	1	直角式(锻造)	4
直角式(铸造)	2	直流式	5
直通式(锻造)	3	压力计用	6

止回阀形式	代号	止回阀形式	代号
直通升降式(铸)	1	单瓣旋启式	4
立式升降式	2	多瓣旋启式	5
直通升降式(锻)	3		

第五部分：密封圈或衬里材料，用汉语拼音字母表示，见表1.6。

表 1.6　　　　　　　　　　　　　　　　　**密封圈或衬里材料**

密封圈或衬里材料	代号	密封圈或衬里材料	代号	密封圈或衬里材料	代号
铜合金	T	巴氏合金	B	衬胶	J
橡胶	X	合金钢	H	搪瓷	C
尼龙塑料	N	渗氮钢	D	衬铅	Q
氟塑料	F	硬质合金	Y	渗硼钢	P

第六部分：公称压力，用短线与第五部分隔开。

第七部分：阀体材料，用汉语拼音字母表示，见表 1.7。工作压力小于或等于 1569.6kPa 的灰铸铁阀门，或工作压力大于或等于 2452.5kPa 的碳钢阀门可省略。

表 1.7　　　　　　　　　　　　　　　　　**阀 体 材 料**

阀体材料	代号	阀体材料	代号	阀体材料	代号
灰铸铁	Z	铜合金	T	1Cr18Ni9Ti	P
可锻铸铁	K	碳钢	C	1Cr18Ni12Mo2Ti	R
球墨铸铁	Q	Cr5Mo	I	12Cr1MoV	V

例如，Z45T-0-1：闸阀，手动，法兰连接，暗杆楔式单板，铜合金密封，PN = 1.0MPa，灰铸铁阀门省略。

J11T-1-0：截止阀，手动，内螺纹，直通式，铜密封面，PN＝1.0MPa，灰铸铁阀门省略。

(三) 水表

1. 流速式水表(图 1.37)

建筑内部给水系统中，广泛采用的是流速式水表。按叶轮构造不同，流速式水表分旋翼式(又称叶轮式)和螺翼式两种。螺翼式水表叶轮转轴与水流方向平行，阻力较小，起步流量和计量范围比旋翼式水表大，适用于计量大流量。旋翼式的叶轮转轴与水流方向垂直，阻力较大，起步流量和计量范围较小，多为小口径水表，水流阻力大，适用于测量小的流量。

流速式水表按计数机件所处状态分为干式和湿式两种。干式水表的计数机件用金属圆盘与水隔开，计量敏感性差；湿式水表传动机构淹没在水中，计量准确，灵敏度高，密封性好，但不适用于水中有杂质的场合。

2. 远程数字显示水表(图 1.38、图 1.39)

由于技术的发展和节水意识的提高，传统的"先用水后收费"用水体制和人工进户抄表、结算水费的繁杂方式，已不适应现代管理方式与生活方式，电磁流量计、远程计量仪等自动水表应运而生。

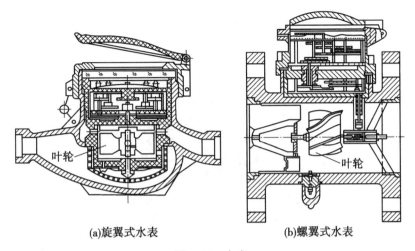

(a)旋翼式水表　　　**(b)螺翼式水表**

图 1.37　水表

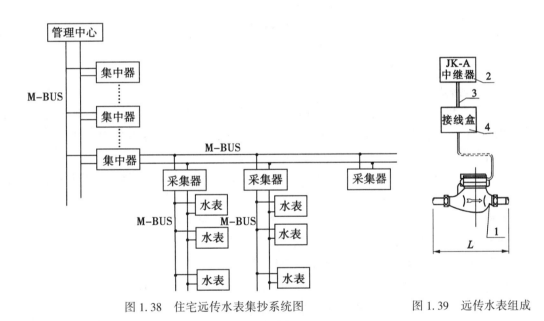

图 1.38　住宅远传水表集抄系统图　　　　图 1.39　远传水表组成

　　水表的选用应考虑所计量的用水量及其变化幅度、水温、工作压力、计量范围及水质情况。水表直径一般应与安装水表的管道直径相一致，一般情况下，当 DN<50mm 时，应采用旋翼式水表；当 DN>50mm 时，应采用螺翼式水表；当通过的流量变幅较大时，应采用复式水表；住宅分户内水表宜选用远传或 IC 卡等智能化水表。

三、相关设备

(一)水泵

　　水泵是给水系统中的主要升压设备。在建筑给水系统中，较多采用离心式水泵，它具有结构简单、体积小、效率高、运转平稳等优点。下面主要讲离心泵。

1. 离心泵的基本构造

图 1.40 所示为单级单吸式离心泵的基本构造，主要包括蜗壳形的泵壳、泵轴、叶轮、吸水管、压水管、底阀、控制阀门、灌水漏斗和泵座。

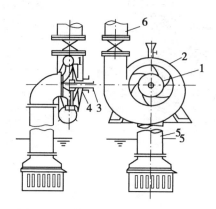

1—叶轮；2—泵壳；3—泵轴；4—填料函；5—吸水管；6—压水管

图 1.40　单级单吸式离心泵基本构造

2. 离心泵的工作原理

离心泵是利用叶轮旋转而使水产生的离心力来工作的。离心泵在启动前，必须使泵壳和吸水管内充满水，然后启动电机，使泵轴带动叶轮和水做高速旋转运动，水在离心力的作用下被甩向叶轮外缘，经蜗形泵壳的流道流入水泵的压水管路。在水泵叶轮中心处，由于水在离心力的作用下被甩出后形成真空，吸水池中的水便在大气压力的作用下被压进泵壳内，叶轮通过不停地转动，使得水在叶轮的作用下不断流入与流出，从而达到输送水的目的。

3. 离心泵的主要工作参数

流量 Q：单位时间输送液体体积，单位常用 L/s 或 m^3/h。

扬程 H：水泵给予单位重量液体的能量，单位常用高度单位 mH_2O、kPa 或 MPa。

轴功率 N：电机输给水泵的总功率，单位用 kW 表示。

有效功率 N_u：水泵提升水做的有效功的功率，单位用 kW 表示。

效率 η：水泵有效功率与轴功率的比值。

转速 n：反映水泵叶轮转动的速度，单位用 r/min 表示。

允许吸上真空高度 H_s：泵在工作条件下的允许吸上真空高度，单位用 mH_2O 表示。

4. 离心泵的选择及安装

水泵的选择原则：根据给水系统所需要的水量和水压，所选水泵的流量≥给水系统最大设计流量，水泵的扬程≥给水系统所需的水压。考虑到运转过程中泵的磨损和效能降低，一般按给水系统所需要的水量和水压附加 10%～15% 作为选择水泵流量和扬程的参考，所选泵在实际情况中应在高效段运行。生活给水系统的水泵宜设一台备用机组，备用泵的供水能力不应小于最大一台运行水泵的供水能力，且水泵宜自动切换交替运行。

水泵安装工艺流程：放线定位→基础施工→预留孔→埋地脚螺栓→水泵安装→二次灌浆→配管及试运行。

安装要点:

(1)安装前,检查基础的尺寸、位置、标高是否符合设计要求,地脚螺栓必须恰当、正确地固定在混凝土地基中,机器不应有缺件、损坏或锈蚀等情况。

(2)安装高度不能太高,应小于允许安装高度。设法尽量减少吸入管路的阻力,以减少发生汽蚀的可能性。

(3)对于噪音控制要求严格的建筑物,应有减震措施,如图1.41所示,主要措施有基础采用橡胶隔震垫,吸、压水管可设可曲挠接头,管道支撑可设弹性支吊架,另外,对水泵房的建筑构造采取隔声、吸声措施。

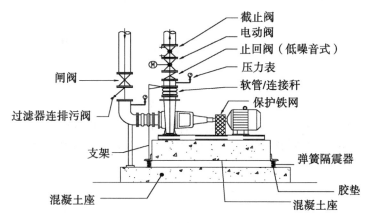

图 1.41 水泵安装示意图

(二)储水池

储水池(图1.42)是建筑给水常用调节和储存水量的构筑物。储水池的形状有圆形、方形、矩形和因地制宜的其他形状。小型储水池可以是砖石结构,混凝土抹面;大型储水池是钢筋混凝土结构。

储水池宜布置在地下室或室外泵房附近,不宜毗邻电气用房和居住用房;生活储水池应远离化粪池、厕所、厨房等卫生环境不良的地方,应有防污染的技术措施;生活储水池不得兼做它用,消防和生产事故储水池可兼做喷泉池、水景池和游泳池等。

(三)吸水井

吸水井是用来满足水泵吸水要求的构筑物,当室外不设置储水池而又不允许水泵直接从室外管网抽水时设置。吸水井有效容积不得小于最大一台水泵3min的出水量。吸水井尺寸要满足吸水管的布置、安装、检修和水泵正常工作的要求,其布置的最小尺寸如图1.43所示。

(四)水箱

在建筑给水系统中,当需要储存和调节水量,以及需要稳压和减压时,均可以设置水箱。水箱一般采用钢板、钢筋混凝土、玻璃钢制作。按不同用途,水箱可分为高位水箱、减压水箱、冲洗水箱、断流水箱等多种类型。常用水箱的形状有矩形、方形和圆形。

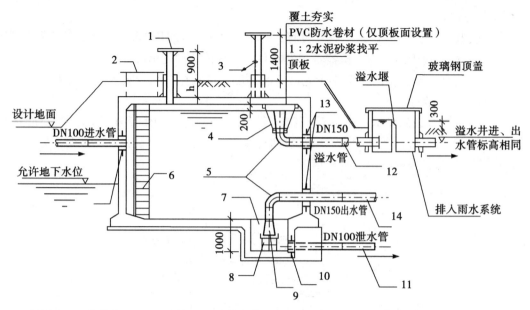

1—通风帽；2—检修孔；3—通风管；4—水管吊架；5—钢制弯头；6—爬梯；7—吸水坑；8—喇叭口支架；9—喇叭口；10—刚性防水套管；11—放空管；12—溢流管；13—刚性防水套管；14—出水管

图 1.42　储水池

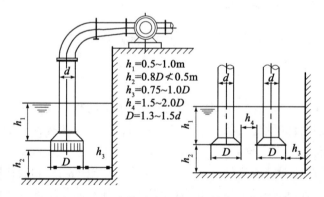

图 1.43　吸水管进水口在吸水井中的位置

1. 水箱附件

水箱应设进水管、出水管、溢流管、通气管、泄水管、液位计、信号管、人孔、内外爬梯等附件，如图 1.44 所示。

（1）进水管。水箱进水管一般从侧壁接入，也可以从底部或顶部接入。当水箱利用管网压力进水时，其进水管出口处应设浮球阀或液位阀。浮球阀一般不少于两个。每个浮球阀前应装有检修阀门。

（2）出水管。水箱出水管可从侧壁或底部接出。从侧壁接出的出水管内底或从底部接出时的出水管口顶面，应高出水箱底 50mm，出水管口应设置阀门。

（3）溢流管。水箱溢流管可从侧壁或底部接出，其管径应按水箱最大流入量确定，并宜比进水管大 1~2 号。溢流管上不得安装阀门，也不得与排水系统直接连接，必须采用

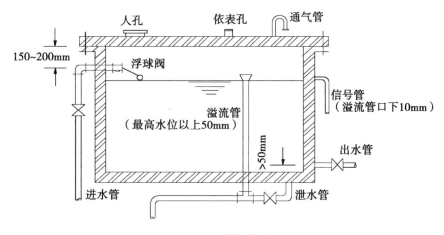

图 1.44　水箱构造

间接排水，管口应有防止尘土、昆虫、蚊蝇等进入的措施。

（4）通气管。供生活饮用水的水箱应设有密封箱盖，盖上应设有检修人孔和通气管。通气管可伸至室内或室外，但不得伸至存在有害气体的地方，管口应有防止灰尘、昆虫和蚊蝇进入的滤网，一般应将管口朝下设置。通气管上不得装设阀门、水封等妨碍通气的装置。通气管不得与排水系统和通风道连接。通气管一般采用 DN50 的管径。

（5）泄水管。水箱泄水管应自底部最低处接出。泄水管上装有闸阀，可与溢流管相接，但不得与排水系统直接连接。泄水管一般采用 DN50 的管径。

（6）信号管。若在水箱未装液位信号计时，可设信号管给出溢水信号。信号管一般自水箱侧壁接出，其设置高度应使其管内底与溢流管底或喇叭口溢流水面平齐。信号管可接至经常有人值班房间内的洗脸盆、洗涤盆等处。信号管一般采用 DN15 的管径。

2. 水箱的布置与安装

水箱一般设置在水箱间，水箱间的位置应结合建筑、结构条件和便于管道布置来考虑，应在便于维护，光线、通风和防蚊蝇条件良好且不结冻的地方。室内最低气温不得低于 5℃，水箱间的承重结构为非燃烧材料，水箱间的净高不得低于 2.2m。在我国南方地区，大部分是直接设置在平屋面上。对于大型公共建筑和高层建筑，为保证供水安全，宜将水箱分成两格或设置两个水箱。

具体的水箱布置要求见表 1.8。

表 1.8　　　　　　　　　　　　水箱布置间距（m）

箱外壁至墙面的距离		水箱之间的距离	箱顶至建筑最低点的距离
有阀一侧	无阀一侧		
1.0	0.7	0.7	0.8

注：1. 水箱旁连接管道时，表中所规定的距离应从管道外表面算起；

　　2. 当水箱按表中布置有困难时，允许水箱之间或水箱与墙壁之间的一面不留检修通道；

　　3. 表中有阀或无阀是指有无液压水位控制阀或浮球阀。

(五) 气压给水设备

气压给水装置 (图 1.45) 是储存、调节和输送水量的装置。气压给水装置按压力分为变压式和定压式两种,工程常用变压式;按压水罐的构造分为补气式和隔膜式,隔膜式又分为帽形隔膜和胆囊形隔膜。

如图 1.45 所示该系统工作原理为:当罐内的水在压力 P_2 的作用下被压送至给水管网,随着罐内水量的减少,压缩空气体积膨胀,压力减小;当压力降至最小工作压力 P_1 时,压力信号器动作,使水泵启动,水送至管网的同时,送至气压水罐,当水管压力达到 P_2 时停泵,由气压水罐供水。

该设备作用相当于高位水箱或水塔,但气压水罐可以设置于任何高度,施工安装方便,运行可靠,维护和管理方便;由于气压水罐是密闭装置,水质不易被污染,还能消除水锤作用;但气压水罐容量小,调节能力较小,罐内水压变化大,水泵启动频繁,耗电多,经常性费用较高。该设备对于压力要求稳定的用户不适宜。

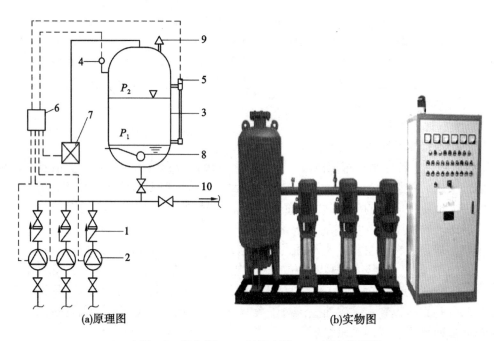

(a)原理图   (b)实物图

1—水泵;2—单向阀;3—气压水罐;4—压力信号器;
5—液位信号器;6—控制器;7—补气装置;8—排气阀;9—溢流阀
图 1.45 单罐变压式气压给水装置

(六) 变频调速给水设备

变频调速水泵的构造与恒速水泵一样也是离心泵,不同的是配有变速配电装置,整个系统由电动机、水泵、传感器、控制器及变频调速器等组成,其转速可以随时调节。变频调速给水设备一般采用变频调速泵与恒速泵组合供水方式,其作用原理如图 1.46 所示。

变频调速给水设备的主要优点有:效率高、耗能低;运行稳定可靠,自动化程度高;设备紧凑,占地面积少;对管网系统中用水量变化适应能力强;造价较高,要求管理水平高且电源可靠。它广泛使用于住宅小区、高层民用建筑等工程中。

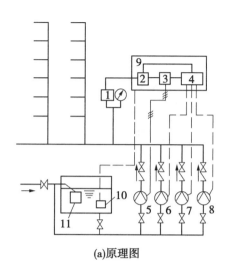
(a)原理图

(b)实物图

1—压力传感器；2—微机控制器；3—变频调速器；4—恒速泵控制器；
5—变频调速泵；6、7、8—恒速泵；9—电控柜；10—水位传感器；11—液位自动控制阀
图1.46　变频调速水泵工作原理

任务三　给水系统的安装及与土建配合

一、给水管道布置基本要求

生活给水管道的布置要求有：水力条件好，管线顺直，工程量少；安装管理方便，运行可靠；不影响、妨碍房屋的使用和设备的正常运行；满足使用和美观要求。

管道的布置形式按供水可靠程度要求，可分为枝状和环状两种形式，建筑生活给水系统一般为枝状管网。

管道安装方式可分为明装和暗装，一般应根据建筑标准、卫生标准和管道材质等因素确定。明装管道在建筑物内沿墙、梁、柱、地板或在天花板下等处暴露铺设，并以钩钉、吊环、管卡及托架等支托物使之固定。暗装干管和立管铺设在吊顶、管井内，支管铺设在楼地面的找平层内或沿墙铺设在管槽内(图1.47、图1.48)。

二、给水管道安装的施工作业条件

地下管道铺设必须在房心土回填夯实或挖到管底标高时进行，沿管线铺设位置清理干净，管道穿墙处已留管洞或安装套管，其洞口尺寸和套管规格应符合要求，坐标、标高正确。

暗装管道应在地沟未盖沟盖或吊顶未封闭前进行安装，其型钢支架均应安装完毕，并符合要求。暗装竖井管道，应把竖井内的模板及杂物清除干净，并有防坠落措施。支管安装应在墙体砌筑完毕，墙面未装修前进行(包括暗装支管)。

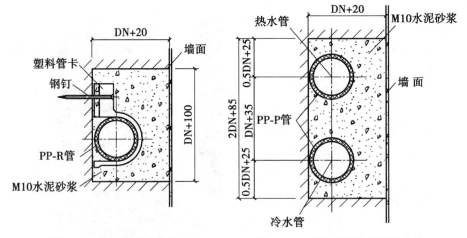

图 1.47　嵌墙管卡安装　　　　图 1.48　冷热水管共槽嵌墙安装

立管安装应在主体结构完成后进行。对于高层建筑在主体结构，达到安装条件后，适当插入进行。

三、给水管道安装的工艺流程

给水管道安装的工艺流程为：预制加工→引入管安装→干管安装→立管安装→支管安装→管道压力试验→管道防腐和保温→管道冲洗。

四、专业配合

(一)图纸会审阶段

关注结构施工图中洞口预留，梁、柱、地面、屋面的做法和相互间的连接方式，了解土建施工进度计划和施工方法，分析安装施工准备采用的施工方案是否与土建施工方案相适应；仔细分析水、电、暖、风、气等各类管道设备的交叉现象，若无法正常开展工作，应要求相关专业部门进行改动。

(二)施工阶段

1. 管道穿基础

根据基础深度的不同，引入管进入建筑内有两种情况：一种为从建筑物的浅基础下通过，另一种是穿越承重墙或基础，其铺设方法如图 1.49 所示。引入管在通过基础墙处要预留大于引入管直径 200mm 的孔洞，洞顶至管顶的净空不得小于建筑的最大沉降量，一般不小于 0.15m。在管外填充柔性或刚性材料，或者采取预埋套管、砌分压拱或设置过梁等措施。

在地下水位高的地区，引入管穿地下室外墙或基础时，应采取防水措施，如设防水套管(图 1.50)等。对有严格防水要求的建筑物，必须采用柔性防水套管(图 1.51)。铝合金管、铜管穿楼板安装时，其套管不得使用钢套管。

2. 管道穿越楼层与墙体

立管穿越楼板层(图 1.52)应在楼层上预留孔洞，应加套管。孔洞尺寸不宜过大，各

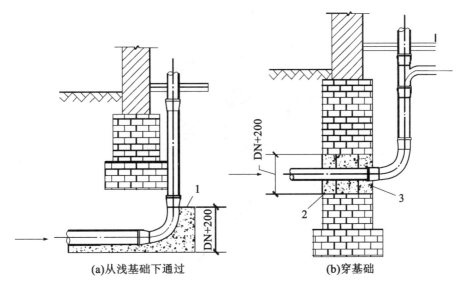

(a)从浅基础下通过 (b)穿基础

1—C5.5 混凝土支座；2—黏土；3—M5 水泥砂浆封口

图 1.49 引入管进入建筑物

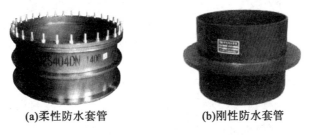

(a)柔性防水套管 (b)刚性防水套管

图 1.50 防水套管

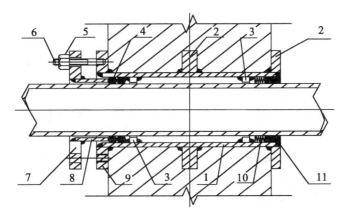

1—套管；2—翼环；3—挡圈；4—橡皮圈；5—螺母；6—双头螺栓；
7—法兰盘；8—短管；9—翼盘；10—沥青麻丝牛皮纸；11—厚油膏嵌缝

图 1.51 柔性防水套管安装

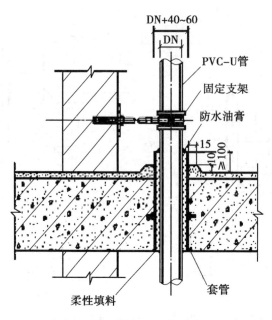

图 1.52　管道穿楼面

层间的预留的孔洞要上下相对，不得错落不均。为了安装与维修的方便，立管管壁距离壁面（粉刷后的壁面）应有一定的距离。安装在楼板内的套管，其顶部应高出装饰地面20mm；安装在卫生间及厨房内的套管，其顶部应高出装饰地面50mm，底部应与楼板地面相平；安装在墙壁内的套管，其两端与饰面相平。穿过楼板的套管与管道之间缝隙应用阻燃密实材料和防水油膏填实，且端面应光滑。

　　管道垂直穿越墙、板、梁、柱时，应加套管（图1.53）；穿越地下室墙体，应加防水套管（图1.54）；穿楼板穿越地面（图1.55）、屋面，应设防水套管。

　　3. 管道穿变形缝

　　给水管道不宜穿越伸缩缝、沉降缝和地震缝，必须穿越时，应设补偿管道伸缩和剪切变形装置，保护措施有丝扣弯头法、软性接头法、活动支架法如图1.56所示。

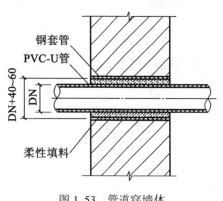

图 1.53　管道穿墙体

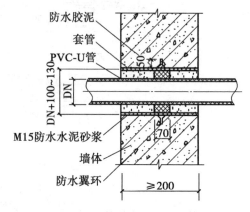

图 1.54　管道穿地下室墙体

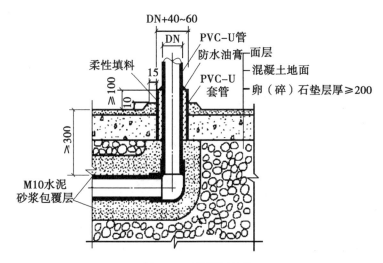

图 1.55　管道穿地面

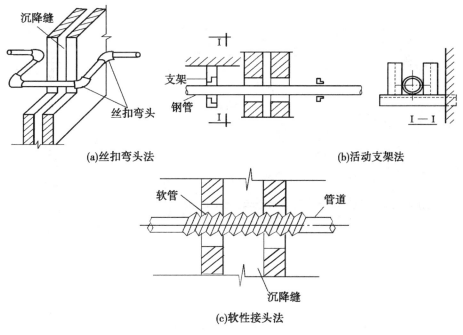

图 1.56　管道穿变形缝

4. 管道暗装开槽或打洞

施工时，应主动与设计、业主、监理配合，尽量调整设计方案，最大限度利用原土建施工中预留的孔洞位置。确需重新打洞、打孔的，应正确放线定位，利用机械钻孔成型，切断的受力钢筋应重新进行加固。沿墙、地面剔槽时，应先弹出墨线，然后用地砖切割机开槽后，再沿切割线剔凿。

5. 管道支架的固定

常见支吊架有双管托架（图 1.57）、双杆吊架（图 1.58），单管托架（图 1.59、图

1.60)、双管立式支架，水平管支座等。安装方式可分为沿墙安装，膨胀螺栓固定安装（图1.59）、钢筋混凝土构件预埋钢板焊接(图1.60)安装。

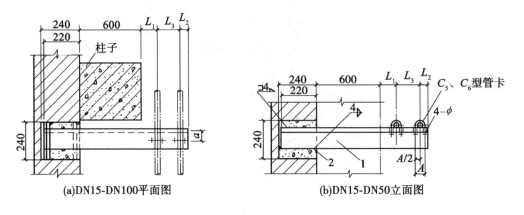

图 1.57　沿墙安装双管托架示意图

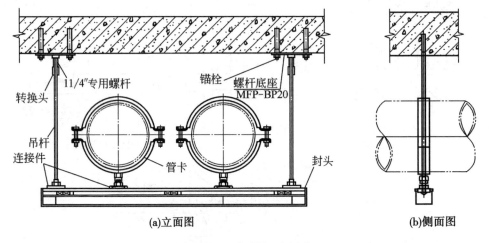

图 1.58　双杆吊架示意图

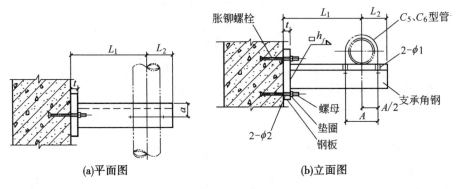

图 1.59　膨胀螺栓固定单管托架示意图

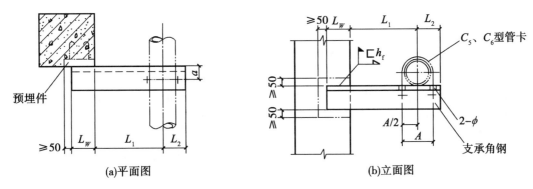

(a)平面图 (b)立面图

图 1.60 钢筋混凝土柱侧面预埋件式单管托架示意图

思考与拓展

1. 现场参观校区内水泵房，辨别管材、阀门、水泵的种类、特性、参数等。

2. 某市市政管网供水压力为 0.3MPa，一住宅楼为 18 层，可选用合理的哪些供水方式？并分析各供水方式的特点？

本章训练题

1. 镀锌钢管规格有 DN15、DN20 等，DN 表示(　　)。

　　A. 内径　　　　　B. 公称直径　　　C. 外径　　　　D. 其他

2. 不能使用焊接的管材是(　　)。

　　A. 塑料管　　　　B. 无缝钢管　　　C. 铜管　　　　D. 镀锌钢管

3. 在竖向分区的高层建筑生活给水系统中，最低卫生器具配水点处的静水压力不宜大于(　　)MPa。

　　A. 0.45　　　　　B. 0.5　　　　　C. 0.55　　　　D. 0.6

4. 设高位水箱给水时，为防止水箱的水回流至室外管网，在进入室内的引入管设置(　　)。

　　A. 止回阀　　　　B. 截止阀　　　　C. 蝶阀　　　　D. 闸阀

5. 以下哪条是错误的？(　　)

　　A. 截止阀安装时无方向性　　　　　B. 止回阀安装时有方向性，不可装反

　　C. 闸阀安装时无方向性　　　　　　D. 旋塞的启闭迅速

6. 以下哪种管材可以热熔连接？(　　)

　　A. 复合管　　　　B. 镀锌钢管　　　C. 铸铁管　　　D. 塑料管

7. 若室外给水管网供水压力为 300kPa，建筑所需水压为 400kPa，且考虑水质不宜受污染，则应采取(　　)供水方式。

　　A. 直接给水　　　　　　　　　　　B. 设高位水箱

    C. 设储水池、水泵、水箱联合工作   D. 设气压给水装置

8. 住宅给水一般采用(　　)水表。

    A. 旋翼式干式   B. 旋翼式湿式   C. 螺翼式干式   D. 螺翼式湿式

9. 给水管道螺纹连接用于管径由大变小或由小变大的接口处的管件称为(　　)。

    A. 活接头   B. 管箍   C. 补心   D. 对丝

10. 若室外给水管网供水压力为 200kPa,建筑所需生活水压为 240kPa,当室外供水量能满足室内用水量要求,但设置水池较困难时,应采取(　　)供水方式。

    A. 直接给水   B. 设高位水箱

    C. 无负压给水装置   D. 设储水池、水泵、水箱联合工作

11. 室内给水管道与排水管道平行埋设,管外壁的最小距离为(　　)m。

    A. 0.15   B. 0.10   C. 0.5   D. 0.3

12. 应根据(　　)来选择水泵。

    A. 功率、扬程   B. 流量、扬程   C. 流速、流量   D. 流速、扬程

13. 有关水箱配管与附件阐述正确的是(　　)。

    A. 进水管上每个浮球阀前可不设阀门

    B. 出水管应设置在水箱的最低点

    C. 进出水管共用一条管道,出水短管上应设止回阀

    D. 泄水管上可不设阀门

14. 为防止管道水倒流,需在管道上安装的阀门是(　　)。

    A. 止回阀   B. 截止阀   C. 蝶阀   D. 闸阀

15. 水平安装冷、热水龙头时,冷水龙头安装在热水龙头(　　)。

    A. 左边   B. 上边   C. 右边   D. 下边

学习情境二　建筑排水系统

【知识目标】

1. 掌握排水系统的组成、分类和排水方式；
2. 掌握常用排水管材、附件、器具的基本类型和特点；
3. 熟悉排水系统安装施工工艺、排水系统安装与土建配合的要点。

【能力目标】

1. 能够针对工程实际问题，查阅排水系统布置、安装、验收等相关技术规范或手册，提出合理解决方案。
2. 能够完成土建工程施工与安装工程施工的配合工作。

【重点】

1. 排水系统组成与各类卫生器具、管材、附件的特点；
2. 建筑排水管道的基本布置要求；
3. 排水系统安装与土建施工的配合。

【难点】

排水系统安装与土建施工的联系与配合。

任务一　建筑生活污水排水系统认知

一、室内污水排水系统分类与组成

（一）排水系统分类

建筑排水系统按水质不同，可分为生活排水系统、生产排水系统、雨雪水排水系统。

生活排水系统中所指的水包括生活污水、生活废水。其中，污水又称为黑水，即粪便污水，杂质含量高，难于处理；废水又称为灰水，即盥洗、沐浴、洗涤以及空调凝结水等，经过处理后，可作为杂用水，用来冲洗厕所、浇洒绿地和道路、冲洗汽车等。人们常说的中水系统即为将灰水和雨水进行收集、处理再回用的系统。

生产排水系统包括生产废水（未受污染、轻微污染、水温略高的水）、生产污水（被生产过程污染的水）。杂质较多的生产污水需经过处理达标才能排放，而生产废水可作为杂用水或回用水。

屋面雨水、雪水排水系统较为简单，可以直接排入自然水体或城市雨水系统。一般杂质较多的初期雨水可收集简单处理后排放。

(二)排水体制

建筑内部排水体制分为分流制和合流制两种。

建筑内部分流制排水，是指居住建筑和公共建筑中的粪便污水和生活废水、工业建筑中的生产污水和生产废水各自由单独的排水管道系统排除。

建筑内部合流制排水，是指建筑物中两种或两种以上的污、废水合用一套排水管道系统排除。

建筑物屋面雨水排水系统应独立设置，以便迅速、及时将雨水排出。

确定建筑物内部排水体制时，应考虑污水性质、污染程度，结合建筑外部排水系统体制，兼顾污水的处理和综合利用、中水开发等方面的因素。

一般情况下，城市有污水处理厂，生活废水不需回用时或生产污水与生活污水性质相似时，宜采用合流排水体制。《建筑给水排水设计规范》GB50015—2003 第 4.1.2 条规定，如生活污水经化粪池处理排入市政排水管道的，宜采用生活污水和生活废水分流的排水系统。

(三)排水系统组成

室内排水系统组成如图 2.1 所示，一般由卫生器具及受水器、排水管道系统、通气管系统、清通设备、抽升设备及污水局部处理构筑物等组成。

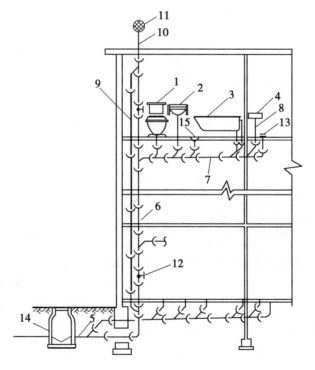

1—坐便器；2—洗脸盆；3—浴盆；4—洗涤盆；5—排出管；6—立管；7—横支管；8—支管；
9—专用通气立管； 0—伸顶通气管；11—网罩；12—检查口；13—清扫口；14—检查井；15—地漏

图 2.1　建筑内部排水系统的组成

1. 卫生器具及受水器

卫生器具、生产设备上的受水器和雨水斗等，是建筑内部排水系统的起点，用来满足日常生活和生产过程中各种卫生要求，收集和排除污废水。卫生器具的结构、形式和材料各不相同，应根据其用途、设置地点、维护条件和安装条件选用。

2. 排水管道系统

（1）器具排水管：连接卫生器具与管道排水横支管的短管。除坐便器外，其他的器具排水管上均应设水封装置。

（2）排水横支管：其作用是将器具排水管送来的污水传输到立管中去，应有一定的坡度，坡向立管。

（3）排水立管：用来收集其上所接的各横支管排来的污水，然后再排至排出管。

（4）排出管：收集并排出立管的污、废水，连接室内排水立管与室外排水检查井之间管段，其管径不得小于与其连接的最大立管管径。

3. 通气管

通气管是把管道内产生的有害气体排至大气中，其作用是保证室内空气环境卫生的同时减轻废水、废气对管道的腐蚀；及时补充管道内空气，减轻立管内气压变化幅度，防止卫生器具的水封受到破坏，保证水流通畅。通气管的形式如图2.2所示。

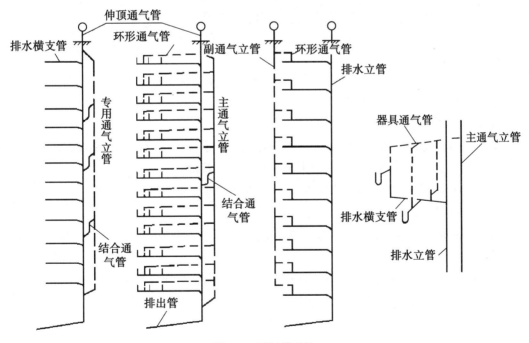

图2.2 通气管系统

（1）伸顶通气管。楼层不高、卫生器具不多的建筑物可仅设置伸顶通气管，为防止异物落入立管，通气管顶端应装设通气帽。

（2）专用通气管。当立管设计流量大于临界流量时设置专用通气立管，应每隔2层设结合通气管，与排水立管连接。

（3）结合通气管。它是连接排水立管与通气管的管道，主通气管宜每隔6~8层设结合通气管，与排水立管相连。

（4）卫生器具通气管。它是专门为卫生器具设置的通气管，适用于对卫生标准和控制噪声要求较高的排水系统。

（5）环形通气管(图2.3)。适用于连接4个及4个以上卫生器具，且横支管的长度大于12m的排水横支管；连接6个及6个以上大便器的污水横支管；设有卫生器具通气管的排水横支管。设置环形通气管的同时还应设置通气立管，通气立管与排水立管可用同边设置，称为主立管；也可分开设置，称为副通气管。

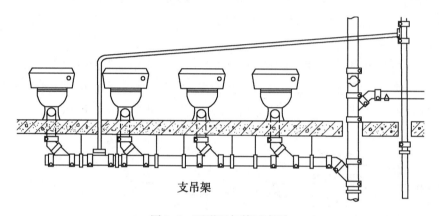

支吊架

图2.3　环形通气管示意图

4. 污水局部处理构筑物

某些建筑内排出的污水未经处理不允许直接排入室外排水管道，需要设置污水局部处理设备，使污水水质得到初步改善后再排入室外排水管道。

（1）化粪池。民用建筑所排出的粪便污水必须经过化粪池处理后，方可排入城市排水管网，化粪池结构如图2.4所示。

（2）隔油池。食品加工厂、食堂、酒店等产生油脂较多的废水容易使管道堵塞，需设置隔油池，如图2.5所示。

（3）降温池。对于温度高于40℃的排水，应首先考虑将所含热量回收利用，如不可能或回收不合理，在排入城镇排水管道之前应设降温池。降温池应设置于室外。结构如图2.6所示。

5. 抽升设备

部分建筑设有地下室或者首层地面标高低于室外地坪，卫生器具污水不能自流排至室外管道时，需设污水泵和集水池等局部抽升设备，以保证生产的正常进行和保护环境卫生。污水的抽升设备即为排污泵(图2.7、图2.8)。

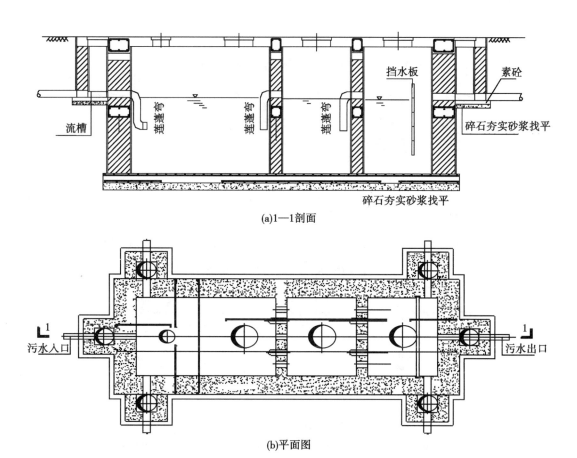

(a)1—1剖面

(b)平面图

图 2.4　化粪池结构示意图

二、卫生器具及管材、附件

(一)常用的卫生器具

卫生器具是建筑内部排水系统的主要组成部分。常用的卫生器具可以分为便溺卫生器具、盥洗沐浴洗涤卫生器具、专用卫生器具(饮水盆、妇女卫生盆)。

卫生器具及附件在材质和技术方面,均应符合现行的有关产品标准规定。卫生器具一般采用陶瓷、搪瓷、铸铁、塑料、水磨石、复合材料等制作;选用卫生器具时,除要考虑适用性能外,还要兼顾器具节水消声、便于安装和维修。

1. 便溺用卫生器具

(1)大便器。大便器有坐式大便器、蹲式大便器、大便槽三种类型。以冲洗水力原理划分,可分为冲洗式和虹吸式两种(图 2.9)。冲洗式大便器是利用冲洗设备具有的水压进行冲洗,虹吸式大便器是应用冲洗设备具有的水压和虹吸作用的抽吸力进行冲洗。

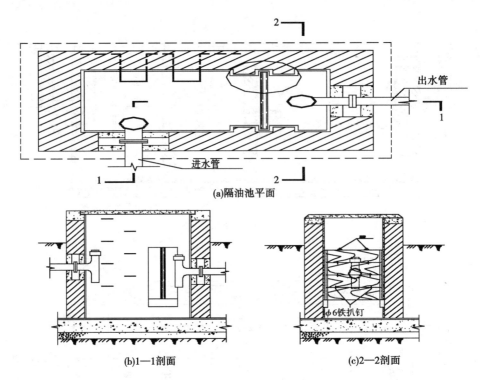

(a)隔油池平面

(b)1—1剖面   (c)2—2剖面

图 2.5   隔油池结构示意图

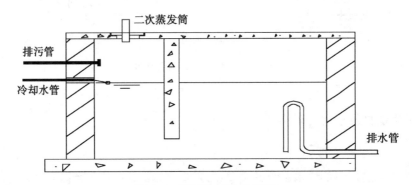

图 2.6   降温池结构示意图

图 2.7   潜水排污泵   图 2.8   无堵塞潜水排污泵

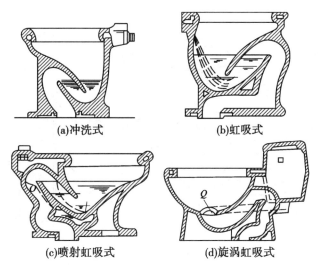

(a)冲洗式 (b)虹吸式

(c)喷射虹吸式 (d)旋涡虹吸式

图 2.9 大便器样式

　　蹲式大便器(图 2.10)一般用于集体宿舍、学校、办公楼等公共场所及防止接触传染的医院的卫生间内，采用高位水箱或带有真空破坏器的延时自闭冲洗阀进行冲洗。蹲式大便器本身有带水封装置和不带水封装置两种，若本身不带水封装置，需另外装设存水弯，一般在地板上设平台。大便器成组安装的中心距为 900mm。

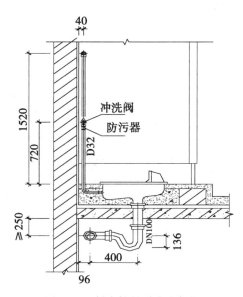

图 2.10 低水箱的蹲式大便器

　　坐式大便器(图 2.11)一般布置在较高级的住宅、医院、宾馆等卫生间内，坐式大便器本身附有存水弯。

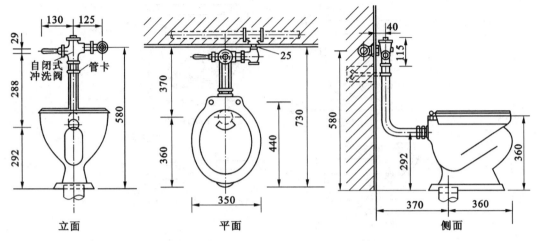

图 2.11 自闭式冲洗阀坐式大便器安装图

大便槽一般用于建筑标准不高的公共建筑或公共厕所内，一般采用混凝土或钢筋混凝土浇筑，槽底有一定坡度。起端设有自动冲洗水箱，定时或根据使用人数自动冲洗。末端通过存水弯与污水管遭连接。便槽用隔板分成若干个蹲位。大便槽可采用集中冲洗水箱或红外数控冲洗装置进行冲洗，大便槽是利用光电自控装置自动记录使用人数，当使用人数达到预定数目时，水箱即自动放水冲洗；当人数达不到预定人数时，则延时 20~30min 自动冲洗一次；如无人如厕，则不冲洗，如图 2.12 所示。

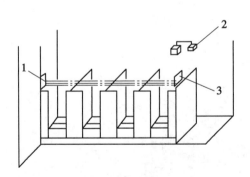

1—发光器；2—接收器；3—控制箱
图 2.12 自动冲洗装置大便槽

（2）小便器及小便槽。

小便器（图 2.13）一般用于机关、学校、旅馆等公共建筑的男卫生间内。根据建筑物的性质、使用要求和标准，可选用挂式、立式和小便槽三类。成组设置时，中心距为 700mm。小便器常采用自闭式冲洗阀冲洗，标准较高的场所可采用光控自动冲洗阀冲洗。

小便槽（图 2.14）安装于卫生条件要求不高的场所，槽宽一般不大于 300mm，槽的起

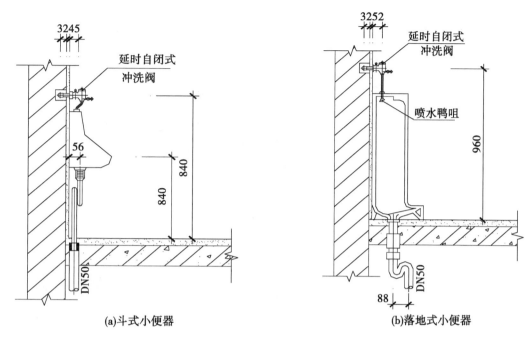

图 2.13　小便器示意图

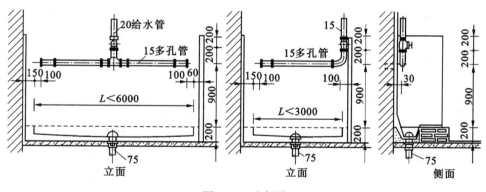

图 2.14　小便槽

端深度为 100~150mm，槽底坡度不小于 0.01，长度不大于 6m，排水口下设水封。

2. 盥洗、沐浴、洗涤用卫生器具

（1）洗脸盆。洗脸盆一般用于洗脸、洗手和洗头，设置在盥洗室、浴室、卫生间及理发室内，安装方式有墙架式、柱脚式和台式，如图 2.15 所示。成排设置时，中心距为 700mm，并可用一个存水弯。

（2）浴盆。浴盆设在住宅、宾馆、医院等卫生间或公共浴室内。浴盆的外形一般为长方形、方形、椭圆形，材质有钢板、陶瓷、玻璃钢、人造大理石、木制、热塑性塑料等。浴盆的一端配有冷、热水龙头或混合龙头，有的还配有淋浴设备，排水口及溢水口均设在装置水龙头的一端，盆底有 0.02 的坡度坡向排水口，如图 2.16 所示。

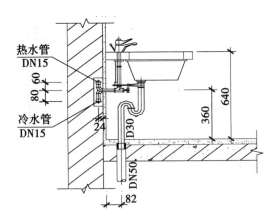

图 2.15　台面式洗脸盆

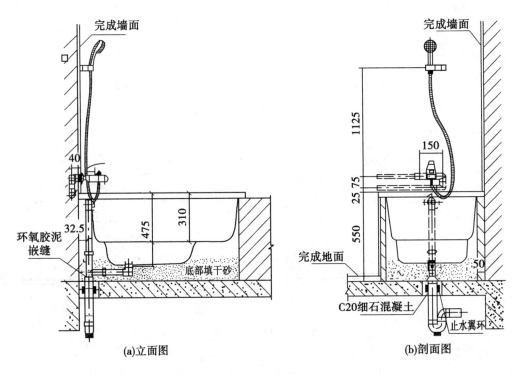

(a)立面图　　　　　　　　　　　　　　　(b)剖面图

图 2.16　浴盆

（3）淋浴器。淋浴器多用于工厂、学校、机关、部队、公共浴室和集体宿舍和体育馆的卫生间内。淋浴器成排设置时，相邻两喷头之间的距离为 900～1000mm，莲蓬头距地面高度为 2000～2200mm，浴室地面应有 0.005～0.01 的坡度坡向排水口，如图 2.17 所示。

（4）洗涤盆。洗涤盆装设在厨房或公共食堂内，用来洗涤碗碟、蔬菜等，有单格和双格之分，双格洗涤盆一格洗涤，另一格泄水。洗涤盆安装如图 2.18 所示。洗涤盆规格尺寸有大小之分，材质多为陶瓷，或砖砌后瓷砖贴面，较高质量的为不锈钢制品。

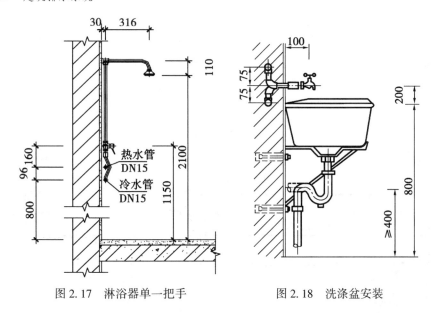

图 2.17　淋浴器单一把手　　　　　图 2.18　洗涤盆安装

（5）化验盆。化验盆设置在工厂、科研机关和学校的化验室或实验室内，根据需要，可安装单联、双联、三联鹅颈水嘴，如图 2.19 所示。

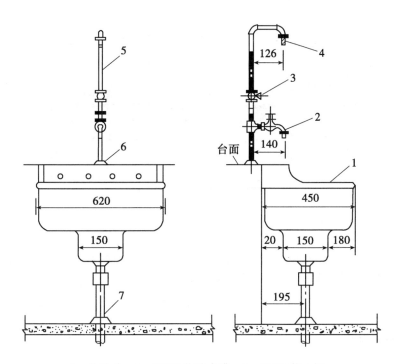

1—化验盆；2—DN15 化验水嘴；3—DN15 截止阀；
4—螺纹接口；5—DN15 出水管；6—压盖；7—DN50 排水管
图 2.19　化验盆安装

（6）盥洗槽。盥洗槽设置于工厂的生活间、集体宿舍和公共建筑的盥洗室等位置，一般采用瓷砖、水磨石等材料现场建造。长方形盥洗槽的槽宽一般为 500～600mm，距槽上边缘 200mm 处装置配水龙头，配水龙头的间距一般为 700mm，槽内靠墙的一侧设有泄水沟，槽长在 3m 以内，可在槽中部设置一个排水栓；超过 3m，则可设置两个排水栓，污水由此沟流至排水栓，安装如图 2.20 所示。

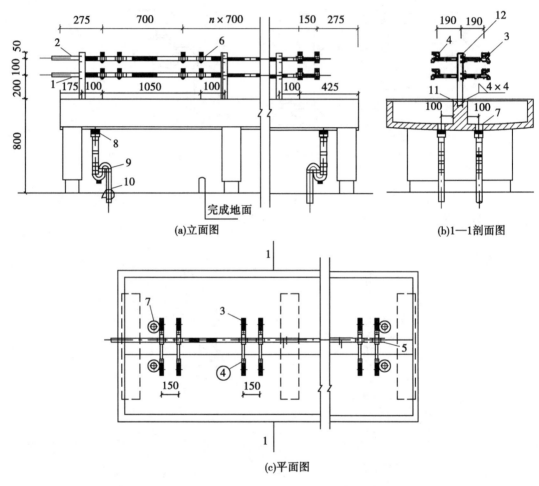

1—冷水管；2—热水管；3—龙头；4—管接头；5—90°弯头；6—异径三通；
7—排水栓；8—转换接头；9—存水弯；10—排水管；11—预埋铁板；12—支架

图 2.20 盥洗槽

（二）管材与附件

1. 管材

按管道设置地点、条件及污水的性质和成分，建筑内部排水管材主要有塑料管、铸铁管、钢管，工业废水排水管材还可用陶瓷管、玻璃钢管、玻璃管等。在城镇新建住宅中，已淘汰砂模铸造铸铁排水管用于室内排水管道，推广应用硬聚氯乙烯（UPVC）塑料排水管和符合《排水用柔性接口铸铁管及管件》（GB/T12772—2008）的柔性接口机制铸铁排水管。

（1）塑料管管件。塑料管与传统金属管相比，具有重量轻、耐腐蚀、卫生、安全、水流阻力小、安装方便等特点。目前，在建筑内使用的排水塑料管是硬聚氯乙烯塑料管（简称 UPVC 管）。但塑料管也有强度低、耐温性差（使用温度为−5～+50℃）、立管产生噪声、暴露于阳光下管道易老化、防火性能差等缺点。UPVC 管的连接方式有焊接、承插粘接。常用塑料管件如图 2.21 所示。

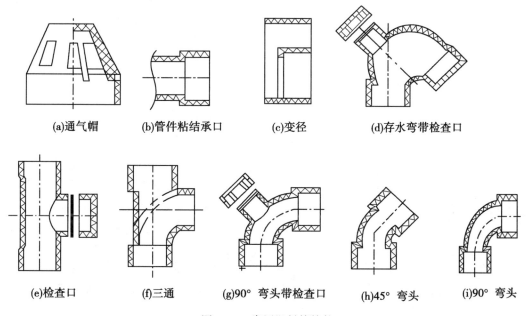

图 2.21　常用塑料管管件

（2）排水铸铁管。该管材一般用于排除室内生活污水、屋面雨水以及振动不大场所的生产污废水。对于高层建筑，一般采用柔性接口机制球墨铸铁排水管。排水铸铁管的接口形式为承插式接口，中间填充石棉水泥、水泥砂浆、膨胀水泥等。其管件有曲管、管箍、弯头、三通、四通、锥形大小头等，如图 2.22 所示。因管径种类和管件齐全，故使用较广。

（3）带釉陶土管。该管材耐酸碱腐蚀，主要用于排放腐蚀性工业废水，室内生活污水埋地管也可用陶土管。陶土管可分为涂釉和不涂釉两种。陶土管表面光滑、耐酸碱腐蚀，是良好的排水管材，但切割困难、强度低、运输安装过程损耗大。室内埋设覆土深度要求在 0.6m 以上，在荷载和振动不大的地方，可作为室外的排水管材。

2. 排水附件

（1）清扫口。如图 2.23 所示，清扫口设置在排水横管上，仅可作为单向清通。在连接 2 个及 2 个以上大便器或 3 个及 3 个以上卫生器具的污水横管中，应在横管的起端设置清扫口，清扫口分为地面式和横管上清扫两种。地面式清扫口安装不应高出地面，必须与地面平，为了便于清掏，应与墙面保持一定距离，一般不宜小于 0.15m。

（2）检查口。如图 2.24 所示，检查口带有可开启检查盖的配件，装设在立管上或者较长的水平管段上，可以双向清通。检查口设置高度一般从地面至检查口中心 1m 为宜，

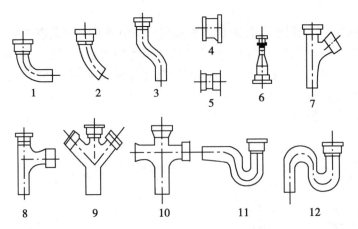

1—90°弯头；2—45°弯头；3—乙字管；4—双承管；5—管箍(套筒)；6—大小头；7—斜三通；
8—正三通；9—斜四通；10—正四通；11—P弯；12—S弯

图2.22　常用排水铸铁管管件

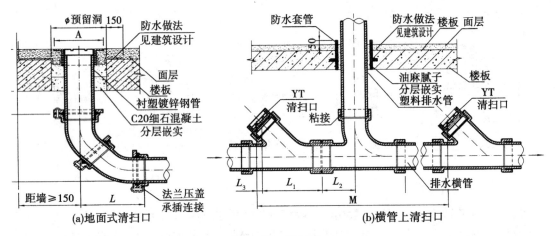

图2.23　清扫口

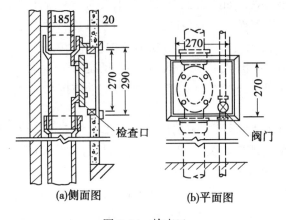

图2.24　检查口

并高于卫生器具上边缘 0.15m。检查口的朝向应便于维修，安装立管需在检查口处设置安装检修门。

（3）检查井。一般排水管道出户后，需设置检查井（图 2.25）。小区内检查井一般是设在埋地排水管道的转弯、变径、坡度改变的两条及两条以上管道交汇处。生活污水排水管道在建筑物内不宜设检查井。对于不散发有害气体或大量蒸汽的工业废水排水管道，可在建筑物内设检查井。

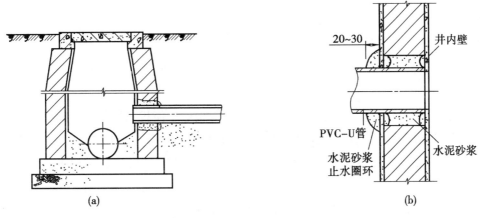

图 2.25 管道与检查井连接

（4）地漏。如图 2.26 所示，地漏用于卫生间、浴室、盥洗室、食堂等地，排除地面积水，一般位于不透水地面最低处或易溅水卫生器具附近。要求地面坡度坡向地漏，地漏篦子面应低于地面标高 5~10mm。装设地漏处楼板预留孔洞内，孔洞直径为 DN+100。

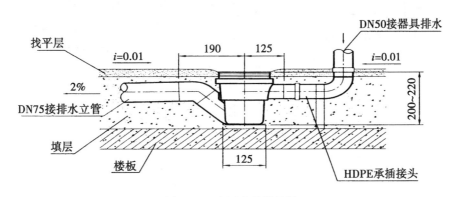

图 2.26 直埋多通道地漏

（5）存水弯。存水弯是设置在卫生器具排水管上和生产污（废）水受水器的泄水口下方的排水附件（坐便器除外），在弯曲段内存有 50~80mm 深的水，称为水封，其作用是利用一定高度的静水压力来抵抗排水管内气压变化，隔绝和防止排水管道内所产生的难闻有害气体和可燃气体及小虫等通过卫生器具进入室内而污染环境。按外形不同，存水弯可分为 P 型和 S 型两种，另外，还有洗脸盆专用存水弯，如图 2.27 所示。

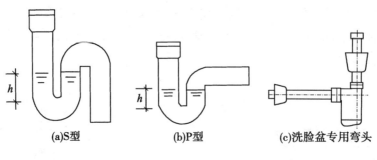

(a)S型　　　(b)P型　　　(c)洗脸盆专用弯头

图 2.27　存水弯

（6）通气帽。通气帽设在通气管顶端，与大气相通，使排水通畅，同时防杂物进入管内。如图 2.28 所示，其形式一般有网罩形和伞形两种，网罩形可用于气候较暖和的地区；伞形适于冬季采暖室外温度低于 12℃ 的地区，它可避免因潮气结冰霜封闭铁丝网罩而堵塞通气口的现象发生。高层建筑采用辅助透气管时，可采用辅助透气异型管件连接。透气管高度，从屋顶面层算起至透气帽下端，上人屋面为 2000mm，非上人屋面为 700mm，大于本地区积雪厚度。

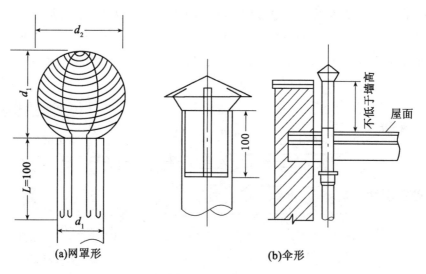

(a)网罩形　　　　　　　(b)伞形

图 2.28　通气帽

（7）阻火装置。阻火装置一般设置于高层建筑塑料排水系统中，高层建筑中防止 $D_e \geqslant$ 110mm 塑料管高温融化引起的火灾贯穿蔓延。如图 2.29 所示，阻火装置一般有阻火圈和防火套管两种，阻火圈是依靠阻火膨胀材料受热急剧膨胀封闭管洞，阻止火灾通过管洞贯穿蔓延；防火套管是依靠高温致使塑料管融化，塌落堵塞管洞，阻止火灾通过管洞贯穿蔓延。

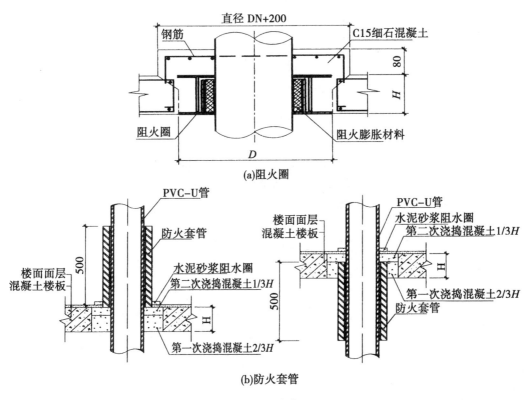

(a)阻火圈

(b)防火套管

图 2.29 阻火装置

（8）伸缩节。塑料排水管线膨胀系数大，应根据管道位置及接口形式考虑设置伸缩节（图 2.30），消除管道的热胀冷缩应力。立管设伸缩节时，应符合下列规定：层高小于等于 4m 时，排水立管和通气立管每层设一伸缩节；层高大于 4m 时，其数量应根据管道设计伸缩量和伸缩节允许伸缩量计算确定(图 2.31)。

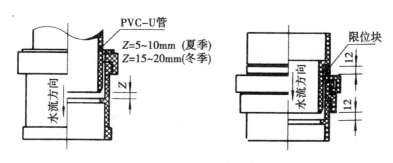

图 2.30 伸缩节大样图

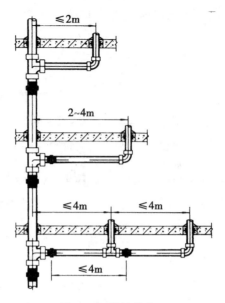

图 2.31 伸缩节布置

任务二 建筑屋面雨水排水系统认知

屋面雨水排水系统是汇集降落在建筑物屋面上的雨水和雪水，并将其沿一定路线排泄至指定地点去的系统。

一、建筑雨水系统的分类

按建筑物内部是否有雨水管道，可分为内排水系统和外排水系统；按照雨水排至室外的方法，内排水又可以分为架空管排水系统、埋地管排水系统；按雨水在管道内的流态，可分为重力无压流(堰流斗系统)、重力半有压流、压力流(虹吸式)。

(一)外排水系统

1. 檐沟外排水

檐沟外排水由檐沟和水落管(立管)组成(图 2.32)。一般居住建筑、屋面面积比较小的公共建筑和单跨工业建筑，多采用此方式。屋面雨水汇集到屋顶的檐沟里，然后流入雨落管，沿雨落管排泄到地下管沟或排到地面。水落管一般用白铁皮管(镀锌铁皮管)或铸铁管，沿外墙布置，水落管的设置间距要根据降雨量和管道通水能力来确定。

2. 天沟外排水

天沟外排水系统(图 2.33)由天沟、雨水斗和排水立管组成，一般用于排除大型屋面的雨、雪水。特别是多跨度的厂房屋面，多采用天沟外排水。

一般以建筑物伸缩缝、沉降缝和变形缝为屋面分水线，在分水线两侧分别设置天沟。天沟的排水断面形式多为矩形和梯形。天沟坡度不宜太大，以免天沟起端屋顶垫层过厚而增加结构的荷重，但也不宜太小，以免天沟抹面时局部出现倒坡，使雨水在天沟中积存，造成屋顶漏水，所以天沟坡度一般为 0.003~0.006。

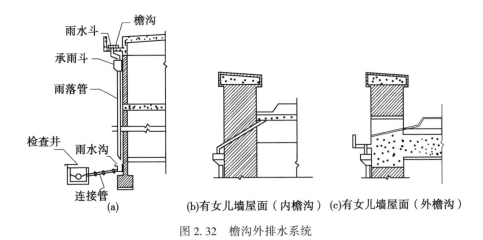

图 2.32 檐沟外排水系统

(b)有女儿墙屋面（内檐沟） (c)有女儿墙屋面（外檐沟）

图 2.33 天沟外排水

(二) 内排水

内排水系统(图 2.34)由天沟、雨水斗、连接管、悬吊管、立管、排出管等部分组成，一般适用于跨度大、且特别长的多跨建筑，对于屋面设天沟有困难的锯齿形、壳形屋面建筑，屋面有天窗的建筑，建筑立面要求高的建筑，大屋面建筑及寒冷地区的建筑，在墙外设置雨水排水立管有困难时，也可考虑采用内排水形式。

根据雨水排水系统是否与大气相通，内排水系统可分为密闭系统和敞开系统。敞开系统为重力排水，检查井设置在室内，敞开式可以接纳生产废水，省去生产废水的排出管，但在暴雨时可能出现检查井冒水现象。密闭系统为雨水，由雨水斗收集，进入雨水立管，或通过悬吊管直接排至室外的系统，室内不设检查井。密闭式排出管为压力排水。一般，为了安全可靠，宜采用密闭式排水系统。

二、建筑雨水系统的组成

(一) 雨水斗

雨水斗设在屋面，是整个雨水管道系统的进水口，雨水斗有整流格栅装置，该装置能最大限度地排泄雨、雪水，具有整流、导流作用，使水流平稳，以减少系统的掺气，同时具有拦截粗大杂质的作用。目前，国内常用的雨水斗为 65 型、79 型、87 型雨水斗、平篦雨水斗、虹吸式雨水斗，如图 2.35 所示。

虹吸式雨水斗由顶盖、进水格栅、扩容进水室、整流罩(二次进水罩)、短管等组成。

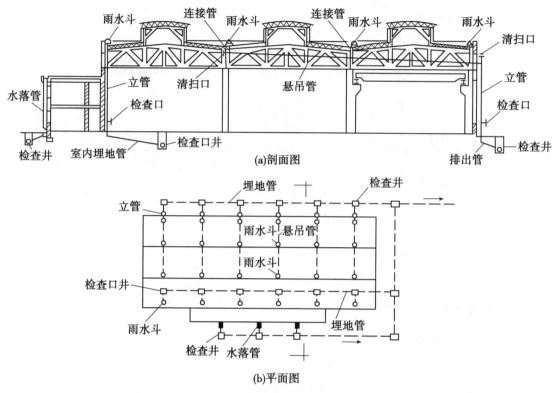

(a)剖面图

(b)平面图

图 2.34　天沟内排水

(a)65型雨水斗　　　　(b)87型雨水斗　　　　(c)虹吸式雨水斗

图 2.35　雨水斗

为避免在设计降雨强度下雨水斗渗入空气,虹吸式雨水斗设计为下沉式。挟带少量空气的雨水进入雨水斗的扩容进水室后,因室内有整流罩,雨水经整流罩进入排出管,挟带的空气被整流罩阻挡,不易进入排水管。

在阳台、花台和供人们活动的屋面,可采用无格栅的平齐式雨水斗。平齐式雨水斗的进出口面积比较小,在设计符合范围内,其泄流状态为自由堰流。

(二)连接管

连接管是连接雨水斗和悬吊管的一段竖向短管。连接管一般与雨水斗同径,连接管应牢固地固定在建筑物的承重结构上,下端用斜三通与悬吊管连接。

(三)悬吊管

悬吊管与连接管和雨水立管连接,是雨水内排水系统中架空布置的横向管道。对于一些重要的厂房,当不允许室内检查井冒水,不能设置埋地横管时,必须设置悬吊管。

连接管与悬吊管、悬吊管与立管间宜采用45°三通或90°斜三通连接。悬吊管一般采用塑料管或铸铁管,固定在建筑物的桁架或梁上,在管道可能受震动或生产工艺有特殊要求时,可采用钢管,焊接连接。

(四)立管

立管接纳雨水斗或悬吊管中的雨水,与排出管连接。雨水排水立管承接悬吊管或雨水斗流来的雨水,一根立管连接的悬吊管根数不多于两根,立管管径不得小于悬吊管管径。立管宜沿墙、柱安装,在距离地面1m处设检查口。立管的管材和接口与悬吊管相同。

(五)排出管

排出管是立管和检查井间的一段有较大坡度的横向管道,其管径不得小于立管管径。排出管与下游埋地管在检查井中宜采用管顶平接,水流转角不得小于135°。

(六)埋地管

密闭系统一般采用悬吊管架空排至室外,不设埋地横管;敞开系统室内设有检查井,检查井之间的管为埋地敷设。埋地管一般采用混凝土管、钢筋混凝土管或陶土管,管道坡度按生产废水管道最小坡度设计。

(七)附属构筑物

附属构筑物主要有检查井、检查口井和排气井,如图2.36所示。

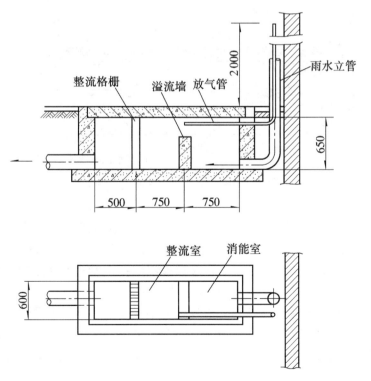

图2.36　附属构筑物

检查井适用于敞开式内排水系统，设置在排出管与埋地管连接处，埋地管转弯、变径及超过 30m 的直线管路上；排气井一般设置于埋地管起端、几个检查井与排出管间，水流从排出管流入排气井，与溢流墙碰撞消能，流速减小，气水分离，水流经格栅稳压后平稳流入检查井，气体由放气管排出；密闭内排水系统的埋地管上设检查口，将检查口放在检查井内，便于清通检修，称为检查口井。

任务三　排水管道的安装及与土建的配合

一、排水管道的布置基本要求

排水管道要求以最佳水力条件排至室外管网，并且不影响和妨碍房屋的使用及设备的正常运行；便于安装和维护管理，满足经济和美观的要求。

排水管道有明装和暗装两种：明装一般指安装于地面上、楼板下或沿墙、柱安装；暗装一般指安装于管槽、管道井、管窿、管沟吊顶内或地下。根据排水横管的位置，可分为同层排水和异层排水，同层排水技术目前主要有三种型式：以日本排水集水器为主要特点的同层排水技术，称为卧式或地面敷设式；以欧洲隐蔽式安装系统为主要特点的同层排水技术，称为立式或墙体敷设式；以我国不降板或局部降板形式为主要特点的同层排水技术称为传统式(图 2.37)。

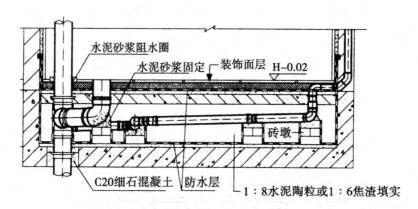

图 2.37　同层排水

为了保证排水通畅，在管道连接时，通常应注意以下问题：

(1)立管与排出管端部的连接，如图 2.38 所示，宜采用两个 45°弯头或弯曲半径不小于 4 倍管径的 90°弯头。与高层排水立管直接连接的排出管弯管底部应用混凝土支墩承托。支墩的施工质量应严格掌握，以保证具有足够的承压能力。

(2)排水立管上的最低横支管与立管底部要有防反压距离，如图 2.39 所示，否则，应单独排至室外检查井或其他防反压措施，最低排水横支管与立管管底的垂直距离见表2.1。排水横支管连接在排水立管或横干管上时，连接点距立管底部下游水平距离不宜小于 3.0m。

（3）卫生器具排水管与排水横支管连接，应采用90°斜三通（图2.40）。横管与立管连接，宜用45°斜三通、斜四通或顺水三通、四通。

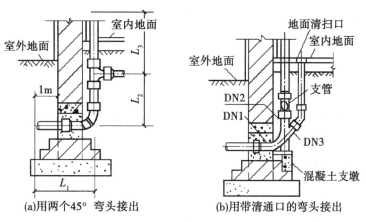

图2.38 排出管的安装

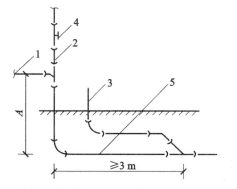

1——楼排水横支管；2—管道接头；3——楼排水横支管；4—清扫口；5—排水埋地横干管

图2.39 底层单排

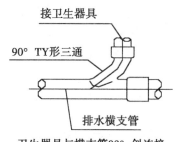

卫生器具与横支管90°斜连接
（也适用于竖管与支管连接）

图2.40 卫生器具排水管与排水横支管连接示意图

表2.1　　　　　　　　最低横支管与立管连接处至立管管底的垂直距离

立管连接卫生器具的层数	1~4	5~6	7~12	13~19	20
垂直距离 A(m)	0.45	0.75	1.2	3	6

注：当与排出管连接的立管底部放大一号管径或横干管比与之连接的立管大一号管径时，可将表中数值缩小一挡。

二、排水管道安装的施工作业条件

（1）土建基础工程或地下室主体工程已经基本完成，管沟已按设计要求挖好，沟基做了相应处理，并已达到施工要求的强度，或者地下室预埋件或支架已经施工完毕，基础或地下室壁穿管的孔洞已经按设计位置、标高尺寸预留好。

（2）地下铸铁排水管道的铺设必须在基础墙达到或接近±0.000标高，房心回填到管底或稍高的高度，房心内沿管线位置无堆积物，且管线穿过建筑基础处，已按设计要求预留管洞。

（3）设备层内排水管道的安装，模板已清理拆除后进行。安装高度超过3.5m时应搭好架子。

（4）所有沿地、墙暗安装或在吊顶内安装的管道，应在饰面层来做或吊顶未封前先行安装。

（5）二次装修中确需在原有结构墙体、地面重新开孔的，不得破坏原建筑主体和承重结构，其开孔大小应符合有关规定，并应征得设计、业主和监理部门同意。

三、排水管道安装的工艺流程

工艺流程：底层干管安装→底层器具排出管安装→底层干管灌水试验及验收装→立管安装→各楼层排水横管及楼层器具排水支管安装→卫生器具安装→卡件固定→封口堵洞→灌水试验→满水排泄试验→通球试验。

排水管道安装完毕后，在隐蔽前，需做满水灌水试验，其灌水高低应不低于底层卫生器具的上边缘或底层地面高度，做法参见图2.41。最后，排水立管和横干管需要做通球试验，通球率为100%。

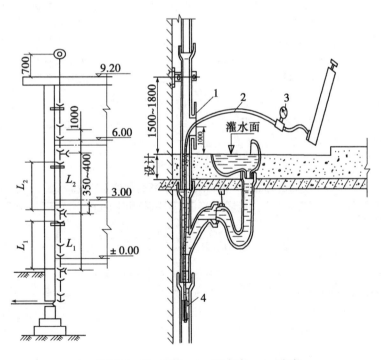

1—检查口；2—胶管；3—压力表；4—胶囊

图2.41 室内排水灌水试验

四、专业配合

（一）图纸会审阶段

土建和安装专业主要针对基础型钢预埋、穿墙穿梁套管预埋、设备和管线的固定件预埋等技术要求进行沟通。

（二）施工阶段

1. 管道穿基础或承重墙（图2.42、图2.43）

为防止建筑物沉降对管道的破坏，排水管道穿过基础或承重墙处应预留孔洞或加套管，使管顶上部净空不得小于建筑物的沉降量，一般不小于0.15m。安装完毕后，应配合土建将预留洞口用不透水材料（沥青麻丝）填实，并在外侧用1：2砂浆封口。穿地下室外墙或者地下构筑物墙壁，应预埋防水套管。钢套管的固定应绘制安装节点详图、土建预埋套管配筋图。为减少水平位置的积累误差，土建专业应标出每根套管的中心点位置，便于安装对套管位置的复核，使水平积累误差控制在每一跨轴线之间。

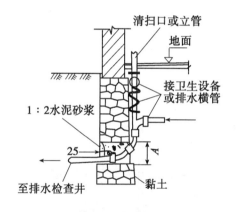

图2.42　穿带形基础

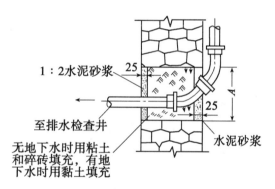

图2.43　穿地下室墙体

2. 立管穿楼面（图2.44）

立管穿越楼板的孔洞、器具支管穿越楼板的孔洞均应参照设计要求的尺寸预留。现场打洞时不得随意切断楼板配筋，必须切断时，在管道安装后应予补焊。排水管道穿越楼板处为固定安装时，可不加穿楼套管，若为非固定安装时，则应加设金属或塑料套管。套管内径比穿越管外径大10~20mm，并用沥青嵌缝，套管高出地面不得小于50mm，底部应与楼板底面相平。非固定支承体的内壁应光滑，与管壁之间应留有微隙。

立管安装完毕后，应配合土建将管道和空洞间隙采用M7.5水泥砂浆分两次嵌实，或在管道和套管间隙采用沥青油膏嵌缝，防止地面漏水。在需要安装防火套管或阻火圈的楼层，应先将防火套管或阻火圈套在管段外，然后进行管道接口连接。

3. 立管穿屋面（图2.45）

立管穿屋面设置钢制防水套管，套管高度应高出屋面面层50mm，管道安装完毕后，管道与套管间的间隙需用防水材料和膨胀水泥砂浆封堵，并用水泥砂浆做好阻水圈，防止漏水。

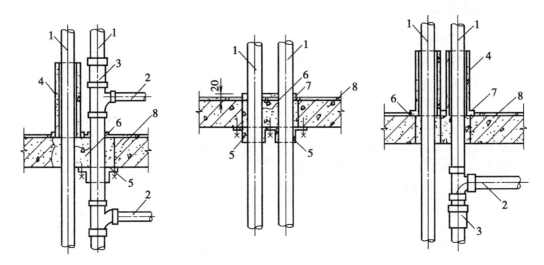

1—PVC-U 立管；2—PVC-U 横支管；3—立管伸缩节；4—防火套管；
5—阻圈；6—细石混凝土二次嵌缝；7—阻水圈；8—混凝土楼板

图 2.44　立管穿越楼层阻火圈、防火套管安装

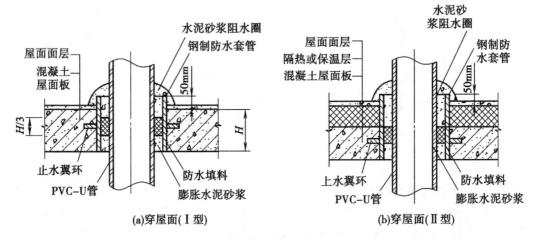

图 2.45　立管穿屋面构造

4. 室内水路改造

明装管道安装一般在墙面装饰工程完成后进行，受工期影响，可和墙面装饰工程同步进行。暗装管道时，应注意沟槽尺寸、吊顶空间以及管道维修，检查预留口部位对土建的配合要求。

为了避免由于卫生器具偏差过大，既影响整体美观，又不便于安装，还可能造成返工误工现象，因而卫生间排水管施工应做样板间，以配合土建、装饰、安装工作协调进行。

思考与拓展

1. 查找相关资料，分析同层排水的具体做法有哪些。

2. 参照《建筑工程施工质量验收统一标准》（GB50300—2001）、《建筑给水排水及采暖工程施工质量验收规范》（GB50242—2002）、《卫生设备安装》（99S304），熟悉卫生器具的安装方法。

本章训练题

1. 下面哪一类水不能接入生活污水管？（　　　）
  A. 洗衣排水　　　　B. 大便器排水　　　　C. 屋面雨水　　　　D. 厨房排水

2. 下列卫生器具和附件能自带存水弯的有（　　　）。
  A. 洗脸盆　　　　B. 浴盆　　　　C. 地漏　　　　D. 污水池

3. 在排水系统中需要设置清通设备，（　　　）不是清通设备。
  A. 检查口　　　　B. 清扫口　　　　C. 检查井　　　　D. 地漏

4. 对排水管道布置的描述，（　　　）项是不正确的。
  A. 排水管道布置长度力求最短　　　　B. 排水管道不得穿越橱窗
  C. 排水管道可穿越沉降缝　　　　D. 排水管道尽量少转弯

5. 高层建筑排水系统的好坏很大程度上取决于（　　　）。
  A. 排水管径是否足够　　　　B. 通气系统是否合理
  C. 是否进行竖向分区　　　　D. 同时使用的用户数量

6. 水落管外排水系统中，水落管的布置间距（民用建筑）一般为（　　　）m。
  A. 8　　　　B. 8~16　　　　C. 12　　　　D. 12~16

7. 以下哪条是错误的？（　　　）
  A. 污水立管应靠近最脏、杂质最多的地方
  B. 污水立管一般布置在卧室墙角明装
  C. 生活污水立管可安装在管井中
  D. 污水横支管具有一定的坡度，以便排水

8. 洗脸盆安装高度（自地面至器具上边缘）为（　　　）mm。
  A. 800　　　　B. 1000　　　　C. 1100　　　　D. 1200

9. 目前常用排水塑料管的管材一般是（　　　）。
  A. 聚丙烯　　　　B. 硬聚氯乙烯　　　　C. 聚乙烯　　　　D. 聚丁烯

10. 排水立管一般不允许转弯，当上下层位置错开时，宜用乙字弯或（　　　）连接。
  A. 90°弯头　　　　B. 一个45°弯头　　　　C. 两个45°弯头　　　D. 两个90°弯头

11. 当排水系统采用塑料管时，为消除因温度所产生的伸缩对排水管道系统的影响，在排水立管上应设置（　　　）。
  A. 方形伸缩器　　　B. 伸缩节　　　　C. 软管　　　　　D. 弯头

12. 为了防止污水回流，无冲洗水箱的大便器冲洗管必须设置（　　　）。

  A. 闸阀   B. 止回阀   C. 自闭式冲洗阀 D. 截止阀

13. 高层建筑排水立管上设置乙字弯是为了( )。

  A. 消能   B. 消声   C. 防止堵塞   D. 通气

14. 检查口中心距地板面的高度一般为( )m。

  A. 0.8   B. 1   C. 1.2   D. 1.5

学习情境三　建筑消防灭火系统

【知识目标】

1. 掌握建筑消防系统的分类、组成、建筑消防系统设计的基本原理；
2. 掌握常见消防管材、设备的基本类型和特点；
3. 熟悉消防系统安装施工工艺、消防系统安装与土建配合的要点。

【能力目标】

1. 能够针对工程实际问题，查阅消防系统布置、安装、验收等相关技术规范或手册，提出合理解决方案；
2. 能够完成土建工程施工与安装工程施工的配合工作。

【重点】

1. 消防系统的组成与工作原理；
2. 消防设备的特性与安装布置要求；
3. 消防系统安装与土建的配合。

【难点】

消防系统的安装与土建的配合。

任务一　消火栓给水灭火系统认知

根据使用灭火剂的种类，消防系统可分为消火栓给水系统、自动喷淋给水系统、其他使用非水灭火剂的固定灭火系统(如二氧化碳灭火系统、干粉灭火系统卤代烷灭火系统等)。一般来说，当建筑高度 $H \leqslant 24\text{m}$，发生火灾时靠外救；当建筑高度 $24\text{m} \leqslant H \leqslant 50\text{m}$，发生火灾时靠自救与外救相结合；当建筑高度 $H \geqslant 50\text{m}$，发生火灾时主要依靠建筑内部人员自救。

一、室内消火栓给水系统设置

(一)设置原则

依据《建筑设计防火规范》(GB50016—2006)，下列建筑物应设消防给水系统：

(1)厂房、库房及高度不超过 24m 的科研楼；

(2)超过 800 个座位的剧院、电影院、俱乐部；

(3)超过 1200 个座位的礼堂和体育馆；

(4)体积超过 5000m³的车站、码头、机场建筑及展览馆、商店、病房楼、门诊楼、图书馆、书库等；

(5)超过七层的单元式住宅，超过六层的塔式住宅、通廊式住宅、底层设有商业网点的单元式住宅；

(6)超过五层或体积超过 10000m³的教学楼等其他民用建筑；

(7)国家级文物保护单位的重点砖木或木结构的古建筑。

《高层民用建筑设计防火规范》(GB50045—1995)适用于十层及十层以上的居住建筑或者建筑高度超过 24m 的公共建筑，并且规定高层建筑消防电梯前室必须设室内消火栓。

(二)类型

1. 由室外给水管网直接供水的消火栓给水方式

当室外给水管网提供的水量和水压在任何时候均能满足室内消火栓给水系统所需的水量、水压要求时采用这种方式。

2. 设水箱的消火栓给水方式(图 3.1)

当外网压力变化较大时，由室外给水管网向水箱供水，箱内储存 10min 消防用水量，初期火灾由水箱向消火栓给水系统供水；火灾延续期间可由室外消防车通过水泵接合器向消火栓给水系统加压供水。

3. 设水泵、水箱的消火栓给水方式(图 3.2)

当外网经常不能满足建筑物消火栓系统的水压水量要求，也不能确保向高位水箱供水时，可设置该系统，室外给水管网供水至储水池，由水泵从水池吸水送至水箱，箱内储存 10min 消防用水量。当室外给水管网为枝状或只有一条进水管时，消防给水系统中均需设置消防储水池，储备火灾延续时间内的消防用水量。

4. 分区供水的消火栓给水方式(图 3.3)

当外网压力仅能满足低区建筑消火栓给水系统的水量水压要求，不能满足高区灭火的水量、水压要求时，可设置该系统。室外给水管网向低区供水，水箱内储存 10min 消防水量。高区火灾初起时，由水箱向高区消火栓给水系统给水；当水泵启动后，由水泵向高区消火栓给水系统供水灭火，低区灭火的水量、水压由外网保证。

另外，高层建筑中由于楼高，消防管道上、下部的压差很大，当消火栓处最大压力超过 0.8MPa 时，必须分区供水。

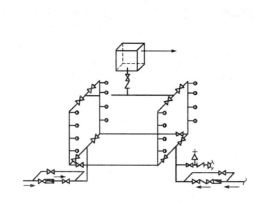

图 3.1　设水箱的消火栓给水系统

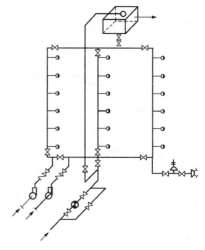

图 3.2　设水泵和水箱的消火栓给水方式

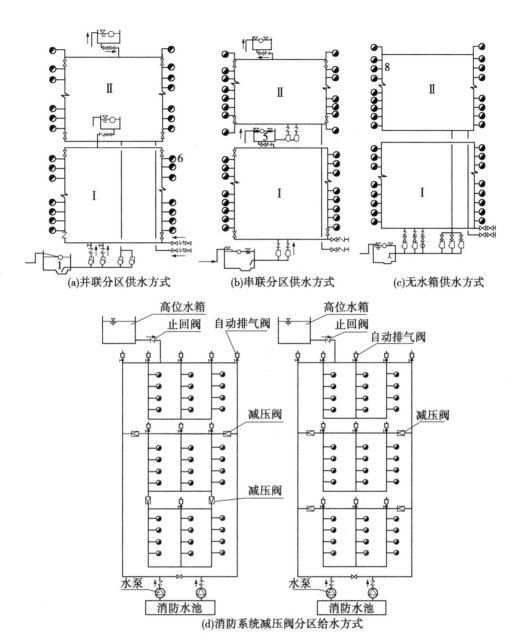

(a)并联分区供水方式　　(b)串联分区供水方式　　(c)无水箱供水方式

(d)消防系统减压阀分区给水方式

图 3.3　分区供水的消火栓给水方式

二、室内消火栓系统的组成及布置

室内消火栓给水系统由消防水源、室内消防给水管网、供水设施、室内消火栓组件组成。图 3.4 为建筑室内消火栓系统示意图。

(一)消防水源

消防水源可以是市政给水管网、天然水源或者消防水池。当生产、生活用水量达到最

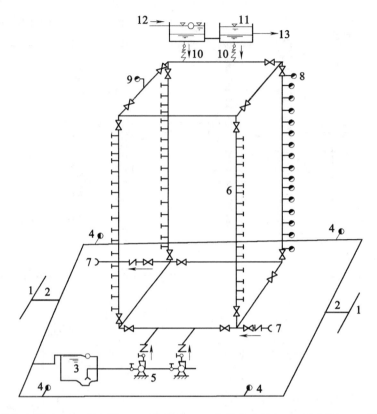

1—室外给水管网；2—进户管；3—储水池；4—室外消火栓；5—消防泵；6—消防管网；
7—水泵接合器；8—室内消火栓；9—屋顶消火栓；10—单向阀；11—水箱；12—给水；13—生活用水
图 3.4　室内消火栓给水系统组成

大时，市政给水管道、进水管或天然水源不能满足室内外消防用水量，或者市政给水管道
为枝状或只有一条进水管，且消防用水量之和大于 25L/s 时，需设置消防水池。消防水池
可以与生活水池共用，但应有保证消防水量不被动用的措施。

（二）管网

1. 管网形状

消防给水管道应连成环状，且至少应有两条进水管与室外管网或消防水泵连接。当其
中一条进水管发生事故时，其余的进水管应仍能供应全部消防用水量。7~9 层单元住宅和
不超过 8 户的通廊式住宅可为枝状，进水管一条。

2. 阀门设置

室内消防给水管网应用阀门分隔成若干独立的管段，当某管段损坏或检修时，停水范
围不能过大，一般按管网节点的管段数（$n-1$）的原则设置阀门。消防阀门平时应开启，并
有明显的启闭标志。室内消火栓灭火系统与自动喷水系统，宜分别设置。若有困难，则应
在报警阀前分开。

（三）消火栓组件

消火栓设备由水枪、水带和消火栓组成，均安装于消火栓箱内，如图 3.5 所示。

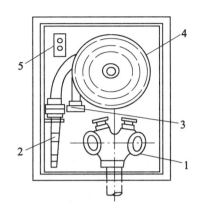

1—双出口消火栓；2—水枪；3—水带接口；4—水带；5—按钮
图 3.5　双出口消火栓

1. 水枪

水枪是一种增加水流速度、射程和改变水流形状和射水的灭火工具，室内一般采用直流式水枪。水枪的喷嘴直径分别为 13mm、16mm、19mm，水龙带接口口径有 50mm 和 65mm 两种。

2. 水龙带

水龙带是连接消火栓与水枪的输水管线，材料有棉织、麻织和化纤等，有衬胶与不衬胶之分，衬胶水带阻力较小。水龙带长度有 15m、20m、25m、30m 四种。

3. 消火栓

普通室内消火栓为内扣式接口的球形阀式龙头(图 3.6)，有单出口和双出口之分，双出口消火栓直径为 65mm，单出口消火栓直径有 50mm 和 65mm 两种。当每支水枪最小流量小于 5L/s 时选用直径 50mm 消火栓；最小流量≥5L/s 时，选用 65mm 的消火栓。

(a)单阀单出口　　　　　　(b)双阀双出口　　　　　　(c)单阀双出口
图 3.6　消火栓类型

消防卷盘，也称消防水喉，栓口直径 25mm，在高级宾馆、重要办公楼中供扑救初期火灾时用。该设备操作方便，便于非专职消防人员使用，对及时控制初期火灾有特殊作用。消防盘卷安装参见图 3.7。

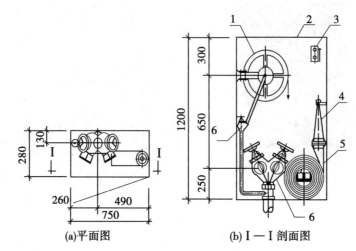

(a)平面图　　　　　　(b)Ⅰ—Ⅰ剖面图

1—消防盘卷；2—消火栓箱；3—报警按钮；4—水枪；5—水龙带；6—消火栓

图 3.7　带消防盘卷的消火栓箱

消火栓箱有双开门和单开门，有明装、半明装和暗装三种安装形式(图 3.8)，在同一建筑内，应采用同一规格的消火栓、水龙带和水枪，以便于维修、保养。

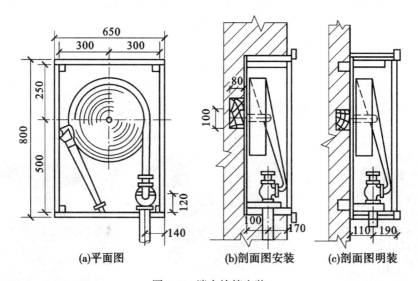

(a)平面图　　　　(b)剖面图安装　　　　(c)剖面图明装

图 3.8　消火栓箱安装

为了检查消火栓给水系统上是否能正常运行及使本建筑物免受邻近建筑火灾的波及，在室内设有消火栓给水系统的建筑屋顶应设一个消火栓(图 3.9)。在可能冻结的地区，屋顶消火栓应设在水箱间，或采取防冻措施。

4. 水泵接合器

消防水泵接合器是连接消防车向室内消防给水系统加压供水的装置，水泵接合器一端

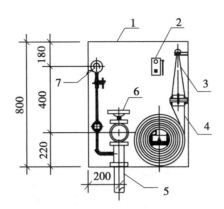

1—消火栓箱；2—报警按钮；3—水枪；4—水龙带；5—供水管道；6—消火栓；7—压力表

图 3.9　屋顶检验用消火栓

由室内消火栓给水管网底层引至室外，另一端可供消防车或移动水泵加压向室内管网供水。当室内消防泵发生故障或发生大火，室内消防水量不足时，室外消防车可通过水泵接合器向室内消防管网供水，所以，消火栓给水系统和自动喷水灭火系统均应设水泵接合器。

水泵接合器有地上式、地下式和墙壁式三种(图 3.10)，可根据当地气温等条件选用。设置数量应根据每个水泵接合器的出水量 10~15L/s 和全部室内消防用水量，由水泵接合器供给的原则计算确定。

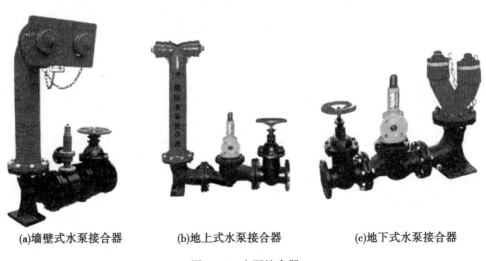

(a)墙壁式水泵接合器　　　(b)地上式水泵接合器　　　(c)地下式水泵接合器

图 3.10　水泵接合器

水泵接合器的接口为双接口，每个接口直径为 65mm 及 80mm 两种，它与室内管网的连接管直径不应小于 100mm，并应设有阀门、单向阀和安全阀。水泵接合器周围 15~40m 内应设室外消火栓、消防水池或有可靠的天然水源，并应设在室外消防车通行和使用的地方。

5. 室外消火栓

室外消火栓下连小区内市政管网，室外消火栓分地下式和地上式两种（图 3.11），每个消火栓的用水量为 10~15L/s。地上式消火栓规格为直径 100mm 和 150mm，并带直径为 65mm 的两个栓口；地下式消火栓应有直径为 100mm 和 65mm 的栓口各一个，设置时，应有明显标志。室外消火栓栓口压力不应低于 10m H_2O。

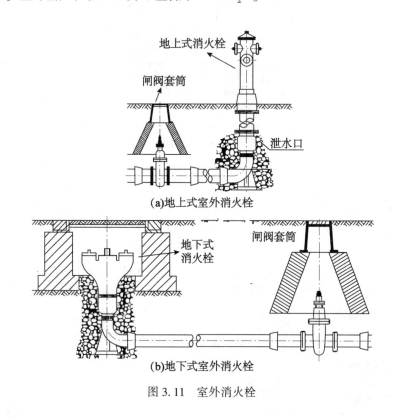

(a)地上式室外消火栓

(b)地下式室外消火栓

图 3.11　室外消火栓

(四)供水设施

1. 消防水泵

消防水泵应有不少于两条的出水管直接与环状管网连接。固定消防水泵应设有备用泵，消防水泵应保证在火警后 30s 内启动，在 5min 内开始工作，并在火场断电时仍能正常运转。消防水泵有多种类型，如图 3.12 所示。

2. 减压设施(图 3.13)

减压设施一般有三种：一是在主干管处加减压阀，二是在消火栓口处安装减压孔板，三是采用在栓口加减压阀的减压消火栓。室内消火栓处的静水压力不应超过 80mH_2O，如超过时宜采用分区给水系统或在消防管网上设置减压阀。消火栓栓口处的出水压力超过 50mH_2O 时，应在消火栓栓口前设减压节流孔板。

3. 消防水箱

消防水箱对扑救初期火起着重要作用。水箱的安装高度应满足室内最不利点消火栓所需的水压要求，且应储存室内 10min 的消防水量。为了防止和减少各种建筑火灾的危害，保护人身和财产安全，越来越多的建筑都在屋顶设置了消防水箱及增压稳压设备。目前出

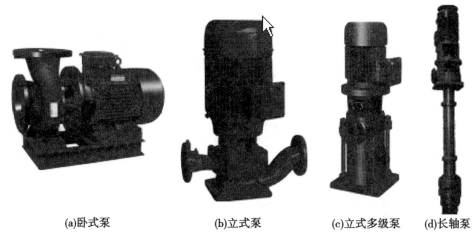

(a)卧式泵　　　　　(b)立式泵　　　　　(c)立式多级泵　　　　(d)长轴泵

图 3.12　消防水泵种类

(a)比例式减压阀　　　(b)先导式减压阀　　　(c)弹簧膜片式减压阀　　　(d)减压孔板

图 3.13　减压设施

现的消防箱泵一体化给水设备,以新式水泵、无焊接水箱新技术真正实现了泵箱系统一体化,如图 3.14 所示。

4. 消防水池

消防用水与生产、生活用水合用一个水池时,应有确保消防用水不做他用的技术措施(图 3.15)。为了保证火场供水的可靠性,当计算出的消防水池容积小于 36m³ 时,仍应采用 36m³;为了确保清池、检修、换水时的消防应急用水,消防水池的总容积超过 1000m³(高层建筑消防水池的总容积超过 500m³)时,应分设成两个独立使用的消防水池。

(五)室内消火栓给水系统的布置

1. 室内消火栓应符合的要求

(1)室内消火栓的布置应保证有两支水枪的充实水柱同时到达室内任何部位。建筑高度小于或等于 24m 时,且体积小于或等于 5000m³ 的库房,可采用 1 支水枪充实水柱到达室内任何部位。水枪的充实水柱长度应由计算确定,一般不应小于 7m,但甲、乙类厂房以及超过六层的民用建筑、超过四层的厂房和库房内,水枪的充实水柱长度不应小于 10m;高层工业建筑、高架库房内,水枪的充实水柱长度不应小于 13m。

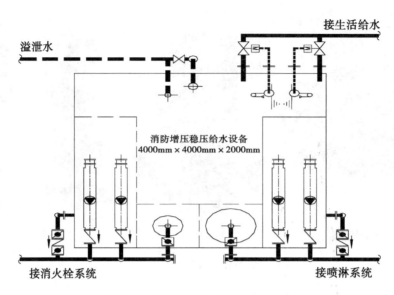

图 3.14 消防箱泵一体化给水设备

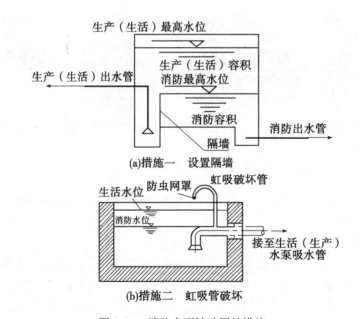

图 3.15 消防水不被动用的措施

（2）消防电梯前室应设室内消火栓。

（3）室内消火栓应设在明显易于取用地点。栓口离地面高度为 1.1m，其出水方向宜向下或与设置消火栓的墙面成 90°角。

（4）室内消火栓的间距应由计算确定。高层工业建筑、高架库房以及甲、乙类厂房，室内消火栓的间距不应超过 30m；其他单层和多层建筑室内消火栓的间距不应超过 50m。同一建筑物内应采用统一规格的消火栓、水枪和水带，每根水带的长度不应超过 25m。

（5）设有室内消火栓的建筑如为平屋顶，则宜在平屋顶上设置试验和检查用的消火栓。

2. 水枪充实水柱长度

充实水柱是指从消防水枪射出的消防射流中最有效的一段射流长度，它占全部消防射流量的75%~90%，在直径为26~38mm的圆断面内通过，并保持紧密状态，具有扑灭火灾的能力。

消火栓的保护半径为

$$R=0.8L+H_m\cos45° \tag{3.1}$$

式中：L——水龙带长度（m）；

0.8 是考虑到水龙带转弯曲折的折减系数；

H_m——充实水柱长度（m）。

消火栓布置间距有如图 3.16 所示的几种方式。

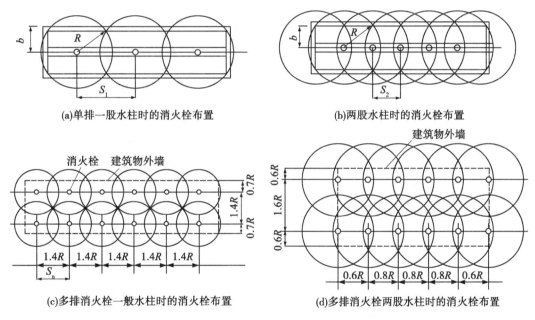

(a)单排一股水柱时的消火栓布置　　　　(b)两股水柱时的消火栓布置

(c)多排消火栓一般水柱时的消火栓布置　　　(d)多排消火栓两股水柱时的消火栓布置

图 3.16　消火栓的布置

任务二　自动喷淋给水灭火系统认知

自动喷淋给水灭火系统由洒水喷头、报警阀组、水流报警装置（水流指示器、压力开关）等组件以及管道、供水设施组成。该系统的基本功能为火灾发生后自动喷水灭火，并且发出警报，一般设置于性质重要、火灾危险性大、人员集中、不易疏散、外部增援较困难的建筑或场所。

一、自动喷淋系统分类

自动喷水灭火系统按喷头开闭形式，可分为闭式喷水系统和开式喷水系统，其中，闭式喷水系统可分为湿式自动喷水灭火系统、干式自动喷水灭火系统、干湿式自动喷水灭火系统、预作用自动喷水灭火系统、重复启闭预作用灭火系统、闭式自动喷水-泡沫联用系统等；开式自动喷水灭火系统可分为雨淋灭火系统、水幕系统、水喷雾系统等。

（一）闭式喷水系统

1. 湿式系统

这是指准工作状态时管道内充满用于启动系统的有压水的闭式系统，由湿式报警阀组、闭式洒水喷头、水流指示器以及管道和供水设施等组成，系统的管道内始终充满有压水。发生火灾时，由闭式喷头探测火灾，水流指示器报告起火区域，报警阀组或稳压泵的压力开关输出启动供水泵的信号，完成系统的启动。系统启动后，向开放的喷头供水，实施灭火。系统的组成如图 3.17 所示。

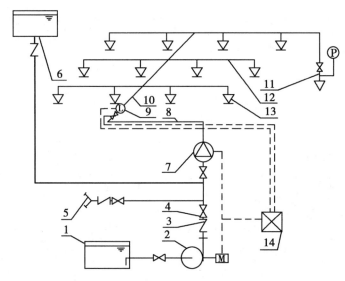

1—水池；2—水泵；3—止回阀；4—闸阀；5—水泵接合器；6—消防水箱；
7—湿式报警阀组；8—配水干管；9—水流指示器；10—配水管；11—末端试水装置；
12—配水支管；13—闭式洒水喷头；14—报警控制器
P—压力表；M—驱动电机；L—水流指示器

图 3.17　湿式自动喷水灭火系统

该系统与其他自动喷水灭火系统相比较，结构相对简单，管道始终充满有压水，灭火速度快、控火效率高，适合在温度不低于 4℃ 且不高于 70℃ 的环境中使用，因此，绝大多数的常温场所采用此类系统。经常低于 4℃ 的场所有使管内充水冰冻的危险，而高于 70℃ 的场所管内充水汽化的加剧则有破坏管道的危险。

2. 干式系统

这是指准工作状态时配水管道内充满用于启动系统的有压气体的闭式系统。

如图3.18所示，该系统报警阀前管道充有压力水，报警阀后管道充有压力气体(空气或氮气)，当火灾发生时，喷水头开启，先排出管路内的空气，供水才能进入管网，由喷头喷水灭火。该系统气密性要求高、反应迟滞。

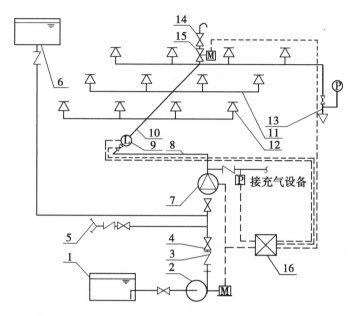

1—水池；2—水泵；3—止回阀；4—闸阀；5—水泵接合器；6—消防水箱；
7—干式报警阀组；8—配水干管；9—水流指示器；10—配水管；11—配水支管；
12—闭式喷头；13—末端试水装置；14—快速排气阀；15—电动阀；16—报警控制器

图3.18　干式自动喷水灭火系统

3. 预作用系统

如图3.19所示，预作用系统采用预作用报警阀组，并由配套使用的火灾自动报警系统启动。处于戒备状态时，配水管道为不充水的空管。利用火灾探测器的热敏性能优于闭式喷头的特点，由火灾报警系统开启雨淋阀后为管道充水，使系统在闭式喷头动作前转换为湿式系统。

4. 重复启闭预作用系统

这是指能在扑灭火灾后自动关闭、复燃时再次开阀喷水的预作用系统。

(二)开式喷水系统

火灾水平蔓延速度快的场所和室内净空高度大、不适合采用闭式系统的场所采用闭式喷水系统。

1. 雨淋系统

如图3.20所示，该系统采用开式洒水喷头、雨淋报警阀组，由配套使用的火灾自动报警系统或传动管联动雨淋阀，由雨淋阀控制其配水管道上的全部开式喷头同时喷水。

雨淋系统启动后，立即大面积喷水，遏制和扑救火灾的效果更好，但水渍损失大于闭式系统。该系统适用场所包括舞台葡萄架下部、电影摄影棚等。

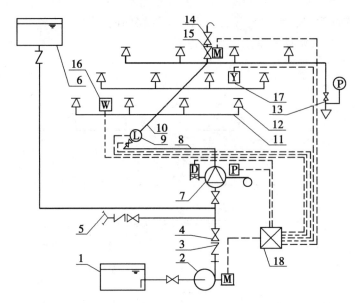

1—水池；2—水泵；3—止回阀；4—闸阀；5—水泵接合器；6—消防水箱；7—预作用报警阀组；
8—配水干管；9—水流指示器；10—配水管；11—配水支管；12—闭式喷头；13—末端试水装置；
14—快速排气阀；15—电动阀；16—感温探测器；17—感烟探测器；18—报警控制器

图 3.19　预作用系统示意图

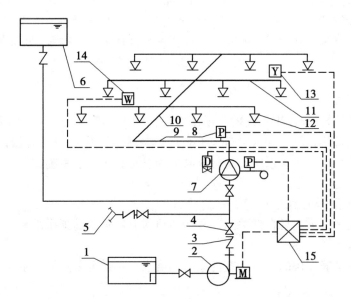

1—水池；2—水泵；3—止回阀；4—闸阀；5—水泵接合器；6—消防水箱；
7—雨淋报警阀组；8—压力开关；9—配水干管；10—配水管；11—配水支管；
12—开式洒水喷头；13—感烟探测器；14—感温探测器；15—报警控制器

图 3.20　电动启动雨淋系统示意图

2. 水幕系统

该系统由开式洒水喷头或水幕喷头、雨淋报警阀组或感温雨淋报警阀以及水流报警装置(水流指示器或压力开关)等组成,用于挡烟阻火或冷却分隔物的喷水系统。

3. 自动喷水-泡沫联用系统

如图 3.21 所示,配置供给泡沫混合液的设备后,该系统组成既可喷水又可以喷泡沫的自动喷水灭火系统。当建筑物内设置多种类型的系统时,按此条规定设计,允许其他系统串联接入湿式系统的配水干管。使各个其他系统从属于湿式系统,既不相互干扰,又简化系统的构成、减少投资。

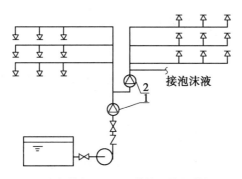

1—湿式报警阀组；2—其他系统报警阀组

图 3.21 自动喷水-泡沫联用系统

4. 水喷雾灭火系统

该系统由水源、供水设备、管道、雨淋阀组、过滤器和水雾喷头等组成,水喷雾灭火系统具有适用范围广的优点,不仅可以提高扑灭固体火灾的灭火效率,同时,由于水雾具有不会造成液体火飞溅、电气绝缘性好的特点,所以在扑灭可燃液体火灾、电气火灾中均得到广泛的应用。

二、自动喷淋系统组成及布置

如图 3.22 所示,自动喷淋系统组件有喷头、喷淋泵、闸阀、止回阀、报警阀、电磁阀、水流指示器等。

(一)喷头

喷头可分为开式和闭式两种。

1. 闭式喷头

闭式喷头是一种直接喷水灭火的组件,是带热敏感元件及其密封组件的自动喷头。该热敏感元件可在预定温度范围下动作,使热敏感元件及其密封组件脱离喷头主体,并按规定的形状和水量在规定的保护面积内喷水灭火。

闭式喷头按热敏感元件分类,可分为玻璃球喷头和易熔元件喷头两种类型(图 3.23);按安装形式、布水形状分类,又分为直立型、下垂型、边墙型、吊顶型和干式下垂型等(图 3.24)。

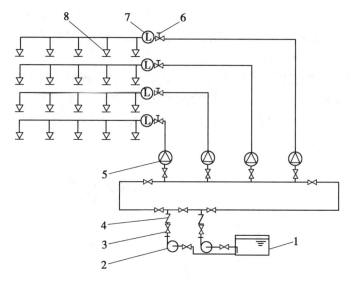

1—消防水池；2—喷淋泵；3—闸阀；4—止回阀；5—湿式报警阀；
6—电磁阀；7—水流指示器；8—闭式喷头
图 3.22　自动喷淋系统的组成

(a)易熔合金闭式洒水喷头　　　　　　　(b)玻璃球闭式洒水喷头

图 3.23　喷头(一)

(a)普通型喷头　　(b)下垂型喷头　　(c)直立型喷头　　(d)边墙型喷头　　(e)边墙型喷头
　　　　　　　　　　　　　　　　　　　　　　　　　　　(直立安装)　　　　(水平安装)

图 3.24　喷头(二)

如果是玻璃球洒水喷头，不同颜色代表不同的喷头动作温度，见表 3.1。

表 3.1　　　　　　　　　　　　　　喷头动作温度

公称工作温度(℃)	工作液色标志
57	橙色
68	红色
79	黄色
93	绿色
100	灰色
121	天蓝色
141	蓝色

2. 开式喷头

开式喷头根据用途分为开启式、水喷雾、水幕三种类型，构造如图 3.25 所示，通常应用于航天及兵工企业。

(a)开启式喷头　　　　　　(b)水喷雾喷头　　　　　　(c)水幕喷头

图 3.25　开式喷头

(二)报警控制装置

水力报警器(即水力警铃)与报警阀配套使用。当某处发生火灾时，喷头开启喷水，管道中的水流动，在水流冲击下，发出报警铃声。水流通过管道时，水流指示器中桨片摆动接通电信号，可直接报知起火喷水的部位。

1. 报警阀

报警阀(图 3.26)的主要功能是开启后能够接通管中水流同时启动报警装置。不同类型的自动喷水灭火系统应安装不同结构的报警阀，报警阀分为湿式、干式、干湿式、预作用四种。

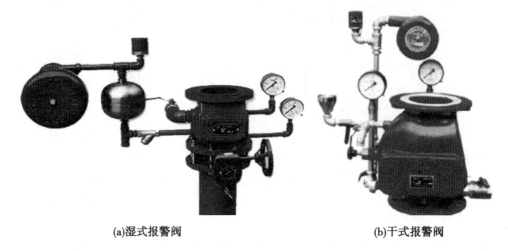

(a)湿式报警阀   (b)干式报警阀

图 3.26 报警阀、压力开关、延时器、水力警铃

报警阀距地面高度宜为 1.2m，应没有冰冻危险、易于排水、管理维修方便及地点明显。一个报警阀组控制的喷头数，对于湿式系统、预作用系统，不宜超过 800 只；对于干式系统，不宜超过 500 只。每个报警阀组供水的最高和最低位置喷头的高程差不宜大于 50m。连接报警阀进、出口的控制阀宜采用信号阀；否则，控制阀应设锁定阀位的锁具。

2. 水流指示器

在设置闭式自动喷水灭火系统的建筑内，每个防火分区和楼层均应设置水流指示器（图 3.27）。当水流指示器前端设置控制阀时，应采用信号阀。

(a)马鞍式   (b)法兰式   (c)沟槽式   (d)焊接式   (d)丝扣式

图 3.27 水流指示器

3. 压力开关

自动喷水灭火系统应采用压力开关控制稳压泵，并应能调节启停压力（图 3.26）。一般安装在延迟器与水力警铃之间的信号管道上，必须垂直安装。当闭式喷头启动喷水时，

报警阀亦即启动通水，水流通过阀座上的环形槽流入信号管和延迟器，延迟器充满水后，水流经信号管进入压力继电器，压力继电器接到水压信号，即接通电路报警，并可启动消防泵。

4. 延迟器

安装在报警阀与水力警铃之间的信号管道上，用以防止水源发生水锤时引起水力警铃的误动作(图3.26)。当湿式阀因压力波动瞬时开放时，水首先进入延迟器，这时，由于进入延迟器的水量很少，会很快经延迟器底部的节流孔排出，水就不会进入水力警铃或作用到压力开关，从而起到防止误报的作用。

5. 水力警铃

水力警铃(图3.26)应设置在有人值班的地点附近，其与报警阀连接的管道直径应为20mm，总长度不宜大于20m。只有当湿式报警阀保持其开启状态，经过报警通道的水不断地进入延迟器，经过一段延迟时间由顶部的出口流向水力警铃和压力开关，水力警铃才发出警报。

6. 火灾探测器

感烟、感温、感光火灾探测器可报知在哪里发生了火灾，它们分别将物体燃烧产生的烟、光、温度的敏感反应转化为电信号，传递给报警或启动消防设备的装置(图3.28)，属于早期报警设备。

(a)点型感烟探测器　　　　　　　(b)点型感温探测器

图3.28　火灾探测器

7. 末端试水装置

每个报警阀组控制的最不利点喷头处应设置末端试水装置(图3.29)，其他防火分区和楼层的最不利点喷头处应设置直径为25mm的试水阀。末端试水装置由试水阀、压力表以及试水接头组成。

(三)喷淋管网的布置与敷设

管网一般可布置成枝状、环状、格栅状。一般而言，枝状管网侧边末端进水、侧边中央进水，适用于轻危险级；环状管网中央末端进水、中央中心进水，适用于中、严重危险级；格栅状管网适用于严重危险级。

当某一管段损坏或检修时，分隔阀所关闭的报警装置不得多于3个，分隔阀门应设在便于管理、维修和容易接近的地方。在报警阀前的供水管上，应设置阀门，其后面的配水管上不得设置阀门和连接其他用水设备。

同一支配水支管上喷头的间距及相邻配水支管的间距满足 3.2 表中的要求。

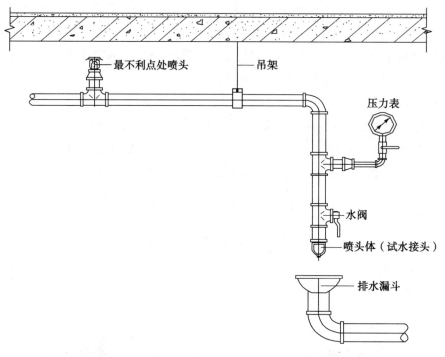

图 3.29　末端试水装置

表 3.2　　　　　　　　　　　　　　　　　喷 头 布 置

喷水强度 (L/(min·m²))	正方形布置边长 (m)	长方形布置的长边边长(m)	一只喷头的最大保护面积(m²)	喷头与端墙的最大距离(m)
4	4.4	4.5	20.0	2.2
6	3.6	4.0	12.5	1.8
8	3.4	3.6	11.5	1.7
≥12	3.0	3.6	9.0	1.5

管道一般不穿梁(图 3.30)，但应考虑与梁或通风管道的间距，具体见表 3.3。若考虑空间的整体布局必须穿梁，则需在设计时注意在浇筑混凝土前就做好套管的预埋，如果后期用水钻钻眼、钻梁，则会对结构造成重大影响。管道若需上翻下弯，则应在上翻处设置自动排气阀，在下弯处设置放水阀。当梁、通风管道、排管、桥架等障碍物的宽度大于 1.2m 时，其下方应增设喷头(图 3.31)。

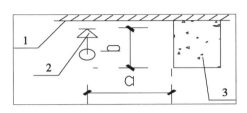

1—顶板；2—直立型喷头；3—梁

图 3.30　喷头的布置(一)

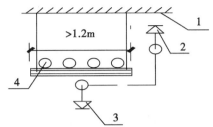

1—顶板；2—直立型喷头；3—下垂型喷头；
4—排管(或梁、通风管道、桥架等)

图 3.31　喷头的布置(二)

表 3.3　　　　　　　　　　　　　　喷头与梁或管道的间距

喷头溅水盘与梁或通风管道的底面的最大垂直距离 $b(m)$		喷头与梁、通风管道的水平距离 $a(m)$
标准喷头	其他喷头	
0	0	$a<0.3$
0.06	0.04	$0.3 \leqslant a<0.6$
0.14	0.14	$0.6 \leqslant a<0.9$
0.24	0.25	$0.9 \leqslant a<1.2$
0.35	0.38	$1.2 \leqslant a<1.5$
0.45	0.55	$1.5 \leqslant a<1.8$
>0.45	>0.55	$a=1.8$

　　配水管道应采用内外壁热镀锌钢管。当报警阀入口前管道采用内壁不防腐的钢管时，应在该段管道的末端设过滤器。系统管道的连接应采用沟槽式连接件(图 3.32)、丝扣、法兰连接(图 3.33)。当报警阀前采用内壁不防腐钢管时，可采用焊接连接(图 3.34)。

图 3.32　沟槽式连接

图 3.33　法兰连接

图 3.34　焊接连接

任务三　建筑消防系统安装及与土建的配合

一、安装作业条件

主体结构已验收，现场已清理干净；管道安装所需要的基准线应测定并标明，如吊顶标高、地面标高、内隔墙位置线等；设备基础经检验符合设计要求，达到安装条件；管道支架预留孔洞的位置、尺寸正确；安装管道所需要的操作架应由专业人员搭设完毕。

喷洒头安装按建筑装修图确定位置，吊顶龙骨安装完后，按吊顶材料厚度确定喷洒头的标高，封吊顶时，按喷洒头预留口位置在顶板上开孔。

二、安装工艺流程

(一)消火栓系统

安装准备→干管安装→立管安装、环网阀门等安装→每层支管安装→消火栓安装→消防水泵安装→管道试压冲洗、水泵启动安装→消火栓配件安装→系统通水调试。

(二)喷淋系统

安装准备→干管安装→立管安装→每层干、支管安装(包括气压罐、阀门、水流指示器、节流装置等)→管道试压→管道冲洗→水泵启动柜、湿式报警阀、雨淋阀、水泵、喷头安装→系统通水调试。

三、专业配合

(一)图纸会审阶段

(1)施工企业承接消防工程时，必须协助建设单位、设计单位，完善原设计，关注防排烟正压送风、事故电源切换、应急广播、电梯迫降、防火分区的划分等部门设计是否满足规范。

(2)核对有关专业图纸，查看各种管道的坐标、标高是否有交叉或排列位置不当，及时与设计人员研究解决，办理洽商手续。

(3)认真熟悉图纸，制定科学的施工方案，合理安排施工顺序，避免工程交叉作业干扰，影响施工。根据施工方案、技术、安全交底的具体措施选用材料，测量尺寸，绘制草图，预制加工。

(二)施工阶段

(1)消火栓安装应严格安装规范要求，如若施工单位随意更改消火栓箱底预留孔位置或者用气焊割孔，则会使栓口出水方向不能与设置消火栓的墙面成90°角，或者使周围间距过小，水带不能安装至消火栓上或使水带弯折，影响出水量。在暗装的消火栓箱洞口上部不设置过梁或者过梁设置位置不合理，土建补洞时，挤加砖块，受荷载作用，箱体变形会导致消火栓箱门开启不灵或者根本安装不上。

(2)管道穿墙处不得有接口(丝接或卡箍)，并在穿墙或穿楼板处加设钢套管，套管管径比管道外径大1~2级。

(3)立管暗装在竖井内时，在管井内预埋铁件上安装卡件，固定立管底部的支吊架要牢固，防止立管下坠。立管明装时，每层楼板要预留孔洞，立管可随结构穿入，以减少立管接口。

（4）走廊吊顶内的管道安装与通风道的位置要协调好。

（5）喷头支管安装要与吊顶装修同步进行，根据吊顶材料高度定出喷头的预留口标高，喷头的规格、类型、动作温度应符合设计要求，喷头安装的保护面积、间距及距墙、柱的距离应符合规范要求。

（6）消防管道安装与土建及其他管道发生矛盾时，不得私自拆改，要经过设计办理变更洽商解决。喷洒头安装时，不得污染和损坏吊顶装饰面。

（7）封吊顶前进行系统试压，为了不影响吊顶装修进度，可分层分段试压，试压完后冲洗管道，合格后可封闭吊顶，吊顶材料在管箍口处开一个 30mm 的孔，把预留口露出，吊顶装修完后把丝堵卸下，安装喷头。

思考与拓展

1. 现场参观某大楼的消防喷淋设计，辨别管材、阀门、消火栓以及消防水泵接合器种类、特性、参数等。

2. 查找资料，结合实际，初步绘制出该楼的消防系统示意图。

本章训练题

1. 室内消火栓应布置在建筑物内明显的地方，其中（　　　）不宜设置。
   A. 普通教室内　　　B. 楼梯间　　　　C. 消防电梯前室　　　D. 大厅
2. 室内消火栓栓口距地板面的高度为（　　　）m。
   A. 0.8　　　　　　B. 1.0　　　　　　C. 1.1　　　　　　D. 1.2
3. 在消防系统中启闭水流一般使用（　　　）。
   A. 闸阀　　　　　　B. 蝶阀　　　　　　C. 截止阀　　　　　D. 排气阀
4. 室内消火栓数量超过 10 个且消火栓用水量大于 15L/s 时，消防给水引入进水管应该不少于（　　　）条，并布置成环状。
   A. 4　　　　　　　B. 3　　　　　　　C. 2　　　　　　　D. 1
5. 室内消火栓/水龙带和水枪之间一般采用（　　　）接口连接。
   A. 螺纹　　　　　　B. 内扣式　　　　　C. 法兰　　　　　　D. 焊接
6. 仅用于防止火灾蔓延的消防系统是（　　　）。
   A. 消火栓灭火系统　　　　　　　　B. 闭式自喷灭火系统
   C. 开式自喷灭火系统　　　　　　　D. 水幕灭火系统
7. 消防水箱与生活水箱合用，水箱应储存（　　　）min 消防用水量。
   A. 7　　　　　　　B. 8　　　　　　　C. 9　　　　　　　D. 10
8. 室内消防系统设置（　　　）的作用是使消防车能将室外消火栓的水接入室内。
   A. 消防水箱　　　B. 消防水泵　　　C. 水泵结合器　　　D. 消火栓箱
9. 室内消火栓系统的用水量是（　　　）。

A. 保证着火时建筑内部所有消火栓均能出水

B. 保证两支水枪同时出水的水量

C. 保证同时使用水枪数和每支水枪用水量的乘积

D. 保证上下三层消火栓用水量

10. (　　)属于闭式自动喷水灭火系统。

　　A. 雨淋喷水灭火系统　　　　　　　　B. 水幕灭火系统

　　C. 水喷雾灭火系统　　　　　　　　　D. 湿式自动喷水灭火系统

11. 高层建筑内消防给水管道立管直径应不小于(　　)。

　　A. DN50　　　　B. DN80　　　　C. DN100　　　　D. DN150

12. 消防管道不能采用的管材是(　　)。

　　A. 无缝钢管　　　B. 镀锌钢管　　　C. 焊接钢管　　　D. 塑料管

13. 在装饰吊顶的办公室内闭式喷头的安装形式为(　　)。

　　A. 直立型　　　　B. 下垂型　　　　C. 边墙型　　　　D. 檐口型

14. 水流指示器的作用是(　　)。

　　A. 指示火灾发生的位置

　　B. 指示火灾发生的位置并启动水力警铃

　　C. 指示火灾发生的位置并启动电动报警器

　　D. 启动水力警铃并启动水泵

15. 室内常用的消防水带规格有 D50、D65，其长度不宜超过(　　)m。

　　A. 10　　　　　B. 15　　　　　C. 20　　　　　D. 25

学习情境四　建筑供暖系统

【知识目标】

1. 掌握供暖系统的组成、分类、工作原理；

2. 熟悉供暖系统安装施工工艺、供暖系统安装与土建配合的要点。

【能力目标】

1. 能够针对工程实际问题，查阅供暖系统布置、安装、验收等相关技术规范或手册，提出合理解决方案；

2. 能够完成土建工程施工与安装工程施工的配合工作。

【重点】

1. 建筑采暖的基本形式与特点；

2. 热水、蒸汽采暖的基本原理；

3. 地板辐射采暖的构造；

4. 供暖系统安装与土建施工的配合。

【难点】

1. 建筑采暖设置形式及各自特点；

2. 供暖系统安装与土建施工的配合。

任务一　供暖系统认知

在寒冷冬季，室外温度较低，由热传递的规律知，热量自发地从高温物体传向低温物体，所以室内的热量通过建筑物的外围结构(如外墙、屋顶、地坪、门、窗等)传向室外，同时，冷空气通过门、窗缝隙或外门的开启侵入房间内，并消耗室内能量。供暖的任务就是通过必要的设备，不断向室内补充热量，维持正常生活、工作需要的温度。

一、供暖系统的组成和分类

(一)供暖系统的组成

所有采暖系统都是由热源、热网和散热设备三个主要部分组成的，如图 4.1 所示。

1. 热源

热源是指用来产生热能的部分，其类型主要有热电厂、区域锅炉房、热交换站(热力站)、地热供热站等，还可以采用水源热泵机组、燃气炉设备以及余热、废热、太阳能、电能等能源。

2. 热网

热网担负输送热媒的任务，包括供水、回水循环管道。

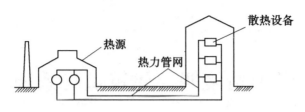

图 4.1 热水采暖系统示意图

3. 散热设备

散热设备是指向室内放热的装置，其类型包括散热器、热水辐射管、暖风机等。

此外，供暖系统中还设置辅助设备及附件，以保证系统正常工作，辅助设备包括水泵、膨胀水箱、除污器、排气设备等，系统附件有补偿器、热计量仪表、各类阀门等。

(二)散热设备与附件

热量的传递通常有导热、对流和辐射三种形式，为达到良好的取暖效果，目前常用的散热设备有散热器、暖风机和辐射板。在民用建筑和中、小型工业厂房采暖系统中，应用较多的散热设备为散热器。散热器是以对流和辐射两种方式向室内散热的设备。散热器应有较高的传热系数，有足够的机械强度，能承受一定压力，耗金属材料少，制造工艺简单，同时，表面应光滑，易清扫，不易积灰，占地面积小，安装方便，美观，耐腐蚀。暖风机和辐射板分别依靠对流散热和辐射传热提高室内温度，多用于工业车间和大型公共建筑的采暖系统。

1. 散热器

(1)散热器的种类。目前，国内生产的散热器种类繁多，按其制造材料分，主要有铸铁、钢制以及铝合金散热器等；按其构造型式分，主要有柱型、翼型、管型、平板型等。

①铸铁散热器。铸铁散热器的特点是结构简单，防腐性能好，使用寿命长，热稳定性好，价格便宜；但它的金属耗量大、承压能力低，制造、安装和运输劳动繁重。铸铁散热器有翼型和柱型之分，翼型又分为圆翼型和长翼型。

圆管外带有圆形肋片的散热器称为圆翼型散热器(图 4.2)，管子的内径规格有 D50、D75 两种，管长为 1m，两端有法兰可以串联相接；扁盒状带有竖向肋片的散热器称为长翼型散热器(图 4.3)。翼型散热器制造工艺简单、造价较低，但金属耗量大，传热系数比较低，外形不美观，肋片间易积灰，且难以清扫，单体散热量大，常用于外观要求不高或无灰尘的建筑物内。

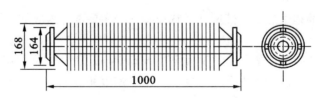

图 4.2 圆翼型铸铁散热器

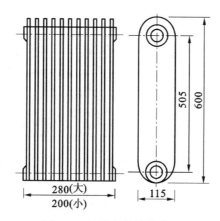

图 4.3　长翼型铸铁散热器

柱型散热器(图 4.4)由单片组合而成,每片成柱状,表面光滑,内部有几个中空的立柱相互连通。按照所需散热量,选择一定的片数,用对丝将单片组装在一起,形成一组散热器。柱型散热器根据内部中空立柱的数目分为 2 柱、4 柱、5 柱等,每个单片有带脚和不带脚两种,以便于落地或挂墙安装,其单片散热量小,容易组对成所需散热面积,积灰较易清除。

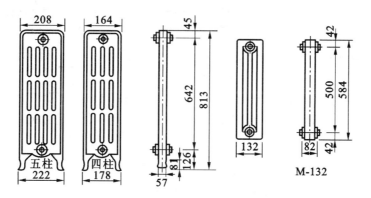

图 4.4　柱型铸铁散热器

②钢制散热器。钢制散热器强度高、外形美观,但易腐蚀,使用寿命比铸铁散热器短,并且不宜使用于蒸汽系统、酸碱腐蚀性气体工厂或者湿度较大的房间。钢制散热器有闭式钢串片散热器、钢制柱式散热器、板式散热器、扁管式散热器等。

闭式钢串片散热器(图 4.5)由钢管、肋片、联箱、放气阀和管接头组成,散热器上的钢串片由 0.5 mm 的薄钢片构成,其优点是体积小、重量轻、承压高、占地小,但阻力大,不易清除灰尘。

板式散热器(图 4.6)由面板、背板、对流片和水管接头及支架等部件组成,它散热效果好但承压能力较低。

钢制柱式散热器(图 4.7)由中空的散热片串联而成,串片由 1.25 mm、1.5 mm 厚的冷轧钢板加工焊制而成。钢制柱型散热器传热性能好、质量轻，但制造工艺复杂。

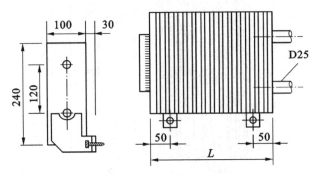

图4.5 闭式钢串片散热器

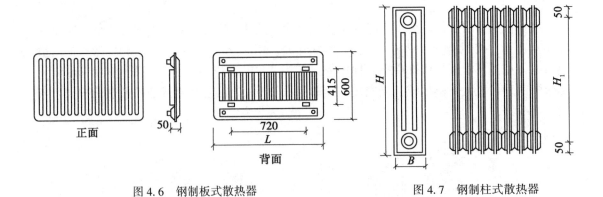

图4.6 钢制板式散热器　　　　　　图4.7 钢制柱式散热器

扁管式散热器(图4.8)，由数根规格为52mm×11mm×1.5mm(宽×高×厚)的矩形扁管叠加焊制成排管，两端连接断面为35mm×40mm的联箱，形成水流通路。

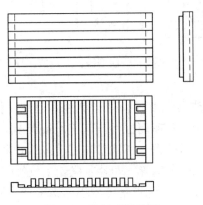

图4.8 扁管式散热器

③铝制散热器。铝制散热器是由铝合金翼型管材加工成排管状，铝合金散热器的主要优点是外形美观，质量轻，耐腐蚀，承压高，传热性能好；其缺点是材质软，运输、施工

易碰损，价格昂贵。

除了上述散热器外，还有铜制散热器、铜铝复合型散热器、钢铝复合型散热器等，由于铜铝传热系数大、散热快，所以散热器体积都比较小，安装在室内非常节省空间。

(2)散热器的布置与安装。散热器一般应安装在外墙的窗台下，沿散热器上升的热气流能阻止和改善从玻璃窗下降的冷气流和玻璃冷辐射的影响，使流经室内的空气比较暖和舒适。为防止冻裂散热器，两道外门之间不准设置散热器。在楼梯间或其他有冻结危险的场所，散热器应由单独的立、支管供热，且不得装设调节阀。

散热器的安装形式有明装和暗装两种。散热器一般应明装，明装是指散热器裸露在室内。内部装修要求较高的民用建筑可采用暗装，暗装有半暗装(散热器的一半宽度置于墙槽内)、全暗装(散热器宽度方向完全置于墙槽内，加罩后与墙面平齐)、明装及半暗装加罩等。托儿所和幼儿园应安装或加防护罩，以免烫伤儿童。对于全暗装的散热器罩，在散热器支管与立管交叉处应设检修门。

2. 膨胀水箱

膨胀水箱的作用是用来储存热水采暖系统加热的膨胀水量，在自然循环上供下回式系统中，还起着排气作用。膨胀水箱的另一作用是恒定采暖系统的压力。膨胀水箱分为开式和闭式两种。

开式膨胀水箱一般用钢板制成，通常是圆形或矩形。图4.9为开式膨胀水箱构造图，箱上连有膨胀管、溢流管、信号管、排水管及循环管等管路。

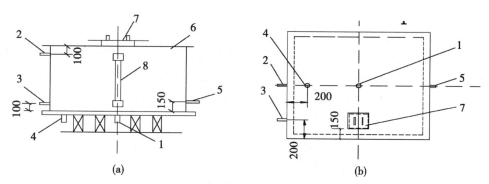

1—膨胀管；2—溢流管；3—循环管；4—排水管；5—信号管；6—箱体；7—人孔；8—玻璃管水位计
图4.9　开式膨胀水箱构造图

闭式膨胀水箱一般安装在机房，水泵入口处。该系统(图4.10)能容纳系统膨胀水量，且可与系统自动补水和定压结合。系统循环水受热膨胀压力升高，其压力值超过设定值上限时，安全阀自动泄压，使压力降至正常值。当系统压力降低、低于设定值下限时，电接点压力表自动启动补水泵向系统内补水。当压力回升至设定值上限时，补水泵停止工作，从而使系统压力维持在设定值的上、下限范围内正常工作。

3. 排气装置

系统的水被加热时，会分离出空气，当系统停止运行时，不严密处也会渗入空气，充水后，会有空气残留在系统内。系统中如积存空气，就会形成气塞，影响水的正常循环。

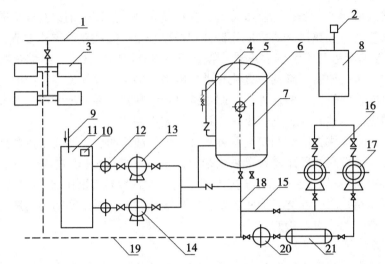

1—供水管网；2—自动排气阀；3—散热器(风机盘管)；4—补气装置(囊式气压罐无此装置)；
5—压力罐；6—电接点压力表；7—水位计；8—加热设备(换热器、制冷设备)；9—蓄水池供水管；
10—水位控制器；11—蓄水池；12—水上式底阀(地上水池或水箱不安装此阀)；13—补水泵(给水泵)；
14—补水泵(备用或并用)；15—补水旁通管；16—循环水泵；17—循环水泵(备用或并用)；
18—补水管(给水管)；19—回水管网(循环水)；20—除污器；21—电子水处理器

图 4.10　闭式膨胀水箱构造图

排气装置的相关设备主要有集气罐、自动排气阀和冷风阀等几种。

(1)集气罐。集气罐有立式和卧式两种(图 4.11)，在机械循环上供下回式系统中，集气罐应设在系统各分环环路的供水干管末端的最高处(图 4.12)。在系统运行时，定期手动打开阀门，将热水中分离出来并聚集在集气罐内的空气排除。

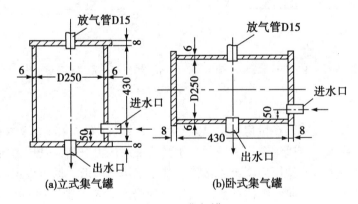

图 4.11　集气罐

(2)排气阀。排气阀分为手动和自动两类。自动排气阀是依靠水对物体的浮力，自动打开和关闭罐体的排气出口，以达到排气和阻水的目的，排除散热器内的空气。图 4.13

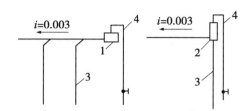

1—卧式集气罐；2—立式集气罐；3—末端立管；4—DN15 放气管

图 4.12　集气罐安装位置示意图

所示为立式自动排气阀，当阀体 7 内无空气时，水将浮子 6 浮起，通过杠杆机构 1 将排气孔 9 关闭，而当空气从管道进入，积聚在阀体内时，空气将水面压下，浮子的浮力减小，依靠自重下落，排气孔打开，使空气自动排出，空气排除后，水再将浮子浮起，排气孔重新关闭。

（3）冷风阀。冷风阀（图 4.14）多用在水平式和下供下回式系统中，安装在散热器的上端（蒸汽供暖时，安装在散热器 1/3 高度处），定期打开手轮，排除散热器内的空气，又称为手动跑风。

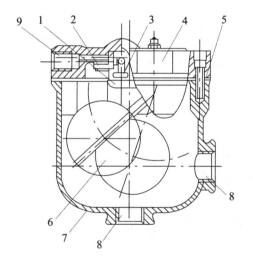

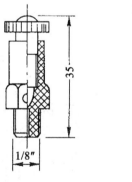

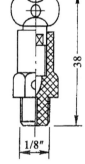

图 4.14　冷风阀

1—杠杆机构；2—垫片；3—阀堵；4—阀盖；
5—垫片；6—浮子；7—阀体；8—接管；9—排气孔

图 4.13　立式自动排气阀

4. 散热器温控阀

散热器温控阀（图 4.15）是一种自动控制散热器散热量的设备，安装在散热器入口管上，根据室温与给定温度之差自动调节热媒流量的大小。

5. 疏水器

疏水器的作用是疏水阻气，安装在蒸汽系统的散热设备和管道里回水管上，排出凝结水，并阻止蒸汽泄漏。

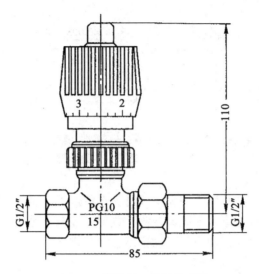

图 4.15　散热器温控阀外形图

（1）类别。根据作用原理不同，疏水器可分为机械型、热动力型、热静力型三种类别。机械型疏水器（图 4.16）是依靠蒸汽和凝结水的密度差，利用凝结水的液位进行工作，主要有浮筒式、钟形浮子式、倒吊桶式等。热动力型疏水器（图 4.17）是利用蒸汽和凝结水的热动力特性来工作的，主要有脉冲式、热动力式、孔板式等。热静力型疏水器（图 4.18）是利用蒸汽和凝结水的温度差引起恒温元件变形而工作的，主要有双金属片式、波纹管式和液体膨胀式等。

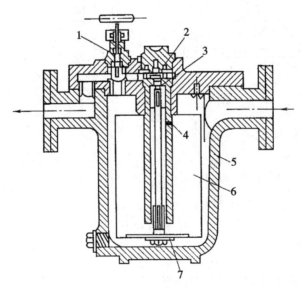

1—放气阀；2—阀孔；3—顶针；4—水封套筒上的排气孔；5—外壳；6—浮筒；7—可换重块

图 4.16　机械型浮筒式疏水器

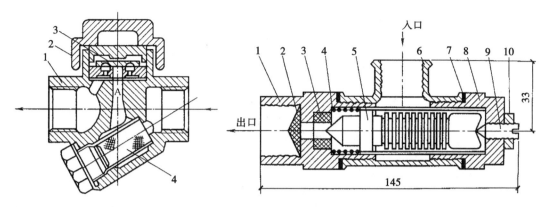

1—阀体；2—阀盖；3—阀片；4—过滤器

图 4.17 热动力型圆盘式疏水器

1—大管接头；2—过滤网；3—网座；4—弹簧；
5—温度敏感元件；6—三通；7—垫片；
8—后盖；9—调节螺钉；10—锁紧螺母

图 4.18 温调式疏水器

（2）安装形式。疏水器一般水平安装，前后应设阀门。在进水阀前设置冲洗管，用来排气和冲洗管路，疏水器后设检查管，用来检查疏水器工作是否正常。大型系统设旁通管，旁通管可水平安装或垂直安装（旁通管在疏水器上面绕行），以便检修时临时排水。在疏水器前端应设过滤器（疏水器本身带有过滤网时可不设），清除采暖系统的凝水中渣垢杂质。某些时候，为了防止用热设备在下次启动时产生蒸汽冲击，在疏水器后还应加装止回阀。图 4.19 所示为疏水器不同的连接形式。

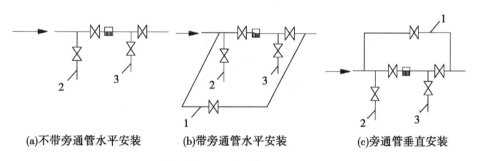

(a)不带旁通管水平安装　　(b)带旁通管水平安装　　(c)旁通管垂直安装

1—旁通管；2—冲洗管；3—检查管

图 4.19 疏水器连接形式

6. 除污器

除污器一般设置在供暖系统入口调压装置前、锅炉房循环水泵的吸入口前和换热设备入口前。除污器的型式有立式直通、卧式直通和卧式角通三种。图 4.20 所示是采暖系统常用的立式直通除污器。除污器的型号可根据接管直径选择。除污器前后应装设阀门，并设旁通管供定期排污和检修使用，除污器不允许装反。

7. 减压阀

减压阀可通过调节阀孔大小，对蒸汽进行节流，从而达到减压目的，并能自动将阀后

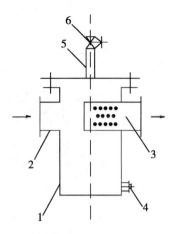

1—外壳；2—进水管；3—出水管；4—排污管；5—放气管；6—截止阀

图 4.20　立式直通除污器

压力维持在一定范围内；供热工程中常用的减压阀有活塞式、波纹管式和薄膜式等。减压阀有活塞式（图 4.21）、波纹管式和薄膜式等几种。

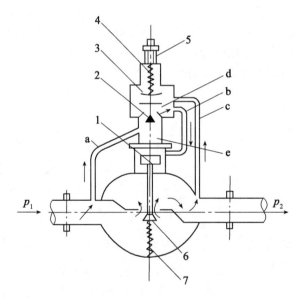

1—活塞；2—针阀；3—薄膜片；4—上弹簧；5—旋紧螺钉；6—主阀；7—下弹簧

图 4.21　活塞式减压阀工作原理图

8. 安全阀

安全阀是限定最高压力的装置，超压时，阀门自动开启，放出蒸汽泄压，降压后自动关闭。按结构不同，安全阀可分为弹簧式和重锤式两类。

9. 管道补偿器

各种热媒在管道中流动时，管道受热而膨胀，故在热力管网中应考虑对其进行补偿。采暖管道必须通过热膨胀计算确定管道的增长量。管道补偿器主要有管道的自然补偿、方形补偿器、套筒补偿器、波纹管补偿器和球形补偿器等几种形式。

自然补偿(图4.22)是利用供热管道自身的弯曲管道来补偿管道的热伸长。根据弯曲管段的弯曲形状不同，又称为 L 型或 Z 型补偿器。自然补偿不必专门设补偿器。在考虑管道热补偿时，应尽量利用其自然弯曲的补偿能力。自然补偿的缺点是管道变形时会产生横向的位移，而且补偿的管段不能很长。

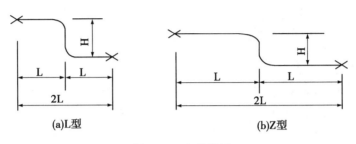

图 4.22　自然补偿

方形补偿器(图4.23)是由四个 90°弯头构成"U"形的补偿器。方形补偿器作用在固定支架上的轴向推力较小，补偿能力大，外形尺寸较大，占地面积较，热媒流动阻力较大。

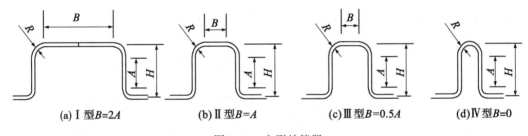

图 4.23　方形补偿器

套管补偿器(图4.24)的补偿能力大，一般可达 250~400mm；尺寸紧凑，因而占地较小，对热媒流动的阻力比弯管式补偿器小；轴向推力较大，需要经常检修和更换填料，否

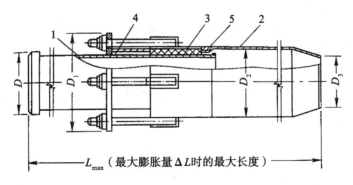

1—芯管；2—壳体；3—填料圈；4—前压盖；5—后压盖

图 4.24　套筒补偿器

则容易漏水、漏气,如管道变形有横向位移时,易造成填料圈卡住。这种补偿器主要用在安装方形补偿器的空间不够的场合。

波纹管补偿器和球形补偿器如图 4.25、图 4.26 所示。

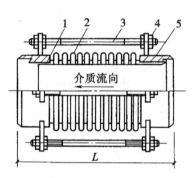

1—导流管;2—波纹管;3—限位拉杆;
4—限位螺母;5—端管

图 4.25 轴向型波纹管补偿器

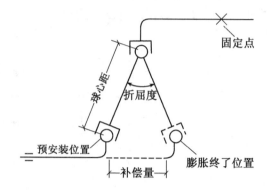

图 4.26 球形补偿器动作原理

(三)采暖系统的分类

采暖系统可根据热媒、设备及系统形式分类,具体如下:

1. 按热媒种类分类

在供暖系统中,把热量从热源输送到散热设备的物质称为热媒。在供暖系统中,常用的热媒有热水、蒸汽、热风。

蒸汽供暖系统以饱和蒸汽为热媒,按蒸汽的压力不同,可分为低压蒸汽供暖系统、高压蒸汽供暖系统(蒸汽压力大于 70kPa)和真空蒸汽供暖系统(蒸汽压力低于大气压力),主要应用于工业建筑。

热风采暖系统以热空气为热媒,即把空气加热到适当的温度(一般为 35~50℃)直接送入房间,用以满足供暖要求。根据需要和实际情况,可设独立的热风供暖系统或者采用与通风和空调联合的系统,如暖风机、热风幕等就是热风供暖的典型设备,主要应用于大型工业车间。

2. 按设备相对位置分类

(1)局部采暖系统:热源、热网、散热器三部分在构造上合在一起的采暖系统。

(2)集中采暖系统:热源和散热设备分别设置,用热网相连接,由热源向各个房间或建筑物供给热量的采暖系统。

(3)区域采暖:由一个热源向几个厂区或城镇集中供应热能的采暖系统。

二、热水采暖系统

从卫生条件和节能等考虑,民用建筑应采用热水作为热媒。热水采暖系统也用在生产厂房及辅助建筑物中。在热水采暖系统中,热媒为水。按热媒温度不同,可分为低温热水供暖系统(热水温度低于 100℃)和高温热水供暖系统(热水温度高于 100℃)。室内热水供暖系统大多采用低温水作为热媒。设计供、回水温度多采用 95℃/70℃(也有采用 85℃/

60℃）。高温水供暖系统一般宜在生产厂房中应用。设计供、回水温度大多采用 120～130℃/70～80℃。

（一）自然循环系统

1. 工作原理

自然循环热水采暖的工作原理如图 4.27 所示。

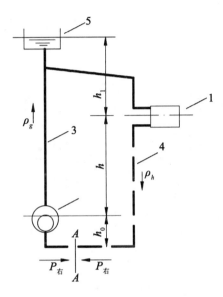

1—散热器；2—锅炉；3—供水管；4—回水管；5—膨胀水箱

图 4.27 自然循环热水采暖系统的工作原理图

当水在锅炉内加热后，水的密度减小；在散热器内被冷却后，水的密度增加。整个由系统供回水密度差形成压强差，在压差的作用下流动，图 4.27 中箭头所示的方向循环流动。

具体分析如下：

设 $P_左$ 和 $P_右$ 分别表示 A—A 断面左侧和右侧的水柱压力，则

$$P_右 = g(h_0\rho_h + h\rho_h + h_1\rho_g)$$

$$P_左 = g(h_0\rho_h + h\rho_g + h_1\rho_g)$$

断面 A—A 两侧之差值，即系统的循环作用压力为

$$\Delta P = P_右 - P_左 = gh(\rho_h - \rho_g) \tag{4.1}$$

式中：ΔP——自然循环系统的作用压力（Pa）；

g——重力加速度，取 9.81m/s^2；

h——冷却中心至加热中心的垂直距离（m）；

ρ_h——回水密度（kg/m³）；

ρ_g——供水密度（kg/m³）。

由式（4.1）可见，起循环作用的只有散热器中心和锅炉中心之间这段高度内的水柱密度差。如供回水温度为 95（70）℃，则每米高差可产生的作用压力为

$$gh(\rho_h - \rho_g) = 9.81 \times (977.81 - 961.92) = 156(\mathrm{Pa})$$

重力循环热水供暖系统维护管理简单,不需消耗电能。但由于其作用压力小、管中水流速度不大,所以管径就相对大一些,作用范围也受到限制。自然循环热水供暖系统通常只能在单幢建筑物中使用,作用半径不宜超过50m。

2. 主要形式

按系统供、回水方式不同,自然循环热水采暖系统可分为单管系统和双管系统。图4.28(a)所示为单管上供下回(顺流)式系统,图4.28(b)所示为双管上供下回式系统,

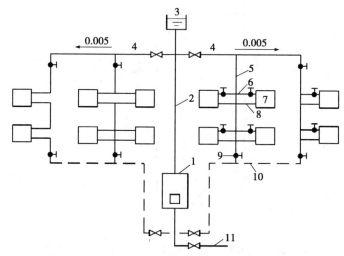

1—锅炉;2—供水主立管;3—膨胀水箱;4—供水横干管;5—供水立管;6—供水支管;
7—散热器;8—回水支管;9—截止阀;10—回水横干管;11—锅炉补水管

(a)单管上供下回式

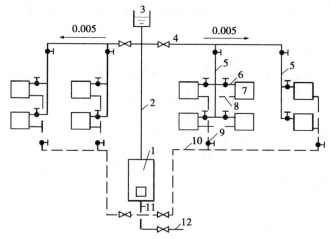

1—锅炉;2—供水主立管;3—膨胀水箱;4—供水横干管;5—供水立管;6—供水支管;
7—散热器;8—回水支管;9—截止阀;10—回水横干管;11—回水干管;12—锅炉补水管

(b)双管上供下回式

图4.28 自然循环

（二）机械循环热水采暖系统

机械循环系统中设置了循环水泵，靠水泵的机械能，使水在系统中强制循环。由于水泵的作用压力较大，因而采暖范围可以扩大。该系统适用于单栋建筑、多栋建筑、区域热水采暖系统。机械循环系统除膨胀水箱的连接位置与自然循环系统不同外，还增加了循环水泵和排气装置。

机械循环热水采暖系统有垂直式和水平式两大类。

1. 垂直式

（1）机械循环上供下回式热水采暖系统。如图 4.29 所示，供水干管在上面，回水管在下面。立管Ⅰ、Ⅱ为双管系统，立管Ⅲ是单管顺流式系统，立管Ⅳ是单管跨越式系统，立管Ⅴ为混合式系统(上部层采用跨越式，下部采用顺流式)。

在机械循环系统中，水流速度往往超过自水中分离出来的空气气泡的浮升速度，为了使气泡不致被带入立管，供水干管应按水流方向设上升坡度，使气泡随水流方向流动汇集到系统的最高点，通过设在最高点的排气装置，将空气排出系统外。供回水干管的坡度宜采用 0.3%，不得小于 0.2%。回水干管的坡向与自然循环系统相同，应使系统水能顺利排出。

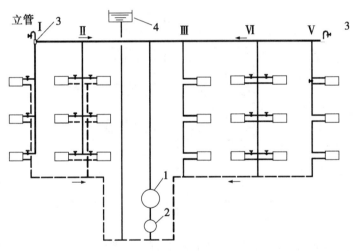

1—锅炉；2—水泵；3—集气罐；4—水箱

图 4.29　机械循环上供下回式

（2）机械循环下供下回式热水采暖系统。如图 4.30 所示，系统的供水和回水干管都敷设在底层散热器下面，适用于在设有地下室的建筑物中或在平屋顶建筑棚下难以布置供水干管的场合。

下供下回式系统排除空气的方式主要有两种：通过顶层散热器的冷风阀手动分散排气，通过专设的空气管手动或自动集中排气。

（3）机械循环中供式热水采暖系统。如图 4.31 所示，系统总立管引出的水平供水干管敷设在系统的中部，上部系统要增加排气装置。该系统适用于顶层房屋窗子与梁间距较小的场合，可以减轻上供下回式楼层过多易出现垂直失调的现象。

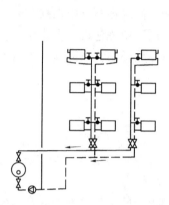

图 4.30 机械循环下供下回式热水采暖系统

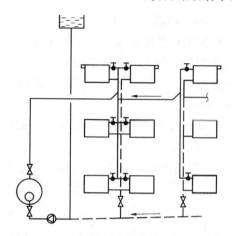

图 4.31 机械循环中供式热水采暖系统

（4）机械循环下供上回式（倒流式）采暖系统。如图 4.32 所示，系统的供水干管设在下部，而回水干管设在上部，顶部还设置有顺流式膨胀水箱。该系统适用于高温水采暖系统。下供上回式系统的水流方向与空气浮升方向一致，有利于排除空气。

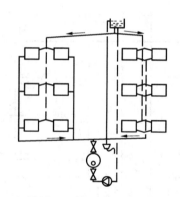

图 4.32 机械循环下供上回式（倒流式）采暖系统

（5）上供上回机械循环采暖系统。如图 4.33 所示，该系统的供水干管和回水干管均敷设在散热设备的上方，适用于地面和地下无法设置管道的情况。该系统泄水和排气较为困难。

2. 水平式

为减少立管穿楼板的情况，减少工程造价，可设置水平式采暖系统。按供水管与散热

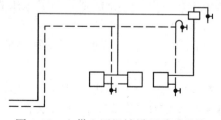

图 4.33 上供上回机械循环采暖系统

器的连接方式，可分为顺流式(图4.34)和跨越式(图4.35)两类，这些连接方式在机械循环和自然循环系统中都可应用。

水平式系统适用于各层有不同使用功能或不同温度要求的建筑物，便于分层管理和调节。但当单管水平式系统在串联散热器很多时，系统运行易出现水平失调，即前端过热而末端过冷。

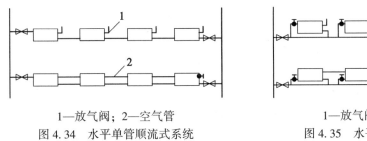 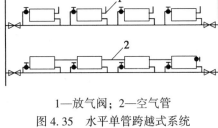

1—放气阀；2—空气管　　　　　　　　　1—放气阀；2—空气管

图4.34　水平单管顺流式系统　　　　　图4.35　水平单管跨越式系统

水平单管顺流式系统由一根水平干管将同一楼层的各组散热器串连起来，每组散热器不能单独调节，水流经每一组散热器后温度逐渐降低，尾部散热器数量要增多，一般每层串联的散热器组数不宜过多。

水平跨越式系统是在同一层的几组散热器下部敷设一条水平管道，用支管分别与每组散热器连接，也称水平并联式，水平跨越式系统的每组散热器可以单独调节热媒的流量。

另外，在机械循环系统中，每根立管都与锅炉的供、回水管组成循环环路，将通过各根立管的循环环路的长度不同的系统称为异程式系统，将长度相同的系统为同程式系统。

异程式系统(图4.36)各个立管环路的压力损失较难平衡，初调节不当时，会出现近处立管流量超过要求，而远处立管流量不足的问题。这种由于流量失调而引起在水平方向冷热不均的现象称为系统的水平失调。为了消除或减轻系统的水平失调，在供回水干管走向布置方面可采用同程式系统(图4.37)。该系统增加了回水管长度，使各分立管的循环

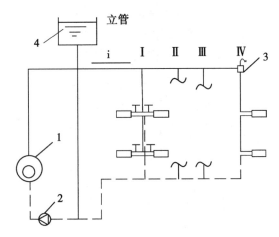

1—循环水泵；2—热水锅炉；3—膨胀水箱；4—集气罐

图4.36　异程式系统

环路的长度相等,有利于环路间的阻力平衡,热量分配易于达到设计要求。

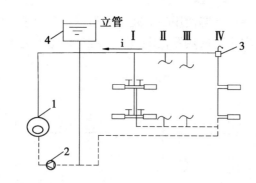

1—循环水泵;2—热水锅炉;3—膨胀水箱;4—集气罐

图 4.37 同程式系统

(三)高层建筑采暖系统

高层建筑层数多、静压力大。当建筑高度超过 50m 时,宜竖向分区供热。需根据外网压力和散热器的承压能力,确定与外网的连接方式和系统型式,确定系统型式时,要考虑垂直失调问题。高层建筑采暖通常有以下几种形式:

1. 分层式(分区式)供暖系统

该供暖系统垂直方向分成两个或两个以上独立系统,下层与外网直接连接,上层与外网隔绝式连接,可同时解决下部散热器超压和系统易产生竖向失调的问题。其中,高、低区分别有加热、循环及定压系统,各自的运行、停运互不干扰。该类型常见的有设热交换器的分区热水供暖系统(图 4.38)、双水箱系统(图 4.39)、水力止回阀隔绝分层系统(图 4.40)类型。

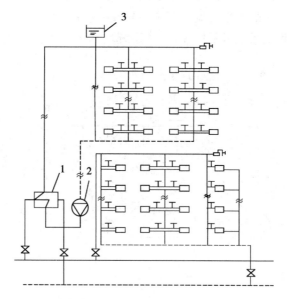

1—热交换器;2—循环水泵;3—膨胀水箱

图 4.38 设热交换器的分区热水供暖系统

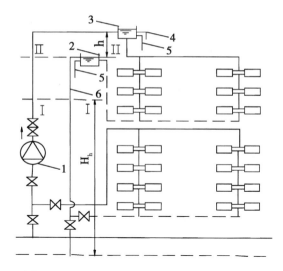

1—加压水泵；2—回水箱；3—进水箱；4—进水箱溢流管；5—信号管；6—回水箱溢流管

图 4.39　双水箱系统

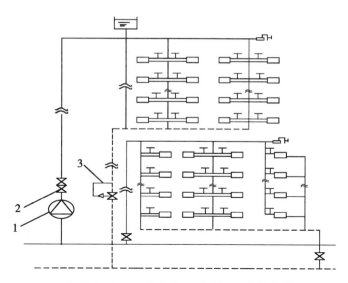

1—加压水泵；2—单向阀；3—阀前压力调节器

图 4.40　水力止回阀隔绝分层系统

2. 双线式系统

（1）垂直双线式。如图 4.41 所示，散热器立管由上升立管和下降立管组成，各层散热器的平均温度近似相等，利于避免垂直失调。双线系统散热器多采用蛇形管或辐射板式结构，因而，虽然其自身承压能力较高，但系统本身无隔绝措施，高区水静压力对低区散热器的影响依然存在。

（2）水平双线式。如图 4.42 所示，水平方向各组散热器平均温度近似相等；在每层水平支线上设调节阀和节流孔板，实现分层调节和减轻竖向失调。该系统适用于公用建筑一个房间设置两组散热器或两块辐射板的情形。

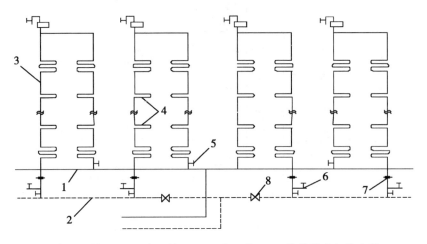

1—供水干管；2—回水干管；3—双线立管；4—散热器或加热盘管；
5—截止阀；6—排水阀；7—节流孔板；8—调节阀
图 4.41　垂直双线单管

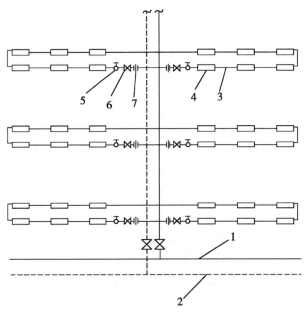

1—供水干管；2—回水干管；3—双线水平管；4—散热器；5—截止阀；6—节流孔板；7—调节阀
图 4.42　水平双线单管式供暖系统

3. 单、双管混合式系统

如图 4.43 所示，散热器沿垂直方向分成若干组，每组 2~3 层，每组内采用双管形式，组与组之间则用单管连接，适用于 8 层以上建筑。单、双管混合式系统可避免双管式的垂直失调问题，可避免单管顺流式的散热器支管管径过大的缺点。

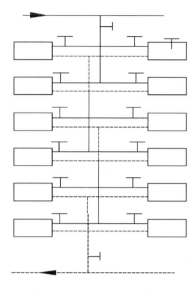

图 4.43　单双管混合式系统

（四）分户热计量采暖系统

分户热计量采暖系统由供回水管、入户管、截止阀、关闭锁定控制阀、热量计、热分配表、过滤器和旁通管等组成。

热量表（图 4.44）由热水流量计、温度传感器、积算仪（也称积分仪）三部分组成，可以进行热量测量与计算，并作为计费结算依据。热量分配表是通过测定用户散热设备的散热量来确定用户的用热量的仪表，它的使用方法是：在集中供热系统中，在每个散热器上安装热量分配表，测量计算每个住户用热比例，通过总表来计算热量。常用的热量表有蒸发式和电子式两种。

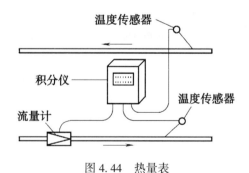

图 4.44　热量表

每户的关断阀及向各楼层、各住户供给热媒的供回水立管（总立管）及热计量装置设在公共的楼梯间竖井内（图 4.45），竖井有检查门，便于供热管理部门在住户外启闭各户水平支路上的阀门，调节住户的流量、抄表和计量供热量。

分户热计量采暖分户计量要求采暖系统在设计时，每一户要单独布置成一个环路。户内可根据情况设计成双管水平串联、单管水平跨越式、双管水平并联式（图 4.46）、章鱼式（图 4.47）或地板辐射采暖（图 4.48）等系统形式。

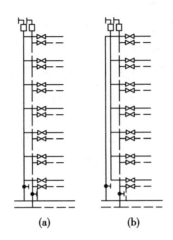

图 4.45　分户热计量双管采暖系统示意图

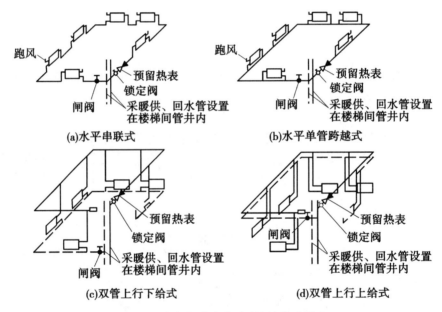

图 4.46　分户热计量采暖系统的典型形式

三、蒸汽采暖

以水蒸气作为热媒的采暖系统，称为蒸汽采暖系统。水蒸气在系统的散热器中靠凝结放出热量。

(一)蒸汽采暖系统的特点

与热水采暖相比，蒸汽采暖具有如下特点：

(1)蒸汽温度高、流速快、系统作用半径大，但沿程管道热损失大；对于同负荷的系统，因管径小，对于同负荷的房间，则散热器面积小，管路造价也比热水采暖系统低，因此，蒸汽采暖系统的初投资小于热水采暖系统。

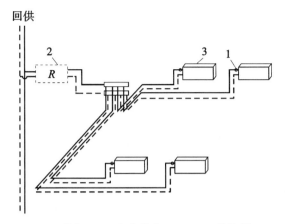

1—温控阀；2—户内热力入口；3—散热器

图 4.47　章鱼式双管异程式系统示意图

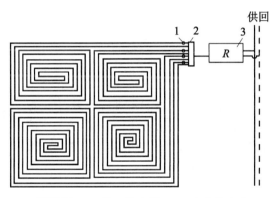

1—温控阀；2—分、集水器；3—户内热力入口

图 4.48　地板辐射采暖系统示意图

（2）蒸汽采暖系统一般为间歇工作，管道内时而充满蒸汽，时而充满空气，管道内壁的氧化腐蚀速度要比热水采暖系统快，因而蒸汽采暖系统的使用年限比热水采暖系统短，特别是凝结水管道更易损坏。

（3）蒸汽供暖系统中的热媒为蒸汽，其比容大、密度小，当用于高层建筑时，不会像热水供暖系统一样产生很大的水静压力，底层散热器不会因承受过大的水静压力而破裂。

（4）蒸汽采暖系统的热惰性很小，即系统的加热和冷却过程都很快，很适宜需要间歇采暖和要求加热迅速的建筑物，如工业车间、会议厅、剧院等。

（5）在蒸汽采暖系统中，散热器表面温度较高，有机灰尘升华剧烈且易烫伤人，对卫生不利，不适宜对卫生要求较高的建筑物，如住宅、学校、医院、幼儿园等。

（6）蒸汽供暖系统中经常会出现疏水器漏气、凝结水二次蒸发、管件损坏等跑、冒、滴、漏现象，影响系统的使用效果和经济性。

（二）蒸汽采暖系统的常见类型

根据蒸汽压力不同，蒸汽采暖系统可分为低压蒸汽采暖系统和高压蒸汽采暖系统，压力大于 70kPa 的蒸汽为高压蒸汽，否则为低压蒸汽。

1. 低压蒸汽采暖系统

（1）重力回水低压蒸汽采暖系统（图4.49）。水在锅炉加热后产生的蒸汽，在其自身压力作用下供汽管道进入散热器内，蒸汽在散热器内冷凝放热，凝水靠重力作用沿凝水管路返回锅炉，重新加热变成蒸汽。凝结水干管中汽、水共存，凝结水总管顶部接空气管，最终从 *B* 处排入大气中。该系统适用于小型系统、锅炉蒸汽压力要求较低，且建筑物有地下室可利用的情况。

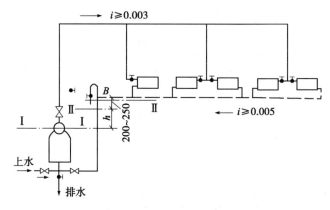

图4.49　重力回水低压蒸汽采暖系统示意图

（2）机械回水低压蒸汽采暖系统。机械回水系统设置凝水泵，凝结水先依靠重力流回凝结水箱，再由水泵加压返回锅炉房，加热后供给散热设备。该系统供热范围广，因而应用最为普遍。按照管道布置形式，常见的有双管上供下回式（图4.50）、双管下供下回式（图4.51）、双管中供下回式（图4.52）。

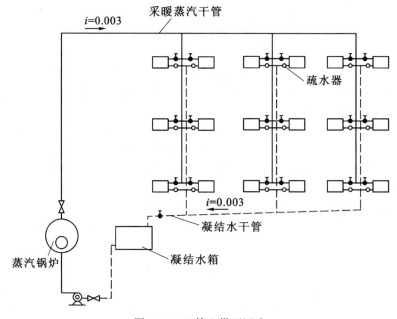

图4.50　双管上供下回式

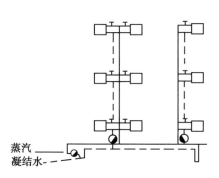

图 4.51　双管下供下回式

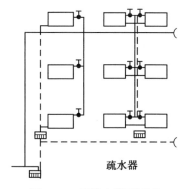

图 4.52　双管中供下回式

2. 高压蒸汽采暖系统

高压蒸汽做热媒进行采暖一般用在工厂中，厂区的生产车间和辅助建筑经常需要高压蒸汽。如图 4.53 所示，高压蒸汽通过室外蒸汽管路进入用户入口的高压分汽缸，根据各种热用户的使用情况和要求的压力不同，从不同的分汽缸中引出蒸汽分送不同的用户。当蒸汽入口压力或生产工艺用热的使用压力高于采暖系统的工作压力时，应在分汽缸之间设置减压装置。室内各采暖系统的蒸汽，在用热设备中冷凝放热，冷凝水沿凝水管道流动，经过疏水器后汇流到凝水箱，然后用凝结水泵压送回锅炉房重新加热。

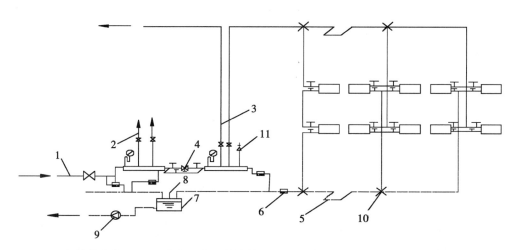

1—室外蒸汽管；2—室内高压蒸汽供热管；3—室内高压蒸汽供暖管；4—减压装置；
5—补偿器；6—疏水器；7—开式凝结水箱；8—空气管；9—凝水泵；10—固定支点；11—溢流阀
图 4.53　高压蒸汽供暖系统

任务二　辐射采暖系统认知

辐射采暖是指散热设备以辐射的传热方式把热量传递至室内空气及物体。按辐射板表面温度，可将辐射采暖分为低温辐射采暖、中温（80～200℃）辐射采暖、高温辐射采暖。

常用的是低温热水地板辐射采暖、低温辐射电热膜采暖、低温发热电缆采暖。

一、低温热水地板辐射采暖

低温热水地板辐射采暖是以温度不高于 60℃ 的热水为热媒，在加热管内循环流动，加热地板，通过地面以辐射和对流的传热方式向室内供热的采暖方式。低温热水地板辐射采暖具有温度梯度小，室内温度均匀，脚感温度高，舒适、卫生和不占室内空间等特点。

(一)低温热水地板辐射采暖构造

如图 4.54 所示，该系统由热源(如锅炉)、循环水泵、供回水管、分水器、集水器及连接件和绝热材料组成。

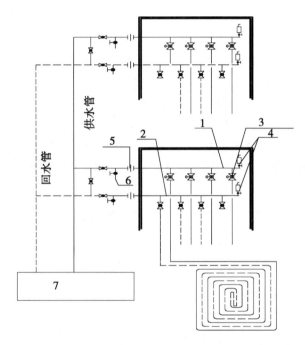

1—分配器；2—集水器；3—温控阀；4—自动排气阀；5—活接头；6—泄水阀；7—锅炉
图 4.54 低温热水辐射采暖原理图

地面构造由楼板或与土壤相邻的地面、绝热层、加热管、填充层、找平层和面层组成，如图 4.55 所示。

绝热层：用于阻挡热量传递，减少无效热损耗的构造层。与土壤相邻的地面必须设置绝热层，且绝热层下部必须设置防潮层，直接与室外空气相邻的楼板也必须设置绝热层。当工程允许地面按双向散热设计时，可不设置绝热层。

保护层：为了防止绝热层上部施工水破坏绝热层功能，可以在绝热层上表面设置保护层。保护层与绝热层复合在一起，同时还具有固定加热管的作用。保护层可用铝箔，也可用 0.15mm 厚的复合聚乙烯塑料薄膜。

加热管：布置在地面下垫层内的管道。它是主要的散热设备，是低温热水地板辐射采暖系统重要组成部分。加热管多采用塑料管，主要有交联铝塑复合管(XPAP)、聚丁烯管(PB)、交联聚乙烯管(PE-X)、耐热乙烯管(PE-RT)及无规共聚聚丙烯管(PP-R)。地面

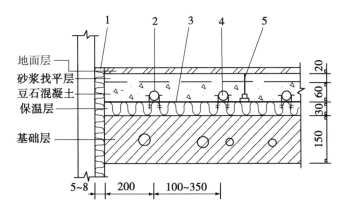

1—弹性保温材料；2—塑料固定钉卡（间距直管段 500mm，弯管段 250mm）；
3—铝箔；4—塑料管；5—膨胀带
图 4.55　地板辐射采暖剖面图

辐射采暖管道布置形式有直列形（平行排管）、回转形（蛇形盘管）和往复形（蛇形排管），如图 4.56 所示。

(a)直列形　　　(b)回转形　　　(c)往复形
图 4.56　管道的布置形式

对于热损失明显不均匀的房间，宜采用将高温管段优先布置在房间热损失较大的外窗或外墙侧的方式。地面上的固定设备和卫生器具下面不布置加热管。

填充层：在绝热层或楼板基面上设置加热管或发热电缆用的构造层，用以保护加热设备，并使地面温度均匀。填充层通常采用 C15 豆石混凝土，豆石粒径宜为 5~12mm。

伸缩缝：与内外墙、柱等垂直构件交接处应留不间断的伸缩缝，伸缩缝填充材料应采用搭接方式连接，搭接宽度不应小于 10mm；伸缩缝填充材料与墙、柱应有可靠的固定措施，与地面绝热层连接应紧密，伸缩缝宽度不宜小于 10mm。伸缩缝填充材料宜采用高发泡聚乙烯泡沫塑料。

分水器、集水器：低温地板辐射采暖的楼内系统一般通过设置在户内的分水器、集水器与户内管路系统连接。分、集水器常组装在一个分、集水器箱体内（图 4.57），每套分、集水器宜接 3~5 个回路，最多不超过 8 个。对卫生间、洗衣间、浴室和游泳馆等潮湿房间一般自成回路（图 4.58），应在填充层上部设置隔离层。隔离层作用是防止建筑地面上各种液体或潮气等透过地面进入填充层和绝热层。

（二）地暖施工工艺流程

施工准备（含清理地面）→安装固定分、集水器→铺设绝热板和边界膨胀带→地暖反射膜→铺设盘管→设置过门伸缩缝（含盖钢丝网）→中间验收（一次水压试验）→回填细石

图 4.57　分集水器

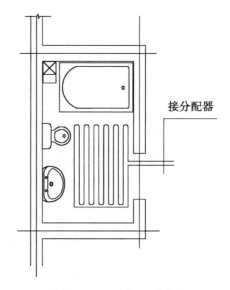

图 4.58　卫生间地暖敷设

混凝土层→完工验收(二次水压试验)。竣工结束时，绘制图纸，准确标注盘管位置和地温传感器的埋设地点。

(三)注意事项

(1)地板采暖施工应在建筑封顶后或室内装修主要工作(如吊顶、摸灰等)完成后，与地面施工同时进行。入冬以前完成，不宜冬季施工。

(2)管道敷设间距与设计相符合，与设计回路相符合，如需更改，必须征得设计人员同意，并在图纸上标注清楚。

(3)管路回路实际铺设长度差距大于 30m 时，应调整。

(4)坚决杜绝出现管道交叉现象。

(5)与分水器连接的地面部分管道必须加套管。

(6)回路拐弯柔和，固定牢固。弯曲率不能小于管子外径的 8 倍。

(7)卡丁和扎带将决定铺设盘管的质量，应避免因盘管的张力而弹开变形。

铺设钢丝网：钢丝网铺在盘管上面，用于加固防止地面开裂和保护管材增加地面承重力；铺在下面为保温板起到承重作用和固定地暖管材，使盘管间距更加规范；双层更加牢固。

(8)压力试验。低温热水地板辐射采暖系统试验压力为工作压力的 1.5 倍，但不小于 0.6MPa。检验方法为：在试验压力下稳压 1h，压力降不大于 0.05MPa 且不渗不漏。

二、低温辐射电热膜采暖

低温辐射电热膜供暖系统由电源、温控器、连接件、绝缘层、电热膜、保温及饰面层构成。电源经导线连通电热膜，将电能转化为热能。由于电热膜为纯电阻电路，故其转换效率高，除一小部分损失外，绝大部分被转化成热能。电热膜两侧分别为保温层、绝缘层和饰面层，其中，保温层防止热量向另一侧散失，而饰面层由电热膜加热，将热量直接以辐射热方式向室内供暖。

电热膜工作时表面温度为 40~60℃，通常布置在顶棚下(图 4.59)或地板下或墙裙、墙壁内，同时配以独立的温控装置。

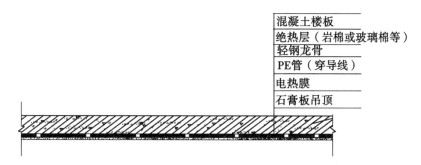

图 4.59　低温辐射电热膜采暖

三、低温发热电缆采暖

如图 4.60 所示，该系统由发热电缆和温控器两部分组成，发热电缆铺设于地面或顶

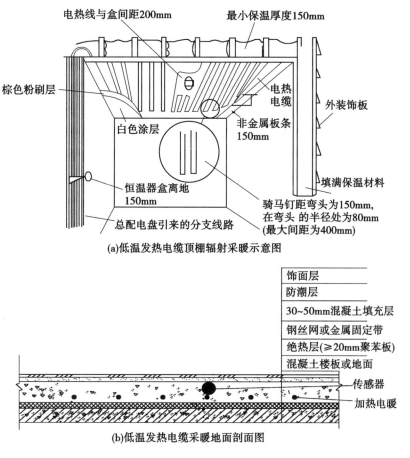

图 4.60　低温发热电缆采暖

棚中，温控器安装于墙面上。当室内环境温度或地面温度低于温控器设定的温度时，温控器接通电源，发热电缆通电后开始发热升温，发出的热量被覆盖着的水泥层吸收，然后均匀地加热室内空气，还有一部分热量以远红外辐射的方式直接释放到室内。

任务三　采暖管道的安装及与土建配合

一、采暖管道布置基本要求

采暖管线要求设置合理、简短顺直，有利于通水和排气；管线一般沿墙、梁、柱平行敷设，不影响室内美观；尽可能与建筑构造相配合，安装、维护方便。

采暖管道的安装有明装和暗装两种。明装一般可沿墙、梁、柱、顶棚和地面敷设，明装有利于散热器的传热和管路的安装和检修。暗装一般布置在建筑物顶部的设备层中、吊顶内、竖井里、沟槽内，有闷顶的建筑物，供热干管、膨胀水箱和集气罐都应设在闷顶层内，暗装时应确保施工质量，并考虑必要的检修措施。

二、采暖管道安装的施工作业条件

位于地沟内的干管，应把地沟内杂物清理干净，安装好托吊、卡架，未盖沟盖板前安装。位于楼板下及顶层的干管，应在结构封顶后或结构进入安装层的一层以上后安装。

立管安装必须在确定准确的地面标高后进行。支管安装必须在墙面抹灰后进行。

复合管、塑料管作为支管的作业条件是地面已清扫干净，不得有凹凸不平的地面，不得有砂石碎块、钢筋头等。

三、采暖管道安装工艺流程

安装准备→预制加工→卡架安装→干管安装→立管安装→支管安装→试压→冲洗→防腐→保温→调试。

（一）干管安装

干管应尽量直线布置，如果转角高于或低于管道的水平走向，其最高点或最低点应分别安装排气和泄水装置。

明装管道过门时可局部设地沟，图 4.61 所示为回水干管下部过门做法，图 4.62 为管道暗装地下敷设做法，沟底应有 0.003 的向采暖系统引入口的坡度用以排水。

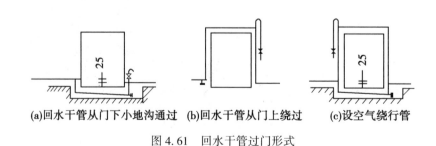

(a)回水干管从门下小地沟通过　(b)回水干管从门上绕过　(c)设空气绕行管

图 4.61　回水干管过门形式

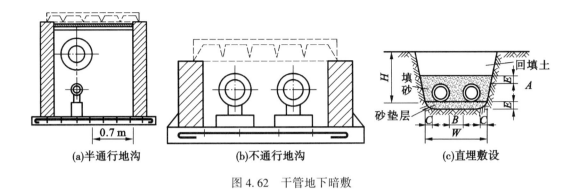

图 4.62　干管地下暗敷

(a)半通行地沟　　　　(b)不通行地沟　　　　(c)直埋敷设

采暖干管上的支架，可根据不同的建筑物、不同的敷设位置和并行敷设管道的数量，采用托架或吊架，管道支架具体可分为悬臂托架、三角托架和吊架等，如图 4.63 所示。

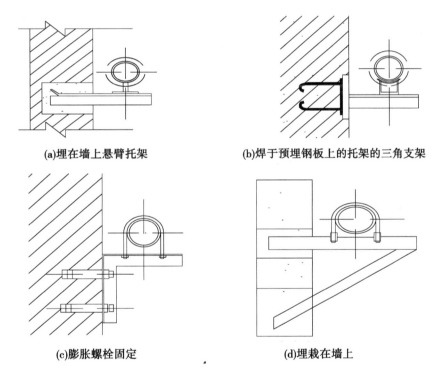

(a)埋在墙上悬臂托架　　　　(b)焊于预埋钢板上的托架的三角支架

(c)膨胀螺栓固定　　　　(d)埋栽在墙上

图 4.63　干管支架的固定形式

(二)立管安装

立管应尽量布置在外墙角，此处温度低、潮湿，可防止结露；也可以沿两窗之间的墙中心线布置。楼梯间或其他有冻结危险的场所应单独设置立管，且在与散热器连接的支管上不得装设调节阀。立管应通过弯管与干管相接(图 4.64)，以解决管道胀缩问题。立管可设管卡固定，层高小于或等于 5m，每层必须安装 1 个；层高大于 5m，每层不得少于 2个。

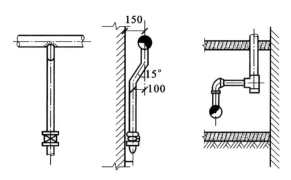

图 4.64　立管与干管连接

(三)支管安装

　　检查散热器安装位置及立管预留口是否准确、坡度是否合适。散热器支管安装单侧连接时,供回水支管的坡降值为 5mm;双侧连接时,供回水支管的坡降值为 10mm(图 4.65)。对蒸汽供暖管道,可以按 1% 安装坡度施工,支管水平长度不大于 0.5m 时,可以不设坡度。所有散热器支管上,都应安装可拆卸的关键。

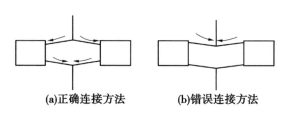

图 4.65　散热器支管的坡向

四、专业配合

(一)图纸会审阶段

　　熟悉图纸,配合土建施工进度,预留槽洞及安装预埋件。按设计图纸画出管路的位置、管径、变径、预留口、坡向、卡架位置等施工草图,包括干管起点、末端和拐弯、节点、预留日、坐标位置等。多种管道交叉时的避让原则见表 4.1。

表 4.1　　　　　　　　　　　　　　管道交叉避让原则

避让管	不让管	理　　　　由
小管	大管	小管绕弯容易,且造价低
压力流管	重力流管	重力流管改变坡度和流向对流动影响较大
冷水管	热水管	热水管绕弯要考虑排气、放水问题
给水管	排水管	排水管径大,且水中杂质多,受坡度限制严格
低压管	高压管	高压管造价高,且强度要求也高

续表

避让管	不让管	理　由
气体管	水管	水流动的动力消耗大
阀件少的管	阀件多的管	考虑安装操作与维护等多种因素
金属管	非金属管	金属管易弯曲、切割和连接
一般管道	通风管	通风管体积大、绕弯困难

关注结构施工图中洞口预留，梁、柱、地面、屋面的做法和相互间的连接方式，了解土建施工进度计划和施工方法，并仔细地核对安装施工准备采用的施工方案是否与土建施工方案相适应。

(二)施工阶段

1. 热水供暖系统安装与土建的配合

(1)采暖管道穿越建筑物基础变形缝时，应采取预防建筑物下沉而损坏管道的措施。

(2)管道穿墙壁和楼板时，应分别设置铁皮套管和钢套管。安装在内墙壁的套管，其两端应与饰面相平，如图4.66(a)所示。管道穿过外墙或基础时，应加设钢套管，套管直径比管道直径大两号为宜，如图4.66(b)所示。安装在楼板内的套管其顶部应高出地面20mm，底部与楼板相平。管道穿过厨房、厕所、卫生间等容易积水的房间楼板，应加设钢套管，其顶部应高出地面不小于30mm，如图4.67所示。

(3)供暖管道在管沟或沿墙、柱、楼板敷设时，应根据设计与施工规范要求，每隔一段距离设置管卡或支吊架，具体要求与给排水管道类似。

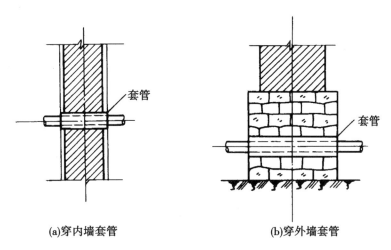

(a)穿内墙套管　　　　　　　　　(b)穿外墙套管

图4.66　水平穿墙套管

2. 地暖施工与其他专业的配合

(1)与绝热层的施工配合。铺设绝热层的地面应平整、干燥、无杂物。墙面根部应平

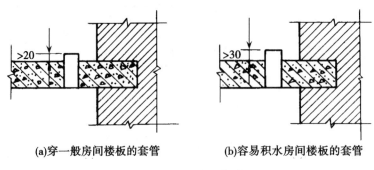

(a)穿一般房间楼板的套管   (b)容易积水房间楼板的套管

图 4.67　穿楼板管道

直，且无积灰现象。绝热层的铺设应平整，绝热层相互间接合应严密。直接与土壤接触或有潮湿气体侵入的地面，在铺放绝热层之前，应先铺一层防潮层。

（2）与填充层施工配合。混凝土填充层施工，应由有资质的土建施工方承担，供暖系统安装单位应密切配合。

混凝土填充层施工应具备以下条件：所有伸缩缝已安装完毕；加热管安装完毕且水压试验合格、加热管处于有压状态下；温控器的安装盒已布置完毕；通过隐蔽工程验收。

混凝土填充层施工中，严禁使用机械振捣设备；施工人员应穿软底鞋，采用平头铁锹。

在加热管的铺设区内，严禁穿凿、钻孔或进行射钉作业。系统初始加热前，混凝土填充层的养护期不应少于 21d。施工中，应对地面采取保护措施，不得在地面上加以重载、高温烘烤、直接放置高温物体和高温加热设备。

（3）与面层施工配合。面层施工除符合土建施工设计图纸的各项要求外，还应符合下列规定：施工面层时不得剔、凿、割、钻和钉填充层，不得向填充层内楔入任何物件；面层施工应在填充层达到要求强度后才能进行；石材、面砖在与内外墙、柱等垂直构件交接处，应留 10mm 宽伸缩缝；木地板铺设时，应留不小于 14mm 的伸缩缝。伸缩缝应从填充层的上边缘做到高出装饰层上表面 10～20mm，装饰层敷设完毕后，应裁去多余部分；伸缩缝填充材料宜采用高泡聚乙烯泡沫塑料。

（4）与卫生间施工配合。卫生间应做两层隔离层。卫生间过门处应设置止水墙，在止水墙内侧应配合土建专业做防水，加热管或发热电缆穿止水墙处应采取防水措施。

思考与拓展

1. 收集资料，对比分析各类散热设备的特性。

2. 查找资料，分析什么是水平失调、垂直失调，并结合教材所讲供暖类别，分析哪些方式能够避免失调。

3. 总结低温热水辐射采暖系统安装哪些方面应与土建相配合。

本章训练题

1. 民用建筑集中采暖系统的热媒(　　)。
   A. 应采用热水　　　B. 宜采用热水　　　C. 宜采用天然气　　D. 采用热水、蒸汽均可

2. 散热器不应设置在(　　)。
   A. 外墙窗下　　　B. 两道外门之间　　C. 楼梯间　　　　D. 走道端头

3. 散热器表面涂料为(　　)时，散热效果最差。
   A. 银粉漆　　　　B. 自然金属表面　　C. 乳白色漆　　　D. 浅蓝色漆

4. 采暖管道设坡度主要是为了(　　)。
   A. 便于施工　　　B. 便于排气　　　　C. 便于放水　　　D. 便于水流动来源

5. 采暖管道必须穿过防火墙时，应采取(　　)措施。
   A. 固定、封堵　　B. 绝缘　　　　　　C. 保温　　　　　D. 加套管

6. 采暖管道位于(　　)时，不应保温。
   A. 地沟内　　　　B. 采暖的房间　　　C. 管道井　　　　D. 技术夹层

7. 热水采暖系统膨胀水箱的作用是(　　)。
   A. 加压　　　　　B. 减压　　　　　　C. 定压　　　　　D. 增压

8. 采暖立管穿楼板时应采取哪项措施？(　　)
   A. 加套管　　　　B. 采用软接　　　　C. 保温加厚　　　D. 不加保温

9. 新建住宅热水集中采暖系统，应(　　)。
   A. 设置分户热计量和室温控制装置　　　B. 设置集中热计量
   C. 设置室温控制装置　　　　　　　　　D. 设置分户热计量

10. 解决室外热网水力不平衡现象的最有效方法是在各建筑物进口处的供热总管上装设(　　)。
    A. 节流孔板　　　B. 平衡阀　　　　　C. 截止阀　　　　D. 电磁阀

11. 在低温热水采暖系统中，顶层干管敷设时，为了系统排气，一般采用(　　)的坡度。
    A. 0.02　　　　　B. 0.001　　　　　C. 0.01　　　　　D. 0.003

12. 在下述有关机械循环热水供暖系统的表述中，(　　)是错误的。
    A. 供水干管应按水流方向有向上的坡度
    B. 集气罐设置在系统的最高点
    C. 使用膨胀水箱来容纳水受热后所膨胀的体积
    D. 循环水泵装设在锅炉入口前的回水干管上

13. 以下这些附件中，(　　)不用于热水供热系统。
    A. 疏水器　　　　B. 膨胀水箱　　　　C. 集气罐　　　　D. 除污器

14. 异程式采暖系统的优点在于(　　)。
    A. 易于平衡　　　B. 节省管材　　　　C. 易于调节　　　D. 防止近热远冷现象

15. 热水采暖系统中存有空气未能排除，引起气塞，会产生(　　)。
    A. 系统回水温度过低　　　　　　　　B. 局部散热器不热
    C. 热力失调现象　　　　　　　　　　D. 系统无法运行

学习情境五 建筑通风空调系统

【知识目标】

1. 掌握通风系统的组成、工作原理，熟悉防火排烟的方法；
2. 掌握空调系统的组成、工作原理；
3. 熟悉通风、空调系统安装施工工艺、通风空调系统安装与土建配合的要点。

【能力目标】

1. 能够针对工程实际问题，查阅通风空调系统布置、安装、验收等相关技术规范或手册，提出合理解决方案；
2. 能够完成土建工程施工与安装工程施工的配合工作。

【重点】

1. 建筑防排烟系统的工作原理和系统组成；
2. 建筑通风空调系统的主要设备、部件及作用；
3. 通风空调工程与土建工程的配合。

【难点】

通风空调工程与土建工程的配合。

任务一 建筑通风与防排烟系统认知

一、建筑通风

(一)建筑通风的任务和意义

空气污染物的主要来源有人新陈代谢中产生的二氧化碳、皮肤表面的代谢产物；建筑材料中挥发出的有害物，如苯类、醛类等有机物质；周围土壤中存在的氡等放射性物质；室外大气中存在的灰尘、二氧化硫；生产车间里，伴随着生产过程散发出大量的热、湿、各种工业粉尘和有害气体。由于这些污染物的存在，即使在装修精良的现代化办公楼，工作人员们也容易患上病态建筑物综合征(SBS)，因此，建筑物需要有良好的通风设计。

建筑通风的主要任务是把室内被污染的空气直接或经过净化后排至室外，把室外新鲜空气或经过净化的空气补充进来，以保持室内的空气环境符合卫生标准和满足生产工艺的要求，前者称为排风，后者称为送风。

(二)建筑通风系统的组成

如图5.1所示，通风系统主要由空气处理系统(包括空气的过滤、除尘等)、风机动力系统、空气输送风道系统及各种控制的阀门、风口、风帽等组成。

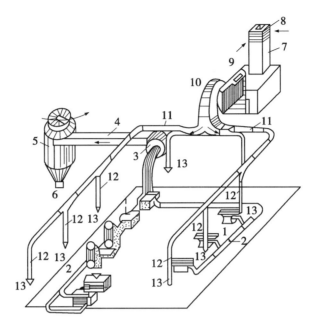

1—排风口；2—排风管；3—排风机；4—总排风管；5—除尘器；6—集尘箱；7—送风井；8—百叶窗；
9—送风室；10—送风机；11—风道；12—支管；13—送风口

图 5.1　通风系统组成示意图

(三)建筑通风的分类

通风系统按迫使空气流动的动力来划分，可分为自然通风、机械通风。

1. 自然通风

自然通风主要是依靠自然风压和热压来迫使空气进行流动，从而改变室内空气环境。如图 5.2 所示，可以利用风压达到良好的自然通风效果。在建筑设计时，住宅最好占据住宅楼前后通透的两个朝向，尽可能在炎热的夏季吹穿堂风。

如图 5.3 所示，当室内存在热源时，室内空气将被加热，密度降低，并且向上浮动，在建筑上部设排风口，可将污浊的热空气从室内排出，而室外新鲜的冷空气则从建筑底部被吸入。在建筑设计中，在建筑物内部楼梯间、中庭、排风井等顶部设置可以控制的开口，将建筑各层的热空气排出，达到自然通风的目的。建筑室内外温差越大，下部进风口与上部排风的高差越大，热压越大，这就是我们常说的"烟囱效应"。

在建筑进深较小的部位多利用风压通风，而进深较大的部位则多利用热压来达到通风效果。通常对于布局复杂的建筑物，风压和热压共同作用(图 5.4)才能起到良好的通风效果。风压和热压相互影响，在工业厂房设计时，为充分利用热压，我们会设计挡风板或下沉式天窗(图 5.5)。

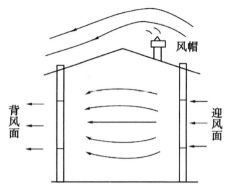

图 5.2　风压作用自然通风

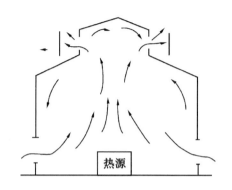

图 5.3　热压作用自然通风

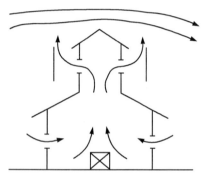

图 5.4　热压和风压作用下的自然通风

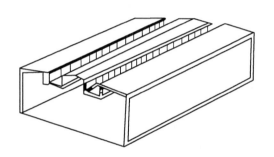

图 5.5　下沉式天窗

2. 机械通风

机械通风主要利用风机动力使空气流动。按照作用范围，机械通风可分为全面通风和局部通风两种。全面通风即为稀释通风，对整个房间进行通风换气，以稀释室内有害气体，消除余热、余温，使室内空气中有害物质浓度不超过卫生标准规定的最高允许浓度。全面通风包括全面送风、全面排风、全面排送风、全面送局部排风混合法等，根据实际情况采用不同方法。

图 5.6 所示是全面机械送风、自然排风示意图，该种方式导致送风的房间为正压，可以保证室内的空气质量，但室内空气容易向邻室扩散，如果相邻房间室内卫生条件要求较高，则不应采用。

图 5.7 所示是全面机械排风、自然进风示意图，该方式由于室内是负压，可以防止室内空气中的有害物向邻室扩散。

图 5.8 所示是全面机械送、排风示意图，室外空气经过处理由送风机送入室内，污染后的空气经过排风机直接排到室外，该系统可自行调节送风量和排风量，使房间保持一定的压力。

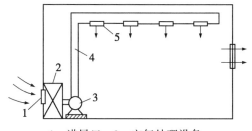

1—进风口；2—空气处理设备；
3—风机；4—风道；5—送风口

图 5.6　全面机械送风、自然排风示意图

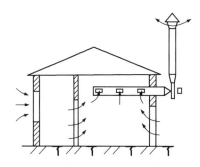

图 5.7　全面机械排风、自然进风示意图

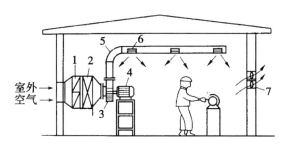

1—空气过滤器；2—空气加热器；3—风机；4—电动机；5—风道；6—送风口；7—轴流风机

图 5.8　全面机械送、排风示意图

局部通风利用局部气流，使局部工作地点不受有害物的污染，形成良好的空气环境。局部通风系统分为局部送风和局部排风两大类。局部通风一般应用于工矿企业、民用建筑中的厨房排烟系统等。

图 5.9 所示为局部送风系统，该系统也称为岗位吹风，适用于工作面积很大、工作人员较少的车间，相对全面通风的方式更经济。局部送风可分为系统式和单体式，图 5.9 所示即为系统式，该方式工人能够呼吸新鲜空气，效果好。单体式一般使用轴流风扇或喷雾风扇，适用于对空气处理要求不高的场所。

图 5.10 所示为局部排风系统，由排风罩、风管、净化设备和风机组成，是防止工业

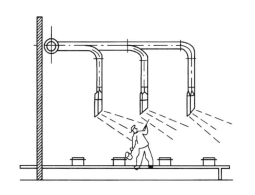

图 5.9　局部送风系统(空气淋浴)

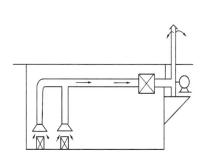

图 5.10　局部排风

有害物污染室内空气最有效的方法，这种方式可以将有害物直接收集，风量小、效果好。图 5.11、图 5.12、图 5.13 所示为不同类排风罩。

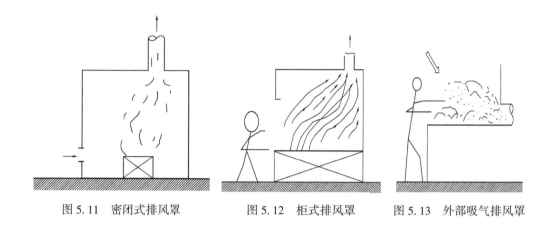

图 5.11　密闭式排风罩　　　　图 5.12　柜式排风罩　　　　图 5.13　外部吸气排风罩

二、建筑防排烟

高层建筑发生火灾时，烟雾是阻碍人们逃生和进行灭火行动、导致人员死亡的主要原因之一。引起烟气流动的因素有扩散、烟囱效应、浮力、热膨胀、风力、通风空调等。防排烟的目的是在建筑物内创造无烟区或者烟气含量极低的疏散通道、安全区。

建筑防排烟系统可分为防烟系统和排烟系统。防烟系统为采用机械加压送风方式或自然通风方式，防止烟气进入疏散通道等区域。排烟系统为采用机械排烟方式或自然排烟方式，将烟气排至建筑物外的系统。

（一）防火分区与防烟分区

为阻止火势的蔓延和烟气传播，我国法规规定建筑物必须划分防火分区和防烟分区。防火分区是指用防火墙、楼板、防火门和防火卷帘等分隔的区域，可以将火灾限制在局部区域内，对烟气也有隔断作用。防烟分区是指采用挡烟垂壁、隔墙、从顶棚下突出不小于50cm 的梁（图 5.14）等具有一定耐火等级的不燃烧体来划分的防烟、蓄烟空间。防烟分区、防火分区的大小计划分规则参见《高层民用建筑设计防火规范》，图 5.15 所示为分区示意图。

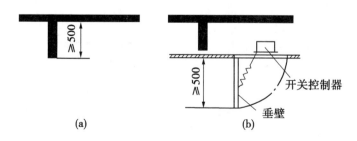

图 5.14　挡烟设计

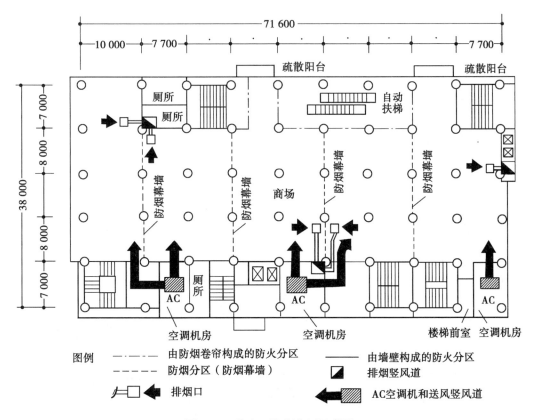

图 5.15 防火、防烟分区示意图

(二)防排烟系统分类

1. 加压送风防烟

该系统由加压送风机、风道、送风口以及风机控制装置等组成。该系统的风源必须吸自室外，且不应受到烟气的污染，如图 5.16 所示。

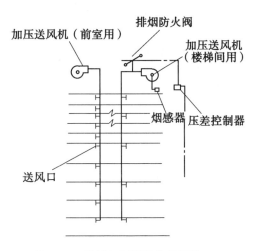

图 5.16 机械加压送风防烟系统

根据楼梯间与前室的不同组合形式以及不同的排烟条件，防烟部位的设置也不相同，将这种组合关系及防烟设施设置部位分别列于表 5.1。

表 5.1 垂直疏散通道防烟部位设置表

组 合 关 系	防 烟 部 位
不具备自然排烟条件的楼梯及前室	楼梯间
采用自然排烟的前室或合用前室与不具备自然排烟条件的楼梯间	楼梯间
采用自然排烟的楼梯间与不具备自然排烟条件的合用前室	前室或合用前室
不具备自然排烟条件的楼梯间与合用前室	楼梯间、合用前室
不具备自然排烟条件的消防电梯前室	前室

2. 自然排烟

自然排烟可以利用建筑的阳台、凹廊或在外墙上设置便于开启的外窗或排烟窗进行无组织的自然排烟(图 5.17)。对于不靠外墙的防烟楼梯间前室、消防电梯前室和合用前室或虽靠外墙但不能开窗者，可采用排烟竖井进行自然排烟(图 5.18)。

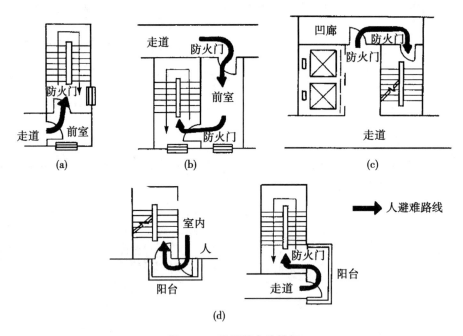

图 5.17 无组织自然排烟

根据《高层民用建筑设计防火规范》的规定，采用自然排烟方式的部位，应满足下列要求:

(1)防烟楼梯间前室、消防电梯前室可开启外窗面积不应小于 2.0m²，合用前室不应小于 3.0m²;

(2)靠外墙的防烟楼梯间每五层内可开启外窗总面积之和不应小于 2.0m²;

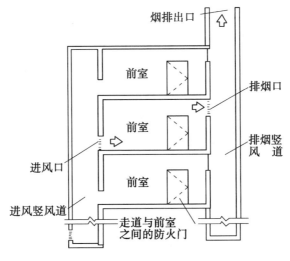

图 5.18　竖井排烟

（3）长度不超过 60m 的内走道可开启外窗面积不应小于走道面积的 2%；

（4）需要排烟的房间可开启外窗面积不小于该房间面积的 2%；

（5）净空高度小于 12m 的中庭可开启天窗或高侧窗的面积不应小于该中庭地面积的 5%。

（6）防烟楼梯间前室或合用前室；利用敞开的阳台、凹廊或前室内有不同朝向的可开启外窗自然排烟时，该楼梯间可不设防烟设施。

（7）排烟窗宜设置在上方，并应有方便开启的装置。

3. 机械排烟

机械排烟系统由挡烟壁（活动式或固定式挡烟壁，或挡烟隔墙、挡烟梁）、排烟口（或带有排烟阀的排烟口）、防火排烟阀门、排烟道、排烟风机和排烟出口组成，如图 5.19 所示。

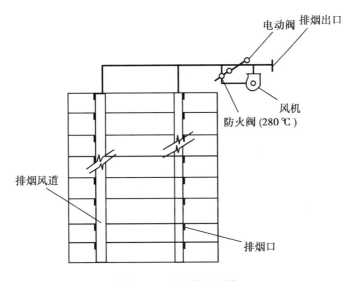

图 5.19　机械排烟系统

排烟系统的布置应注意以下几点：

(1)排烟气流应与机械加压送风的气流合理组织，并尽量考虑与疏散人流方向相反。

(2)为防止风机超负荷运转，排烟系统竖直方向可分成数个系统，不过不能采用将上层烟气引向下层的风道的布置方式。

(3)每个排烟系统设有排烟口的数量不宜超过30个，以减少漏风量对排烟效果的影响。

(4)独立设置的机械排烟系统可兼做平时通风排气使用。

(5)净空高度超过12m的室内中庭，竖向排烟口应按2~3层设一排烟口或者分段设置。

三、通风与防排烟系统的主要设备

(一)进风窗、避风天窗与风帽

1. 进风窗的布置与选择

自然通风进风窗的标高应根据其使用的季节来确定：夏季通常使用房间下部的进风窗，其下缘距室内地坪的高度一般为0.3~1.2m，这样可使室外新鲜空气直接进入工作区；冬季通常使用车间上部的进风窗，其下缘距地面不宜小于4.0m，以防止冷风直接吹向工作区。对于单跨厂房，进风窗应设在外墙上，在集中供暖工地区最好设上、下两排。

2. 避风天窗

普通天窗往往在迎风面上发生倒灌现象，为了稳定排风，需要在天窗外加设挡板或采取特殊构造形式的天窗，以使天窗的排风口在任何风向时都处于负压区，这种天窗称为避风天窗(图5.20)。

3. 屋顶通风器

在室外风速的作用下，不论风向如何变化，均可利用排气口处造成的负压排气(图5.21)。

4. 避风风帽

避风风帽就是在普通风帽的外围增设一周挡风圈(图5.22)。在普通风帽的周围增设一圈挡风圈，挡风圈的作用与避风天窗挡风板的作用相同，当室外气流吹过风帽时，在排风口周围形成负压区来防止室外空气倒灌，负压的抽吸作用可增强房间的通风换气能力。

5. 通风屋顶

通风屋顶是在一般的屋顶上架设通风间层而成的。

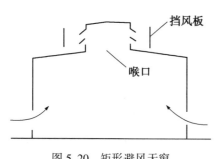

图5.20 矩形避风天窗

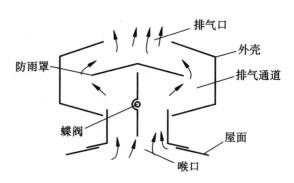

图5.21 屋顶通风器

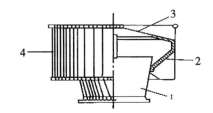

1—扩散管；2—支撑；3—伞形罩；4—外筒

图 5.22　筒形风帽

(二)通风机

1. 通风机分类

风机为通风系统中的空气流动提供动力，其基本结构为叶轮、电动机、外壳。常用的通风机有轴流式、离心式、斜流式及混流式。此外，在特殊场所使用的还有高温通风机、防爆通风机、防腐通风机和耐磨通风机等。

(1)离心式通风机。离心式通风机的构造如图 5.23 所示，当空气进入风机后，在叶轮旋转产生的离心力作用下，从叶轮离开而进入蜗壳，最后由蜗壳出口送出，此类风机风压高。

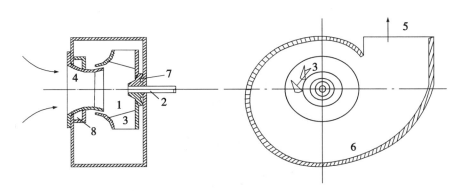

1—叶轮；2—机轴；3—叶轮；4—吸气口；5—出口；6—机壳；7—轮毂；8—扩压环

图 5.23　离心式通风机

离心通风机按风机产生的压力划分为以下几种类型：

高压通风机：压力 $P > 3000 \text{Pa}$，一般用于气体输送系统；

中压通风机：$3000 \text{Pa} > P > 1000 \text{Pa}$，一般用于除尘排风系统；

低压通风机：$P < 1000 \text{Pa}$，多用于通风及空气调节系统。

(2)轴流式通风机。轴流式通风机的构造如图 5.24 所示，空气在通过通风机时，其气流运动方向与通风机中心轴始终成平行状态(空气沿轴向流动)。此类通风机直接与通风管相连，占用空间较小，如侧墙上安装的排风扇属于此类。

(3)斜流式通风机。斜流式通风机又名混流式通风机。由于离心式通风机风压大、风量小，轴流式风机风量大、风压小，这两种通风机的应用某些方面都受到限制。斜流式通风机通过改变叶片形状，使气流进入通风机后，既有部分轴流作用，又产生部分离心作用，提供中风压和中等风量。斜流式通风机的性能介于轴流式通风机与离心式通风机之间，安装与轴流式通风机相似，接管方便、占用空间少。

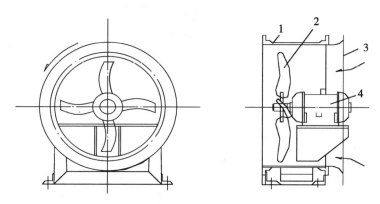

1—机壳；2—叶轮；3—吸风口；4—电动机

图 5.24 轴流式通风机构造示意图

国标规定消防排烟通风机(图 5.25)应保证在 280℃时能连续工作 30min。消防排烟通风机若有冷却系统，可以做到通过通风机的烟气≥400℃时连续运转≥2h。在排烟通风机的入口总管上应设置当烟气温度超过 280℃时能自动关闭的排烟防火阀，且应与排烟风机连锁，当排烟防火阀关闭时，通风机停止运转。

图 5.25 消防排烟通风机

除上述通风机外，还有一些特殊的通风机，如屋顶通风机(图 5.26)，其叶轮可采用离心式或轴流式，外壳形状多样，可以防止雨水进入，广泛应用于各类高层建筑中。

2. 通风机的基本性能参数

(1)风量(L)：指通风机在工作状态下，单位时间内输送的空气量(m^3/s 或 m^3/h)；

(2)全压(或风压)：指每立方米空气通过通风机所获得的动压和静压之和(Pa)；

(3)轴功率(N)：指电动机施加在通风机轴上的功率(kW)；

(4)有效功率(N_x)：指空气通过通风机后实际获得的功率(kW)；

(5)效率(η)：通风机的有效功率与轴功率的比值；

(6)转速(n)：通风机叶轮每分钟的旋转数(r/min)。

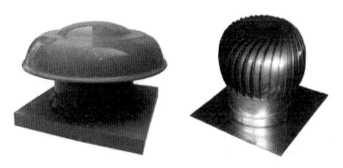

图 5.26　屋顶通风机

3. 通风机的选择

根据通风系统的通风量和风道系统的阻力损失,按照通风机产品样本确定型号。由于通风机的磨损和系统不严密处产生的渗风量,应对通风系统计算的风量和风压附加安全系数。

(三)进排风装置和风管

1. 室内送、排风口

室内送风口是送风系统中风道的末端装置。室内排风口是排风系统的始端吸入装置,车间内被污染的空气经过排风口进入排风道内。

室内送风口的形式有多种,最简单的形式是在风道上开设孔口送风,根据孔口开设的位置划分,有侧向送风口、下部送风口,如图 5.27 所示,其中,图(a)所示的送风口无任何调节装置,无法调节送风的流量和方向;图(b)所示的送风口处设置了插板,可以调节送风口截面积的大小,便于调节送风量,但仍不能改变气流的方向。

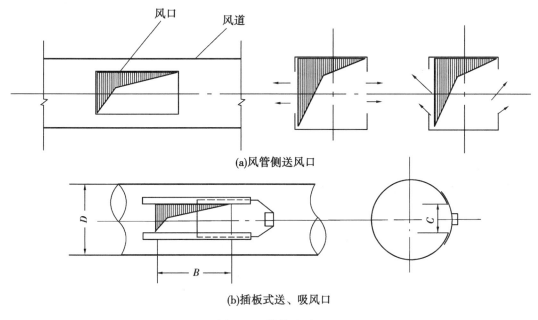

图 5.27　简单送风口

常用的室内送风口还有百叶式送风口，如图 5.28 所示，对于布置在墙内或暗装的风道，可采用这种送风口，将其安装在风道末端或墙壁上。

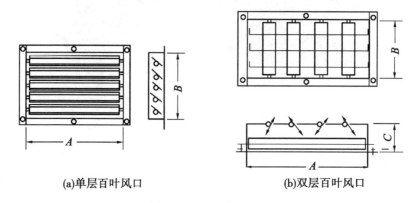

(a)单层百叶风口　　　　　　　　　　(b)双层百叶风口

图 5.28　百叶式送风口

在工业车间中往往需要大量的空气从较高的上部风道向工作区送风，而且为了避免工作地点有"吹风"的感觉，要求送风口附近的风速迅速降低。在这种情况下，常用的室内送风口形式是空气分布器，如图 5.29 所示。

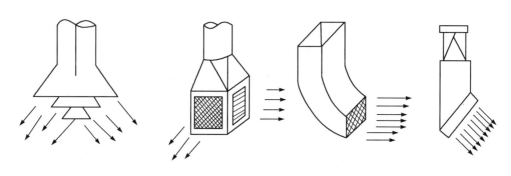

图 5.29　空气分布器

2. 室外进、排风装置

（1）室外进风装置。室外进风口是通风和空调系统采集新鲜空气的入口。根据进风室的位置不同，室外进风口可采用竖直风道塔式进风口（图 5.30），也可以采用设在建筑物外围结构上的墙壁式或屋顶式进风口（图 5.31）。进风口直接设在室外空气较清洁的地点，应低于排风口；进风口的下缘距室外地坪不宜小于 2m，当设在绿化地带时，不宜小于 1m；应避免进风、排风短路。

（2）室外排风装置。室外排风装置的任务是将室内被污染的空气直接排到大气中去。管道式自然排风系统和机械排风系统的室外排风口通常是由屋面排出（图 5.32），也有由侧墙排出的，但排风口应高出屋面。一般地，室外排风口应设在屋面以上 1m 的位置，出口处应设风帽或百叶风口。

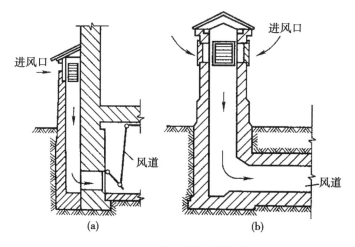

图 5.30　塔式室外进风装置

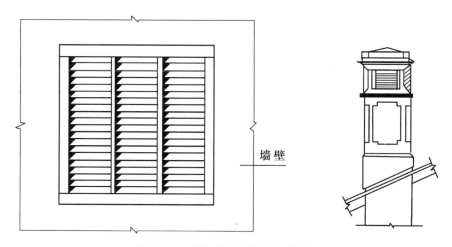

图 5.31　墙壁式和屋顶式进风装置

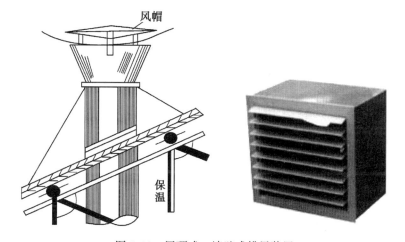

图 5.32　屋顶式、墙壁式排风装置

3. 风道

风道常采用薄钢板、硬聚氯乙烯塑料板、玻璃钢、胶合板、纤维板和不锈钢板。利用建筑空间兼做风道的有钢筋混凝土、砖、石棉水泥、矿渣石膏板等。需要经常移动的风管则大多用柔性材料制成各种软管，如塑料软管、橡胶管和金属软管。

常用的薄钢板分为普通薄钢板和镀锌薄钢板两种，它们易于工业化制作、安装方便、能承受较高的温度。镀锌钢板具有一定的防腐性能，适于空气湿度较高或室内比较潮湿的场所。玻璃钢、硬聚氯乙烯塑料板适用于有酸性腐蚀作用的通风系统，它们表面光滑、制作简单，因而也广泛应用。砖、混凝土等材料风管易于与建筑结构配合，但阻力大，为减小阻力，通常在风管内壁衬贴吸声材料，以降低噪音。

风道的断面形式为矩形或圆形。圆形风道的强度大、阻力小、耗材少，但占用空间大，不易与建筑配合。对于高流速、小管径的除尘和高速空调系统，或是需要暗装时，可选用圆形风道。矩形风道容易布置，便于加工，低流速、大断面的风道多采用矩形。

风道的布置应在进风口、送风口、排风口、空气处理设备、风机的位置确定之后进行。

建筑风道设计一般与建筑防火设计相匹配，如图5.33所示。

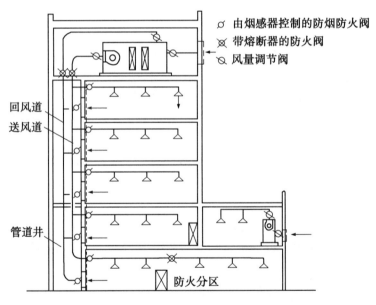

图5.33　建筑风道设计

为使风道内排气通畅、气流有组织流动、不出现"串烟"的现象，一般会采取图5.34所示设计。

4. 阀门

通风系统中的阀门主要用于起动风机，关闭风道、风口，调节管道内空气量，平衡阻力等。阀门安装于风机出口的风道上、主干风道上、分支风道上或空气分布器之前等位置。常用的阀门有插板阀、蝶阀。

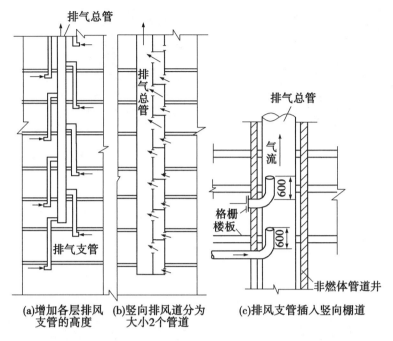

图 5.34　烟道设计

插板阀如图 5.35 所示，多用于风机出口或主干风道处用做开关，通过拉动手柄来调整插板的位置，即可改变风道的空气流量，其调节效果好，但占用空间大。

蝶阀如图 5.36 所示，多用于风道分支处或空气分布器前端，转动阀板的角度，即可改变空气流量，其使用较为方便，但严密性较差。

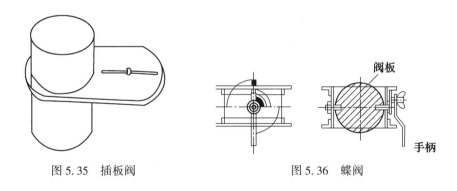

图 5.35　插板阀　　　　　　　　图 5.36　蝶阀

手动多页调节阀如图 5.37 所示，一般用在空调、通风系统管道中，用来调节支管的风量，也可用新风与回风混合调节。

排烟防火阀如图 5.38 所示，安装在机械排烟系统的管道上，平时呈常闭状态并满足漏风量要求；火灾或需要排烟时，手动和电动打开，起排烟作用；当排烟管道内烟气温度达到 280℃ 时关闭，并在一定时间内能满足漏烟量和耐火完整性要求，起隔烟阻火作用的阀门。

图 5.37 手动多页调节阀

图 5.38 排烟防火阀

防火阀如图 5.39 所示，安装在通风、空调调节系统的送、回风管道上，平时呈常开状态；火灾时，当管道内烟气温度达到 70℃ 或 280℃ 时关闭，并在一定时间内能满足漏烟量和耐火完整性要求，起隔烟阻火作用的阀门。另外，常见的防火风口由铝合金风口与防火阀组合而成(图 5.40)。

图 5.39 防火阀

图 5.40 防火风口

任务二 空调系统认知

一、空调系统组成及分类

空调系统就是完成对空气环境进行调节和控制，也就是对空气进行加热、冷却、加湿、减湿、过滤、输送等各种处理的设备装置。

（一）空调系统的组成

空调系统由空气处理设备、空气输送设备、供热和制冷系统、自动控制系统组成，如图 5.41 所示。

空气处理设备包括空气过滤器、加热器、加湿器、冷却器、消声器等。

空气输送设备包括通风机(送、回风机)、风管、风阀、送风口、回风口等，主要作用是把经过处理达到要求状态点的空气送到各个空调房间，并从房间内抽回或排除相应量的室内空气，同时，合理地布置空调房间内送风口和回风口，保证工作区内形成合理的气流组织，使空调室内工作状态均匀分布，达到所需要的空气湿度、温度、气流速度和洁净

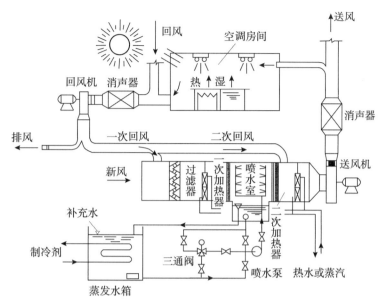

图 5.41 空调系统组成

度等。

供热和制冷系统：热源是用来提供热能以加热送风空气，常用的热源有提供蒸汽或热气的锅炉、直接加热空气的电热设备等。冷源则是用来提供"冷能"以冷却送风空气，目前用得较多的是蒸汽压缩式和吸收式制冷装置。

自动控制系统：是指系统配备的自动调节控制系统各参数的偏差使之处于允许波动范围的系统。

(二)空调系统的分类

空调系统分类见表 5.2。

表 5.2 　　　　　　　　　　　　　　空调系统分类

分类	空调系统		系统特征	系统应用
按空气处理设备的设置情况分类	中央空调系统	集中系统	集中进行空气的处理、输送和分配	单风管系统 双风管系统 变风量系统
		半集中系统	有集中的中央空调器，并在各个空调房间内还分别有处理空气的"末端装置"	末端再热式系统 风机盘管机组系统 诱导器系统
	全分散系统		每个房间的空气处理分别由各自的整体式空调器承担	单元式空调系统 窗式空调器系统 分体式空调器系统 半导体空调器系统

分类	空调系统	系统特征	系统应用
按负担室内空调负荷所用的介质来分类	全空气系统	全部由处理过的空气和水共同负担室内空调负荷	一次回风系统 二次回风式系统
	空气水系统	由处理过的空气和水共同负担室内空调负荷	再热系统和诱导器系统并用全新风系统和风机盘管系统并用
	全水系统	全部由水负担室内空调负荷，一般不单独使用	风机盘管系统
	冷剂系统	制冷系统蒸发器直接放室内吸收余热余湿	单元式空调器系统 窗式空调器系统 分体式空调器系统
按集中系统处理的空气来源分类	封闭式系统	全部为再循环空气，无新风	再循环空气系统
	直流式系统	全部用新风，不使用回风	全新风系统
	混合式系统	部分新风，部分回风	一次回风系统 二次回风系统
按风管中空气流速分类	低速系统	考虑节能与消声要求的矩形风管系统，风管截面积较大	民用建筑主风管风速低于8m/s 工业建筑主风管风速低于15m/s
	高速系统	考虑缩小管径的圆形风管系统，耗能多，噪声大	民用建筑主风管风速高于10m/s 工业建筑主风管风速高于15m/s

(三)空气系统相关设备

1. 喷水室

喷水室是一种多功能的空气调节设备，可对空气进行加热、冷却、加湿及减湿等多种处理。喷水室的构造如图 5.42 所示，喷水室横断面均匀分布喷嘴，冷冻水经喷嘴成水珠

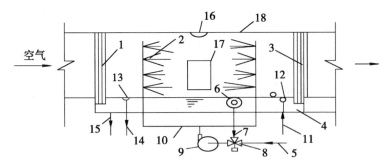

1—前挡水板；2—喷嘴与排管；3—后挡水板；4—底池；5—冷水管；
6—滤水器；7—循环水管；8—三通混合阀；9—水泵；10—供水管；11—补水管；
12—浮球阀；13—溢水器；14—溢水管；15—泄水管；16—防水灯；17—检查门；18—外壳

图 5.42　喷水室

喷出，充满整个室内，空气进入喷水室内，与水滴接触，两者产生热、湿交换，达到所要求的温度、湿度。

2. 表面式换热器

表面式换热器(图5.43)可以对空气进行加热、冷却、减湿处理。常见的表面换热器有空气加热器和表面冷却器两种。空气加热器用热水或蒸汽做热媒；表面冷却器分为水冷式和直接蒸发式，水冷式采用冷冻水为冷媒，直接蒸发式直接采用制冷剂的汽化冷却空气。

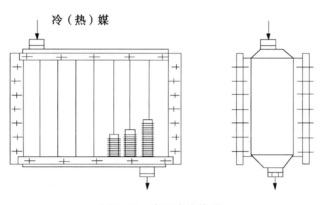

图5.43　表面式换热器

3. 空气加热器

空气加热器(图5.44)工作原理是电流通过电阻丝发热来加热空气，具有加热均匀、热量稳定、效率高、结构紧凑和控制方便的优点，可用于小型空调系统对空调房间的精调。

4. 空气除湿设备

空调常用的除湿方法有冷冻除湿和固体除湿两种。

冷冻除湿是在表面冷却器或喷淋冷冻水中，将湿空气冷却到露点温度以下，分解出冷凝水，经加热后，通过风机送出至需要的房间。这种方法的特点是：可连续除湿，性能稳定可充分利用余热，设备使用方便；但不适用在露点温度4℃以下除湿，且安装运行技术要求高、投资大。

固体除湿通常用在露点温度4℃以下的空气除湿，其原理是用除湿剂来排除空气中水分。这种方法的特点是：设备简单，投资小；露点温度4℃以下除湿效果较好，除湿量居于不稳定状态。

5. 过滤器

按照除尘的效果，过滤器可分为初效过滤、中效过滤、高效过滤。

初效过滤器滤材多采用玻璃纤维、人造纤维、金属丝及粗孔聚氨酯泡沫塑料等，也有用铁屑及瓷环作为填充滤料的。金属网丝、铁屑及瓷环等滤料可以浸油后使用，以便提高过滤效率，并防止金属表面锈蚀。

中效过滤器的主要滤材是玻璃纤维(比初效过滤器所用的玻璃纤维直径小，约

10μm)、人造纤维合成的无纺布及中细孔聚乙烯泡沫塑料等。这种过滤器一般可做成袋式和抽屉式(图5.45)。

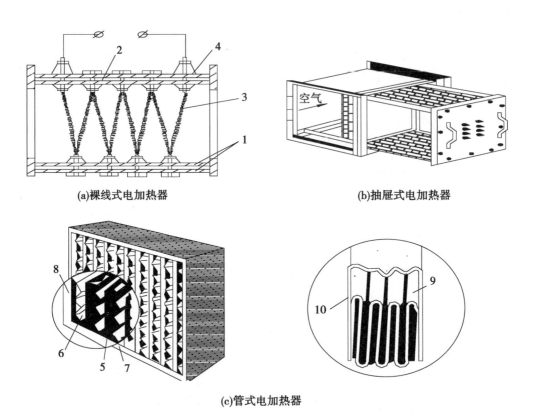

(a)裸线式电加热器　　　　　　　　　　　　(b)抽屉式电加热器

(c)管式电加热器

1—钢板；2—隔热层；3—电阻丝；4—瓷绝缘子；5—接线端子；
6—绝缘端子；7—紧固装置；8—绝缘材料；9—电阻丝；10—金属套管

图5.44　空气加热器

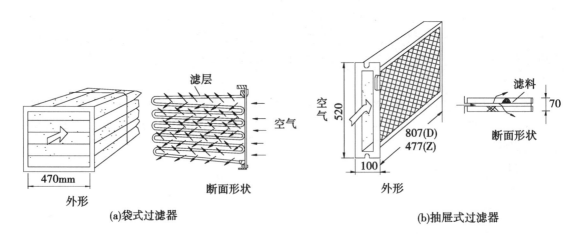

(a)袋式过滤器　　　　　　　　　　　　(b)抽屉式过滤器

图5.45　过滤器

高效过滤器可分为亚高效、高效及超高效过滤器。一般滤材为超细玻璃纤维或合成纤维，加工成纸状，称为滤纸。为了降低气溶胶穿过滤纸的速度，采用低滤速（以 0.01m/s 计），需大大增加滤纸的面积，因而高效过滤器常做成折叠状。

6. 组合式空调箱

组合式空调箱（图 5.46）是由各种空气处理功能段组成的，不带冷、热源，冷媒为水，热媒为热水或蒸汽，能够完成空气的运输、混合、冷却、加热、消声等功能。这种机组应用于管道其阻力等于或大于 100Pa 的空调系统。机组功能段包括：过滤段（初效、中效、亚高效、高效）、消声段、风机段（包括送风机段和回风机段）、加热段（包括一次加热和二次加热段）、冷却段、加湿段、混合段、中间段、喷淋段等。

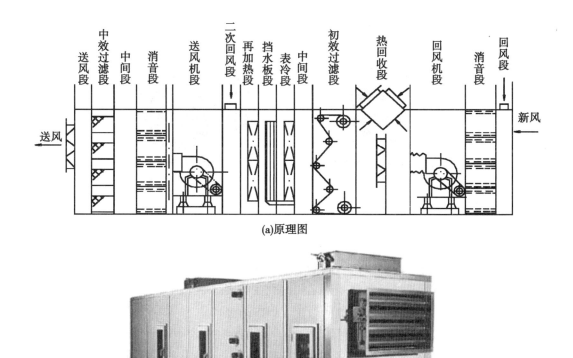

(a)原理图

(b)实物图

图 5.46　组合式空调箱

7. 空调消音设备

降低空调系统噪声的主要措施是：合理选择风机类型，并使风机的正常工作点接近其最高效率点；风道内风速不宜大于 8m/s，转动设备（风机、泵）均应考虑防振隔声措施；

安装消声器或消声弯头(图5.47)。

消声器是由吸声材料按不同的消声原理设计成的构件,根据不同消声原理,可分为阻性型、共振型、膨胀型和复合型等多种。当机房地方窄小或对原有建筑改进消声措施时,可以在消声弯头上进行消声处理,以达到消声的目的。

为了减少和避免噪声源对周围环境的影响,消声器应设在接近声源的位置,通常应布置在靠近机房的气流稳定管段上,与风机出入口、弯头、三通等的距离宜大于4~5倍风管直径或当量直径;当消声器直接布置在机房内时,消声器、检查门及消声后的风管应具有良好的隔声能力;另外,在泵房内壁和顶面增加吸音层也可以有效减少噪音。

(a)阻抗复合消声器T701.6　　　　　　(b)GH短臂消声弯头

图5.47　消音设备

8. 隔振设备

隔振的措施之一是在振动设备(振源)和它的基础之间设置隔振(减振)装置,如弹簧、橡胶、软木等,来消除振动设备和基础之间的刚性连接;隔振措施之二是在设备接出管道上采取防振源传递的技术措施。常见的做法有以下两种:

(1)设备隔振。为减弱风机等设备运行时产生的振动,可将风机固定在钢筋混凝土板上,下面再安装隔振器;有时也可将风机固定在型钢支架上,下面再安装隔振器,图5.48所示为钢筋混凝土隔振台座示意图。

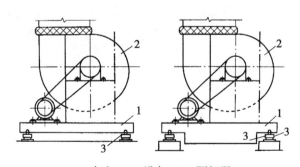

1—台座;2—设备;3—隔振器

图5.48　钢筋混凝土隔振台座示意图

钢筋混凝土台座的重量较大、振动小、运行比较平稳，但制作复杂，安装也不太方便；型钢台座重量轻，制作、安装方便，应用比较普遍，特别是当设备设置在楼层或屋顶时，较多采用这种台座，但台座振动较大。

（2）管道隔振。管道隔振注意三点，一是通风机、水泵等设备的进出口管道应采用柔性连接，柔性连接可采用帆布管、橡胶管、金属波纹管等；二是每隔一定距离设置管道隔振吊架或隔振支承（图5.49、图5.50）；三是管道穿墙或楼板处加设隔振垫（图5.51）。

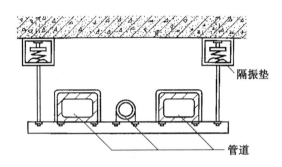

图 5.49　水平管道隔振支吊架

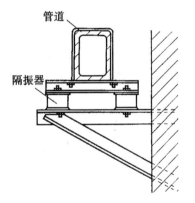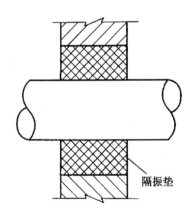

图 5.50　水平管道隔振支座　　　　　图 5.51　管道穿墙的隔振

（四）送风口与回风口

气流分布的流动模式取决于送风口和回风口位置、送风口形式等因素。空调房间内要有送风口、回风口，保证房间内没有送风死角，舒适性空调应使人员处于回流区或混流区，避免冷风直接吹向人体。如图5.52、图5.53、图5.54所示，为各类气流分布模式。

送风口的作用是将送风状态的空气均匀地送入空调房间，常用的送风口有侧送风口、散流器、孔板送风口、喷射式送风口等，具体特性和应用见表5.3、表5.4。

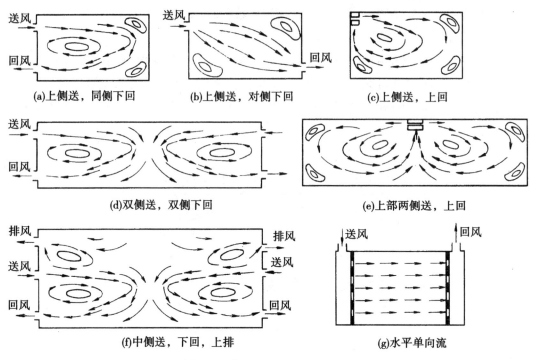

(a)上侧送，同侧下回　(b)上侧送，对侧下回　(c)上侧送，上回

(d)双侧送，双侧下回　(e)上部两侧送，上回

(f)中侧送，下回，上排　(g)水平单向流

图 5.52　侧送风的室内气流分布

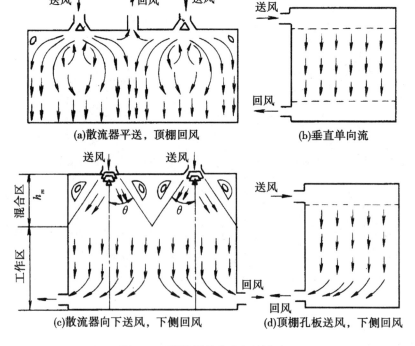

(a)散流器平送，顶棚回风　(b)垂直单向流

(c)散流器向下送风，下侧回风　(d)顶棚孔板送风，下侧回风

图 5.53　顶送风的室内气流分布

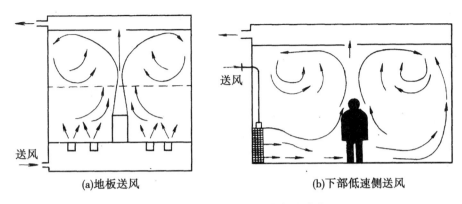

(a)地板送风　　　　　　　　　(b)下部低速侧送风

图 5.54　下部送风的室内气流分布

表 5.3　　　　　　　　　　**常用风口与散流器射流特性与应用**

风口型式	射流特性及应用范围
	格栅送风口 叶片或空花图案的格栅，用于一般空调工程
	单层百叶送风口 叶片可活动，可根据冷、热射流调节送风的上下倾向，用于一般的空调工程
	双层百叶送风口 叶片可活动(单片动或联动、手动或电动)。可调节冷、热射流送风的上、下、左、右倾角，用于较高精度的空调工程
	三层百叶送风口 叶片可活动(手动或电动)，有对开叶片用以调节风量，又有水平、垂直叶片可调上、下倾角和射流扩散角，用于高精度空调工程
	条缝形送风口 带配合静压管(兼作吸音箱)使用，可作为风机盘管的出风口，适用于一般精度的民用建筑空调工程

表 5.4   **常用散流器型式**

风口型式	风口名称及气流流型
	盘式散流器 属平送流型，用于层高较低的房间，挡板上可贴吸声材料，能起消声作用
	直片式散流器 平送流型或下送流型（降低扩散圈在散流器中相对位置时，可得到平送流型，反之可得到下送流型
	流线型散流器 属下送流型，适用于净化空调工程
	送、吸式散流器 属平送流型，可将送、回风口结合在一起

    侧送风口常向房间横向送出气流，一般安装在侧墙或风道侧面、可横向送风的风口，有格栅风口、百叶风口、条缝风口等，其中，用得最多的是活动百叶风口，分为单层百叶、双层百叶和三层百叶三种。

    散流器是一类安装在顶棚上的送风口，可以与顶棚下表面平齐（平送散流器），也可以在顶棚下表面以下（下送散流器），其送风气流从风口向四周呈辐射状送出。散流器有圆形、方形或矩形的。

    孔板送风口（图 5.55）送入静压箱的空气通过开有一些圆形小孔的孔板送入室内。该风口和前述所有风口相比，其特点是送风均匀、速度衰减较快，适用于要求工作区气流均匀、流速小、区域温差小和洁净度较高的场合，如高精度恒温室和平行流洁净室。孔板可用胶合板、硬性塑料板或铝板等材料制作。对净化要求不高的空调工程，也可采用酚醛树脂纤维板等材料。

    喷射式送风口（图 5.56）是一个渐缩的圆锥台形短管，其特点是风口的渐缩角很小，风口无叶片阻挡，噪声小、紊流系数小、射程长，适用于大空间公共建筑的送风，如生产车间、体育馆、电影院等建筑常采用喷射式送风口。

    回风口对室内气流组织影响不大，加之回风气流无诱导性和方向性问题，因此类型不多，安装数量也比送风口少，民用建筑中多采用集中回风。回风口有金属网格、百叶以及各种形状的格栅。回风口（图 5.57）的形状和位置根据气流组织要求而定。若设在房间下部时，为避免灰尘和杂物被吸入，风口下缘离地面至少为 0.15m。

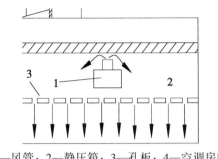

1—风管；2—静压箱；3—孔板；4—空调房间

图 5.55　孔板送风口

图 5.56　喷射式送风口

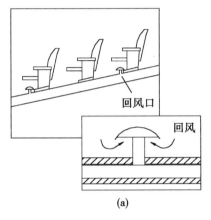

(a)

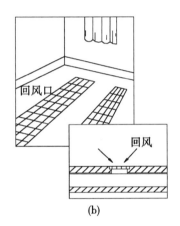

(b)

图 5.57　回风口

二、常见的空调系统

(一)集中式空调系统

集中式空调系统是将空气处理设备集中设置在专用机房内。如图 5.58 所示，其系统组成一般有空气处理设备、冷冻(热)水系统(构成类似于热水采暖系统)和空气系统(构成类似于机械通风系统)。通常说的"中央空调"就是集中式空调系统。

集中式空调系统的分类室外新风情况不同分为封闭式、直流式和混合式三种，如图 5.59 所示。

封闭式系统所处理的空气全部来自空调房间的再循环空气，而没有室外空气补充。该系统应用于密闭空间且无法或不需采用室外空气的场合。这种系统消耗冷、热量最省，但卫生条件差，常应用于战时隔绝通风情况下的地下庇护所等战备工程及很少有人进出的仓库等。

直流式系统所处理的空气全部来自室外，室外空气经处理后送入室内，然后全部排至室外。这种系统适用于不允许采用回风的场合，如放射性实验室以及散发大量有害物的车间等。为了回收排出空气的热量和冷量来预处理室外新风，可在系统中设置热回收装置。

混合式系统所处理的空气部分来自室外，部分来自空调房间。这种系统既能满足卫生

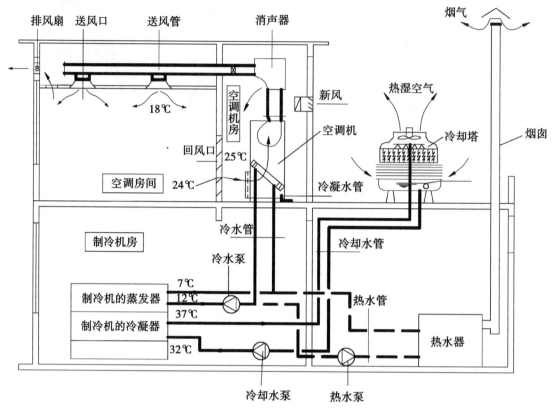

图 5.58 集中式空调系统

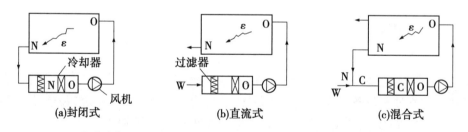

N—室内空气；W—室外空气；C—混合空气；O—冷却器后空气状态
图 5.59 按处理空气的来源不同分类

要求，又经济合理，应用最广。

该系统按回风方式不同，可分为一次回风式，二次回风式，如图 5.60 所示。

对于一次回风系统，回风与新风在热湿处置设备前混合；对于二次回风系统，新风与回风在热湿处置设备前混合，并颠倒处置后再次与回风进行混合。二次回风系统运用回风，节省了一部分再热的能量。一次回风对于允许直接用机器露点送风的场合都可以采用；二次回风式通常用于室内温度场要求均匀、送风温差小、风量较大而又未采用再热器的空调系统，如恒温恒湿的工业生产车间等。

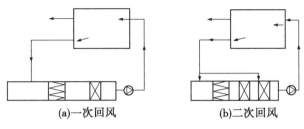

(a)一次回风　　　　　　(b)二次回风

图 5.60　一次、二次回风系统示意图

(二)半集中式空调系统

该系统除有集中的空调机房的空气处理设备处理部分空气外，还有分散在被调节房间的空气处理设备对其室内空气进行就地处理，或对来自集中处理设备的空气再进行补充处理，如诱导器系统、风机盘管系统、局部层流等。

如图 5.61 所示，末端为风机盘管，风机盘管一般均可以调节其风机转速，从而调节送入室内的冷/热量，另外，风机盘管还可以通过变水量、变水温等方式调节能量输出，因此，该系统可以对每个空调房间进行单独调节，满足不同房间不同的空调需求，节能性较好。风机盘管空调机组的新风供给方式主要靠室内机械排风渗入新风、墙洞引入新风方式、独立新风系统。

图 5.62 所示为诱导式空调系统，它是诱导器加新风的混合式系统，该系统一般由一次空气处理室、诱导器(送风末端装置)、风道、风机组成。

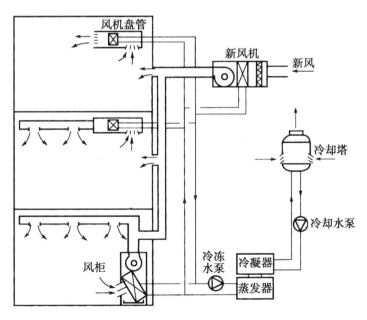

图 5.61　风机盘管系统

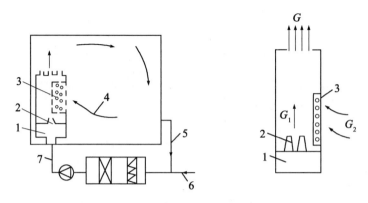

1—静压箱；2—喷嘴；3—热交换器；4—二次风；5—回风管；6—新风管；7——一次风 5.60

图 5.62　诱导器系统原理图与构造图

(三)分散式空调

分散式系统通常每个房间或家庭设置一套。该系统具有装置简单，易实现等特点，但常常具有效率不高、卫生条件差、能源结构不合理等缺点。按照整体性分，该系统可分为整体式(图 5.63)和分体式(图 5.64)。

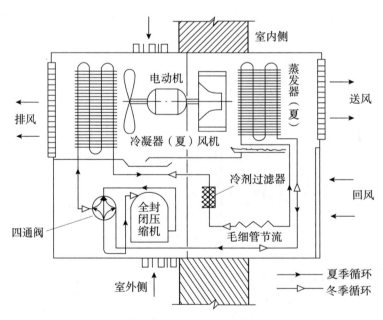

图 5.63　整体式空调器(热泵型)示意图

(四)变风量(Variable Air Volume，VAV)系统

该系统是利用改变送入室内的送风量来实现对室内温度调节的全空气空调系统，它的送风状态保持不变。变风量空调系统有单风道、双风道、风机动力箱式和诱导器式四种形式。

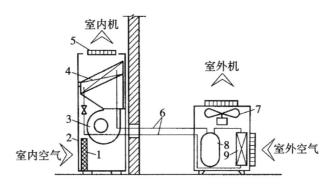

1—过滤器；2—进风口；3—离心式风机；4—蒸发器；5—送风口；
6—制冷剂配管；7—轴流风机；8—压缩机；9—冷凝器

图 5.64　分体式空调器原理图

图 5.65 所示是典型的变风量单风道空调系统，其中，空气处理机组与定风量空调系统一样。送入每个区或房间的送风量由变风量末端机组(VAV Terminal Unit，或称变风量末端装置)控制。每个变风量末端机组可带若干个送风口。当室内负荷变化时，由变风量末端机组根据室内温度调节送风量，以维持室内温度。

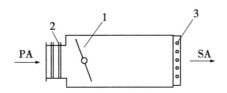

1—蝶形调节风门；2—风量传感器；3—再加热器
PA—由系统来的一次风；SA—室内送风

图 5.65　再热式变风量末端机组

（五）变制冷剂流量(Varied Refrigerant Volume，VRV)

该系统(图 5.66)是一种冷剂式空调系统，它以制冷剂为输送介质，室外主机由室外侧换热器、压缩机和其他制冷附送附件组成。一台室外机通过管路，能够向若干个室内机输送制冷剂液体。通过控制压缩机的制冷剂循环量和进入室内换热器的制冷剂流量，适时满足室内冷热负荷的要求，是一种可以根据室内负荷大小自动调节系统容量的节能、舒适、环保的空调系统。

VRV 系统具有节能、舒适、运转平稳等多种优点，而且各房间可独立调节，能满足不同房间的不同空调负荷的要求，但其系统控制复杂，且初投资高。

三、空调制冷

（一）空调制冷原理

空调冷源有天然冷源和人工冷源两种。天然冷源有天然冰、深井水、地道风等，人工

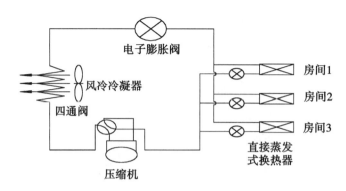

图 5.66　VRV 空调系统

冷源是指采用制冷设备制取的冷冻水或冷风。制冷按工作原理的不同，可分为压缩式、吸收式和蒸汽喷射式三大类，其中，压缩式制冷机和吸收式制冷机的应用最为广泛。

1. 蒸汽压缩式制冷

该制冷方法在目前应用较为广泛，它包括压缩、冷凝、节流和蒸发四个热力过程。

如图 5.67 所示，制冷剂经节流降压后，在室内侧的蒸发器中等压蒸发，吸收潜热，变成低温低压的蒸汽，然后经过压缩机压缩，变成高温高压的蒸汽，最后在室外侧的冷凝器中冷凝成液体，放出潜热，如此周而复始，不断循环。

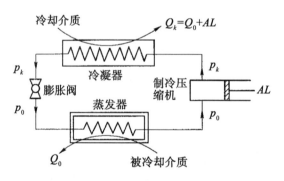

图 5.67　蒸汽压缩式制冷工作原理图

小型空调器节流装置为毛细管，大、中型空调器节流装置为膨胀阀。制冷剂常用的有液氨和氟利昂。氨的毒性较大，有强烈的刺激气味和爆炸的危险，所以使用受到限制，一般仅用于工业生产中，不宜在空调系统中应用。氟利昂无毒无味、不燃烧、使用安全，对金属无腐蚀，广泛应用于空调制冷系统中，但氟利昂类制冷剂对大气臭氧层有破坏作用。

2. 吸收式制冷

吸收式制冷剂有两种，即氨-水吸收式和溴化锂-水吸收式。溴化锂-水吸收式制冷装置主要由发生器、冷凝器、蒸发器和吸收器四部分组成。

如图 5.68 所示，发生器中充有溴化锂溶液，且压力较低，稍加热时，水便从溴化锂溶液中蒸发出来(水比溴化锂易蒸发)。蒸发出来的水蒸气在冷凝器中冷凝，成为制冷剂水，经节流阀在蒸发器中蒸发，带走箱内的热量，蒸发出的水汽又被吸收器中的溴化锂溶液吸收(溴化锂溶液特易吸收水汽)，此溶液再在发生器中加热蒸发，就这样不断循环，实现制冷循环。

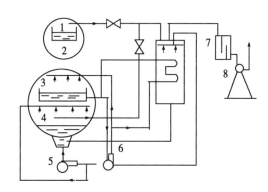

1—冷凝器；2—发生器；3—蒸发器；4—吸收器；5—吸收器泵；
6—蒸发器泵；7—阻油器；8—旋片式真空泵

图 5.68　吸收式制冷工作原理图

3. 地源热泵技术

地源热泵是一种以土壤、地下水作为低温热源的热泵空调技术，其原理是依靠消耗少量的电力驱动压缩机完成制冷循环，利用土壤温度相对稳定(不受外界气候变化的影响)的特点，通过深埋土壤的环闭管线系统进行热交换，夏天向地下释放热量，冬天向地下吸收热量，从而实现制冷或供暖的要求。图 5.69 所示为某地源热泵系统示意图。

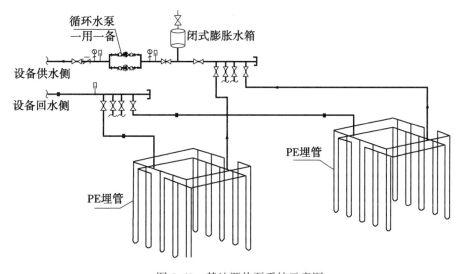

图 5.69　某地源热泵系统示意图

(二)空调水系统

1. 空调水系统组成

如图5.70所示，中央空调循环水系统包括冷却水系统、冷冻水系统和采暖水系统。

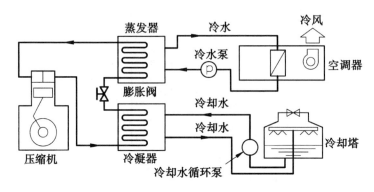

图5.70　蒸汽压缩式冷冻机循环过程

冷冻水系统由热交换器、冷冻水泵、冷冻水管道、风机盘管、膨胀水箱组成。例如，冷冻水在冷冻机中被制冷剂冷却至7℃左右后送往风机盘管，与空气进行热交换升温至12℃左右后，再返回到冷冻机中被冷却。

冷却水系统是由热交换器、冷却水泵、管道、冷却塔、储水池组成。例如，冷却水在冷冻机里冷却受热受压的制冷剂，温度上升至37℃左右，经水泵送至冷却塔，冷却后返回至冷冻机中循环使用。图5.71所示为冷却塔水管连接图。

热媒水一般在热水锅炉中被加热至60℃左右后送往风机盘管，与空气进行热交换降至55℃左右后，再返回到锅炉中加热。

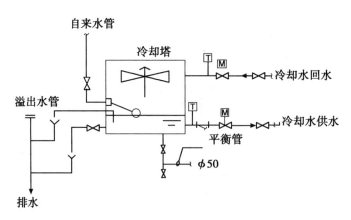

图5.71　冷却塔水管连接图

2. 空调水系统分类

(1)根据提供冷、热水方式的不同，空调水系统可分为双管制系统、三管制系统和四管制系统，如图5.72所示。

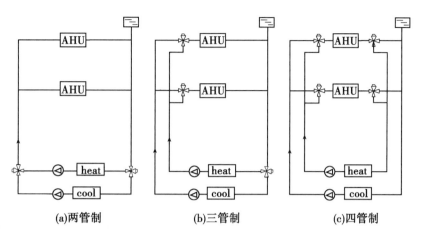

图 5.72　空调系统分类(一)

　　双管制系统冷水系统和热水系统采用相同的供水管和回水管，只有一供一回两根水管的系统。双管制系统简单、施工方便，不能用于同时需要供冷和供热的场所。

　　三管制系统分别设置供冷管路、供热管路、换热设备管路三根水管，其冷水与热水的回水关共用。三管制系统能够同时满足供冷和供热的要求，但三管制比两管制复杂，投资也比较高，且存在冷、热回水的混合损失。

　　四管制系统冷水和热水的系统完全单独设置供水管和回水管，可以满足高质量空调环境的要求。四管制系统能够同时满足供冷和供热的要求，并且配合末端设备，能够实现室内温度和湿度精确控制的要求；由于冷水和热水在管路和末端设备中完全分离，有助于系统的稳定运行和减小设备的腐蚀；初投资高，管路布置复杂。

　　(2)按照管路系统是否与大气相通，空调水系统可分开式系统和闭式系统两种形式，如图 5.73 所示。

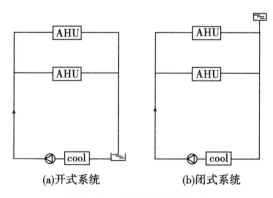

图 5.73　空调系统分类(二)

　　开式系统循环水中氧含量高，容易腐蚀管路和设备；开式系统中的水泵压头比较高，近年来在空调工程领域，特别是冷冻水环路中，已经很少采用开式系统。

闭式系统的水泵能耗小，管路和设备的腐蚀可能性小，水处理费用便宜。由于系统需要补水，并且系统内的水在温度变化时有体积膨胀，闭式系统需设膨胀水箱。

（3）按系统的回水管布置，空调水系统可分为同程回水方式和异程回水方式。

同程式回水方式如图5.74(a)所示，在各机组的水阻力大致相等时，由于各并联环路的管路总长度基本相等，所以系统的水力稳定性好，流量分配均匀。

异程式回水方式如图5.74(b)所示，其优点是管路配置简单、管材省，但是由于各并联环路的管路总长度不相等，存在着各环路间阻力不平衡现象，从而导致了流量分配不匀。如果在各并联支管上安装流量调节装置，增大并联支管的阻力，则系统流量也可以分配较为均匀。

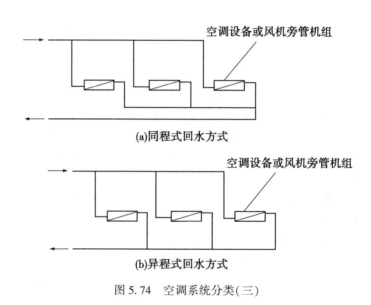

(a)同程式回水方式

(b)异程式回水方式

图5.74　空调系统分类(三)

任务三　通风空调系统安装及与土建的配合

一、风管安装工艺流程

预检→风管→确定标高→制作吊架→设置吊点→安装吊架→风管排列→法兰连接→安装→就位找平找正→检验→评定。

二、通风机的安装

（一）风机卧地式安装（图5.75）

将减振器通过连接螺栓固定于风机机座，用中心高调整垫板调节各减振器水平高度，用固定螺栓将风机固定于已焊接在基础上的连接钢板上，如风机由于抗震等原因无需减振器，则将风机机座上的螺孔与基础上的预埋螺栓直接连接即可。

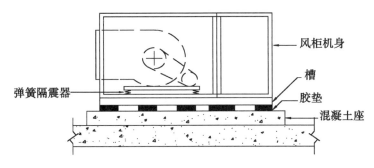

图 5.75 卧地式风柜安装图

（二）侧墙卧式安装

风机安装的基本要求与卧式安装相同，只是安装托架做成斜臂支撑式，托架要有足够的强度和刚度，10#以上风机不宜采用此种安装方式。

（三）悬挂式安装

先将减振器与风机用螺栓连接成一体，减振器对称安装，布置于风机重心两侧，直接将风机提升插入安装于悬挂支架，悬挂支架的高度，视实际空间距离由用户自定。16#以上风机一般不采用此种安装型式。综合考虑现场实际情况，采用打膨胀螺栓（图 5.76）、穿楼板（图 5.77）、预埋钢板（图 5.78）等技术手段。

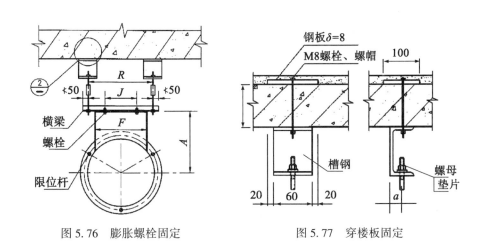

图 5.76 膨胀螺栓固定   图 5.77 穿楼板固定

（四）立式安装

风机立式安装方法与卧式安装一致，对风机基础的强度与刚度要求更严格。

三、专业配合

（一）图纸会审阶段

重点关注基础型钢预埋、穿墙穿梁套管预埋、设备和管线的固定件预埋等技术要求。在制订通风空调施工组织计划时，应保证与土建工程施工相协调。

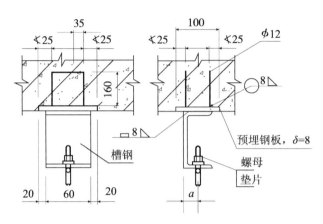

图 5.78　预埋钢板固定

通风空调施工单位应与电气、给排水专业一同调整，确定各类设备管线位置，各专业管道标高错开，位置错开。通风管道尽量向墙的一侧靠，给其他各专业管道留出余量。通风空调专业应给排水专业提供需要的供水点、需要的管径大小和供水点位置，同时提供泄水点的具体位置。

(二) 施工阶段

1. 支吊架加工安装与土建配合

所有支吊架安装前，必须除锈、调直、刷漆。水平风管采用托底吊架(图 5.79)。靠墙风管采用托架，可制作成水平支架或斜撑支架(图 5.80)。靠柱安装的水平风管也可以采用支架支撑，垂直风管采用抱箍支架(图 5.81)。

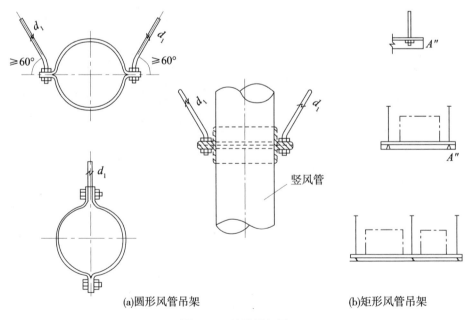

(a)圆形风管吊架　　　　　　　　　　　　(b)矩形风管吊架

图 5.79　风管吊架图

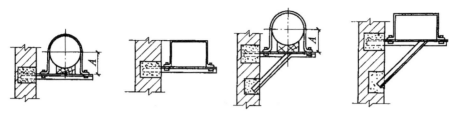

图 5.80 墙上托架

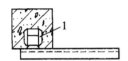 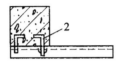 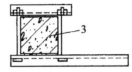 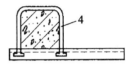

1—预埋件；2—预埋螺栓；3—带帽螺栓；4—抱箍
图 5.81 柱上支架安装

安装时，矩形风管用双吊杆或多吊杆，圆风管每隔两个单吊杆中间设一个双吊杆，以防风管摇动。吊杆上部可采用预埋设法、膨胀螺栓法、射钉枪法与楼板、梁或屋架连接固定。垂直安装的风管，可采用在墙上设立管卡来固定风管，管卡做法与吊架类似，即用扁钢做成管箍，与预埋于墙中的角钢连接固定。管卡安装时，应以立管最高点管卡开始，并用线锤中线确定下面管卡位置。

2. 孔洞预留与套管安装

土建结构工程施工时，通风空调主要任务是预留风管和冷热水管道的孔洞、预埋套管和铁件。图 5.82 所示为水管立管穿地台的做法，图 5.83 所示为风管横管穿墙体的做法，图 5.84 所示为水管立管穿屋面的做法。预留孔洞位置不准，标高过低或过高，位置偏移或歪斜，均需剔凿修复。先检查统计数量，报告土建后再行剔凿。遇到割钢筋时，需及时请示土建技术人员与设计准许，落实方案后方可施工。结构钢筋不允许随意切割，需要切割时，应向土体技术负责人报告，经确定补救方案后再施工。

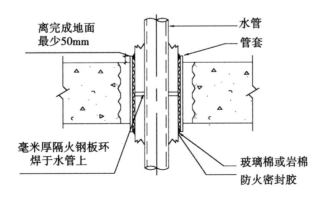

图 5.82 水管穿地台

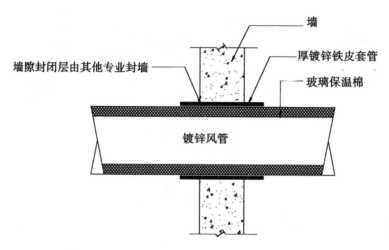

图 5.83　同一防火分区过墙之保温风管安装详图

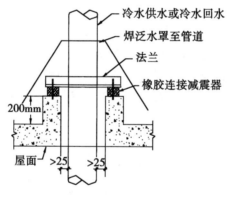

图 5.84　冷水管穿屋面

3. 各专业工种施工先后顺序

做屋面防水层之前,通风空调专业应把防排烟风机基础位置图做法提供给土建专业,由其负责施工。通风空调在屋面的设备电源管和控制管都应敷设在防水层下面的找平层内(隔热保温层内),电源、控制线防雷保护地线同时接到位,甩口到电机或控制箱接口处。

通风空调设备体积大、荷载重,需及时提供土建专业相关设备基础的几何尺寸,如屋顶风机、冷却水塔等,当建筑物结构封顶,土建拆塔吊之前,应将这些大型设备利用塔吊运到屋顶安装部位。

思考与拓展

1. 比较分析集中式空调、半集中式空调、分散式空调的特点与适用范围。
2. 结合实例,分析空调水系统、风系统的工作原理。

本章训练题

1. 设计事故排风时，在外墙或外窗上设置(　　　)最适宜。
   A. 离心式通风机　　　B. 混流式通风机　　　C. 斜流式通风机　　D. 轴流式通风机
2. 室外新风进风口下端距室外绿化地坪不宜低于(　　　)。
   A. 1m　　　　　　　B. 2m　　　　　　　C. 2.5m　　　　　　D. 0.5m
3. 高层民用建筑通风空调风管，在(　　　)可不设防火阀。
   A. 穿越防火分区处
   B. 穿越通风、空调机房及重要的火灾危险性大的房间隔墙和楼板处
   C. 水平总管的分支管段上
   D. 穿越变形缝的两侧
4. 高层民用建筑的排烟口应设在防烟分区的(　　　)。
   A. 地面上　　　　　　　　　　　　B. 墙面上
   C. 靠近地面的墙面　　　　　　　　D. 靠近顶棚的墙面上或顶棚上
5. 某县级医院5层住院楼，只在顶层有两间手术室需设空调，空调采用什么方式为适宜？(　　　)
   A. 水冷整体式空调机组　　　　　　B. 风机盘管加新风系统
   C. 分体式空调机加新风系统　　　　D. 风冷式空调机
6. 空调系统空气处理机组的粗过滤器应装在哪个部位？(　　　)
   A. 新风段　　　　　B. 回风段　　　　　C. 新回风混合段　　D. 出风段
7. 空调房间的计算冷负荷是指(　　　)。
   A. 通过围护结构传热形成的冷负荷
   B. 通过外窗太阳辐射热形成的冷负荷
   C. 人或设备等形成的冷负荷
   D. 上述几项逐时冷负荷的综合最大值
8. 空调机房的高度一般在(　　　)。
   A. 3.4m　　　　　　B. 4.5m　　　　　　C. 4.6m　　　　　　D. >6m
9. 影响室内气流组织最主要的是(　　　)。
   A. 回风口的位置和形式　　　　　　B. 送风口的位置和形式
   C. 房间的温湿度　　　　　　　　　D. 房间的几何尺寸
10. 空调系统不控制房间的下列哪个参数？(　　　)
    A. 温度　　　　　　B. 湿度　　　　　　C. 气流速度　　　　D. 发热量
11. 空调风管穿过空调机房围护结构处，其孔洞四周的缝隙应填充密实，原因是：(　　　)。
    A. 防止漏风　　　　B. 避免温降　　　　C. 隔绝噪声　　　　D. 减少振动
12. 房间小、多且需单独调节时，宜采用何种空调系统？(　　　)
    A. 风机盘管加新风　B. 风机盘管　　　　C. 全空气　　　　　D. 分体空调加通风
13. 手术室净化空调室内应保持(　　　)。

    A. 正压   B. 负压   C. 常压   D. 无压

14. 压缩式制冷机由下列哪组设备组成？（　　　）

    A. 压缩机、蒸发器、冷却泵、膨胀阀   B. 压缩机、冷凝器、冷却塔、膨胀阀

    C. 冷凝器、蒸发器、冷冻泵、膨胀阀   D. 压缩机、冷凝器、蒸发器、膨胀阀

15. 在下述有关冷却塔的记述中，（　　　）是正确的？

    A. 是设在屋顶上，用以储存冷却水的罐

    B. 净化被污染的空气和脱臭的装置

    C. 将冷冻机的冷却水所带来的热量向空中散发的装置

    D. 使用冷媒以冷却空气的

学习情境六　建筑电气系统

【知识目标】

　　1. 熟悉建筑电气的组成、分类和作用，掌握建筑供配电方式及特点；

　　2. 掌握电气照明系统的设置及要求，熟悉电气设备的原理和安装；

　　3. 熟悉施工现场临时用电要求，掌握供配电负荷的计算方法。

【能力目标】

　　1. 能够组织简单的电气设备安装；

　　2. 能够完成土建工程施工与安装工程施工的协调配合工作。

【重点】

　　1. 电气系统的组成；

　　2. 土建施工与电气系统安装的配合。

【难点】

　　1. 电线及断路器标注符号的含义；

　　2. 电气系统安装与土建施工的配合。

任务一　建筑电气系统的作用及分类

　　电力系统一般由发电厂、输电线路、变电所、配电线路及用电设备构成。其中，由一次设备相互连接构成发电、输电、配电或进行其他生产的电气回路，称为一次回路或一次接线；由二次设备互相连接，构成对一次设备进行监测、控制、调节和保护的电气回路，称为二次回路。

一、建筑电气系统作用

　　建筑电气是建筑物内重要的组成部分之一，其作用和地位日益增强。一方面，建筑电气系统能创造良好视觉光环境、舒适温湿度环境、洁净的空气环境以及美妙的声音环境；另一方面，能加快信息传递、增强人身财产安全保护、提高建筑物的设备控制性能。

二、建筑电气系统的分类

　　从电能的产生、分配、传输和消耗使用来看，建筑电气系统可以分为供配电系统和用电系统两大类；而根据用电设备的特点和系统中所传递能量的类型，又可将用电系统分为建筑照明系统、建筑动力系统和建筑弱电系统三种。

　　（一）建筑的供配电系统

　　电能产生、输送和分配电能的产生、输送、分配和使用的全过程是同时进行，如图

6.1 所示，整个过程中各个环节紧密联系。

1. 发电厂

发电厂是将自然界蕴藏的各种一次能源（如煤、水、风和原子能等）转换为电能（称二次能源），并向外输出电能的工厂。根据所利用的能量形式的不同，发电厂可分为水力发电厂、火力发电厂、风力发电厂、核能发电厂、地热发电厂、太阳能发电厂等。

2. 电能输送

当发电厂输送电能一定时，采用的送电电压越高，线路损耗越低，因此，远距离输电必须采用高压输电线路。但是，发电机由于制造原因限制，不可能产生高电压，所以发电机产生的电能要经过升压变压器将电压升高后，再送至高压输电线路。对于电能用户，为了使用方便和安全，又需要低压电，所以，高压输电线路将电能送至用户附近，又要使用降压变压器将电压降低后，才能给用户使用。

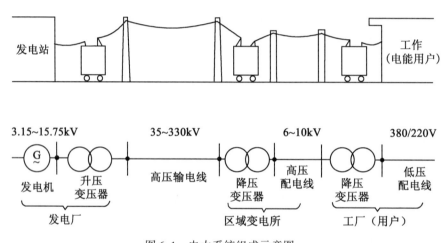

图 6.1　电力系统组成示意图

3. 电能用户

在电力系统中，凡是把电能转换为其他形式能量的设备，均称为电能用户，如电动机将电能转换为机械能，电炉将电能转换为热能，电灯将电能转换为光能。

（二）电气照明系统

凡建筑物内外将电能转换为光能，以保证人们正常的生活、生产和工作学习活动，满足着视力和装饰要求的照明设施，称为建筑电气照明系统。

1. 建筑电气照明系统组成

建筑电气照明系统由电气系统和照明系统组成。电气系统是指电能的产生、输送、分配、控制和消耗使用的整个系统，它由电源（市政交流电源、自备发电机或蓄电池组等）导线、控制和保护设备（开关和熔断器等）和用电设备（各种照明灯具）所组成。

2. 建筑照明系统的分类

建筑照明种类按用途的不同，可分为正常照明、事故照明、警卫值班照明、障碍警示照明、节日彩灯和装饰照明等。

（1）正常照明：在绝大多数正常情况下，要求能顺利保证完成工作、保证安全通行和能看清周围物体而设置的照明。正常照明有三种方式：一般照明、局部照明和混合照明，凡有居住室和运输、人行的走道以及室外庭园广场等皆应设置正常照明。

（2）事故照明：在正常照明因故障熄灭后，供继续工作或人员疏散使用的照明。民用建筑在下列场所应装设事故照明：

①影剧院、博物馆、展览馆和百货大楼等公共场所，供人员疏散的走廊、楼梯和太平门等处；

②高层民用建筑的疏散楼梯（包括防烟楼梯间前室）、消防电梯及其前室、配电室、消防控制室、消防水泵房和自备发电机房以及建筑高度超过 24m 的公共建筑内的疏散走道、观众厅、餐厅和商场营业厅等人员密集的场所；

③医院的手术室和急救室的事故照明采用能瞬时可靠点燃的照明光源，一般采用白炽灯和卤钨灯。在事故照明作为正常照明的一部分经常点燃，而在发生事故时又不需要切换电源的情况下，也可用其他光源；当采用蓄电池作为疏散用事故照明的电源时，要求其连续供电的时间不应少于20min。事故照明的照度不应低于工作照明总照度的10%，仅供人员疏散用的事故照明的照度应不小于0.5lx。

（3）警卫值班照明：在重要的场所，如值班室、警卫室、门房等地方设置的警卫值班照明，一般宜利用正常照明中能单独控制的一部分作为值班照明，或利用事故照明中的一部分作值班照明。

（4）障碍警示照明：在建筑物上装设的作为障碍标志用的照明。如装设在高层建筑顶端作为飞机飞行障碍标志用的照明，装在水上航道两侧建筑物上作为障碍标志的照明等，这些照明必须符合交通部门有关规定装设。障碍警示照明应用能透雾的红光灯具，有条件时宜采用闪光照明灯。

（5）彩灯和装饰照明：由于城市建筑规划或市容美化的要求，以及节日喜庆装饰或室内装饰的需要而设置的照明。

（三）建筑动力系统

将电能转换为机械能输出的电动设备，称为建筑动力系统，如供暖、通风、供水、排水、热水供应、电梯等用的水泵、风机等机械设备的运转，大部分是靠电动机拖动运转的，因此，建筑动力系统实质就是向电动机配电以及对电动机进行控制的系统。

1. 电动机的种类及其在公共建筑中的应用

电动机种类较多，包括直流自励电动机、直流他励电动机、交流同步电动机、交流异步电动机等。

同步电功机构造复杂、价格太贵，在建筑动力系统中很少采用。直流电动机构造也较复杂、价格比较贵，而且需要直流电源，因此，除有对调速性能要求较高的客运电梯上应用外，其他场所也很少应用。异步电动机构造简单、价格便宜、启动方便，在建筑动力系统中得到广泛应用，其中，笼式异步电动机用得最多。在启动转矩较大，或加载功率较大，或需要适当调速的场合，可采用绕线转子异步电动机。

2. 异步电动机的启动

电动机从接通电源开始转动，到转速增至额定转速的过程，称为启动过程。生产过程中通常要反复进行电动机的启动和停车，故电动机的启动性能对生产过程的正常进行影响很大。异步电动机的启动性能可用启动电流、启动转矩、启动时间和启动的可靠性等指标来衡量。对生产影响最大的是启动电流和启动转矩两项指标。

3. 异步电动机的启动方法

异步电动机的启动方法由它的结构和其所接的电源（变压器）容量大小决定。笼式异步电动机的启动见表6.1。

表6.1 笼式电动机的启动

全压启动（直接启动）	降压启动		
	定子绕组串电阻	自耦变压器	星-三角转换

当电动机所接变压器容量较大或电动机容量较小时，可采用直接启动电功机。

对于需要经常启动的电动机，启动时造成的电网压降超过额定电压的100%；对于不经常启动的电动机超过15%时，可考虑降压启动。定子绕组因串接电阻法有附加能耗应用很少；自耦变压器法效果明显，但设备庞大笨重、操作复杂，故只适用于不频繁启动的大功率电动机；星-三角换接法设备简单、造价低，广泛应用于定子绕组正常为三角形接线、较频繁启动的中小型电功机，国产常用QX1、QX3系列星及三角启动器。

（四）建筑弱电系统

在电气工程领域，常将以安培为电流计量单位的电气工程称为强电系统；而将以毫安为计量单位的电气工程称为弱电系统。建筑弱电系统主要进行信息的传递和交换主要包括火灾自动报警与消防联动系统、电话通信系统、建筑广播系统、共用电视天线和有线电视系统、智能化建筑综合布线和安防系统等。

1. 火灾自动报警与消防联动系统

在建筑物中设火灾自动报警系统，能在火灾发生但还未成灾之前发出报警，以便及时采取一定的扑救措施，这对于消除火灾或减少火灾的损失，是一种极为重要的方法和十分有效的措施。

2. 电话通信系统

信息的传递按传输媒介可分为有线（明线、电缆、波导等）及无线（微波和卫星通信等）。信息的传输按地区和距离分为市内、长途、移动通信及国外通信等。现代化的通信技术包括语言、文字、图像等多种信息的传递，现代化建筑特别是办公楼和商业性建筑物，更是信息社会的集中点。

（1）电话系统的设备：主要包括话机、电话交换机及各种线路设备和线材。

①话机：模拟制电话网络配用拨盘式和按键式脉冲话机，采用程控交换机宜使用双音多频按钮式话机。

②交换机：不同用户之间进行的通话，必须通过交换机来完成。交换机有人工和自动交换机之分，自动交换机又有步进式、纵横制、电子交换机和程控交换机等不同类型，如图6.2所示。

③线路设备和线材：当建筑物内不设交换机，电话用户直接拨自市电话网络时，就应设交接箱以承接电话局的干线电缆，并分配至建筑物内部的电话分线盒，电话分线盒再分别馈给各电话出线座。线材包括市内电话电缆、通信及广播线、配线电话电缆、电话机软

图 6.2　电话交换机

线等，要按照用途和使用场所选用对应的线材。

（2）电话交换站站址的选择和布置：电话交换站的布置应遵循以下原则：民用建筑物内的电话交换站宜设在四层以下、首层以上的房间，房间宜朝南并开窗；电话站不宜设在易积水潮湿的房间（浴室、卫生间、开水房）附近；不宜设在变压器、配电房等磁场强的楼上、楼下或隔壁；不宜设在空调及通风机房等振动不稳定场所的附近。

（3）室内电话线路敷设：对于大型或高层民用建筑，应设置弱电专用竖井，竖井的位置应便于进出线。由电话交换站或交接箱出来的分支电缆通常采用穿管暗敷或线槽敷设至竖井，分支电缆在竖井内应穿钢管或线槽敷设。每层的分线盒安装在竖井内，一般为挂墙明敷。从分线盒引至用户电话出线座的线路可采用穿管暗敷，也可以沿墙或踢脚线处用卡钉明敷，室内电话线路敷设方式如图 6.3 所示。

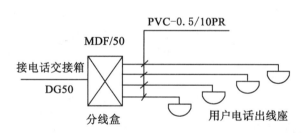

图 6.3　市内电话线路敷设方式

3. 建筑广播系统

在大型建筑物内部，为满足紧急通知（如指挥疏散、寻人启事等）、业务性报告（如广播新闻、工作安排）和播放服务性背景音乐等需要而设置的声音，系统称为建筑广播系统。

（1）广播系统的组成：广播系统一般由播音室、线路和放音设备三部分组成。播音室一般配备有收音、拾音、录音、扩音和功率放大器等设备。广播信号线路在建筑物内可明敷或暗敷，放音设备（扬声喇叭）可以安装在走道、餐厅等公共场所，宾馆客房内多装设在多功能床头柜内。

（2）广播系统的类型。

①集中播放、分路广播系统：该系统使用一台扩音机，单信道分多路同时广播相同的内容，这是最常选用的系统，如图 6.4 所示。

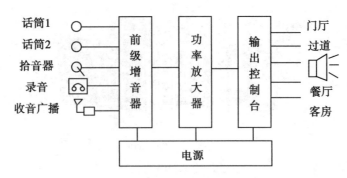

图 6.4 集中播放、分路广播系统

②利用 CATV 系统传输的高频调制式广播系统：该系统在 CATV 系统的前端室将音频信号调制成射频信号，经同轴电缆送至用户控制柜，经解调器解调后被收音机接收后播放，如图 6.5 所示。这种系统技术先进、传输线路少、施工方便，但技术复杂、维护困难、音质较差，仍不能解决公共场所广播和紧急广播等问题。

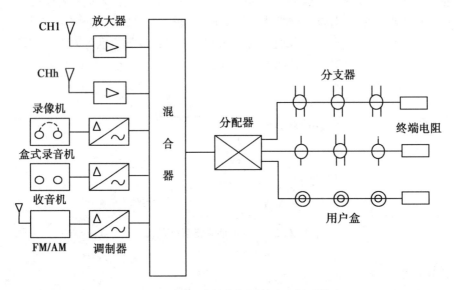

图 6.5 CATV 传输高频调制式广播系统

③多信多路集散控制广播系统：该系统是应用集散控制理论的先进广播系统，可以在 12 个区域同时播放 12 种不同的内容。系统可广泛应用于大型宾馆、学校、机场、车站、体育馆、俱乐部等公共建筑。若用于宾馆内，则可以同时在客厅、餐厅、门厅、走廊播放不同的音乐。

④同声传译系统：在需要两种或两种以上的不同国家或民族语言的会场中，可以将发言者的语言同时翻译成各种语言，是会议系统的一个组成部分。同声传译体统可以分为有线传输和无线传输两类。

4. 共用电视天线和有线电视系统

（1）共用电视天线系统（简称 CATV 系统）：CATV 系统是为提高建筑物内各用户的收视效果，避免在楼顶形成"天线森林"而影响建筑美观所采用的一种供各用户同时使用的天线系统。

CATV 系统由信号源设备、前端设备和传输分配系统三部分组成，如图 6.6 所示。

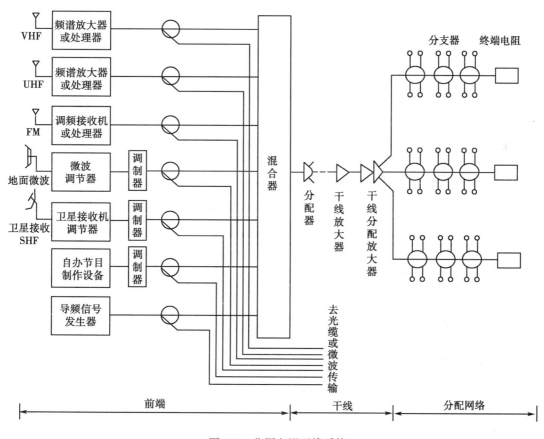

图 6.6 公用电视天线系统

①信号源设备：信号源包括接收天线和录像机等自办节目制作设备，接收天线将空中电磁波转换成高频感应电势，作为电视接收机的信号。图中（VHF）代表甚高频天线，接收 1~12 频道的信号；超高频（UHF）天线接收 13~68 频道的信号；FM 是调频广播接收天线；SHF 是卫星接收电视天线。

②前端设备：用以将天线接收的信号进行必要的处理，然后送入传输分配系统。前端设备一般由天线放大器、频道转换器、宽频带放大器、混合器、分配器和直流稳压电源等组成。

③传输分配系统：又称为用户系统，用以将前端输出信号进行传输分配、将足够强的信号送到每个用户，其组成有放大器、高频同轴电缆、分支器、用户插座等。

（2）有线电视系统：CATV 系统功能仅限于把天线接收到的电视信号传输电缆分配给

电视机接收，本质上只起了一个"转播台"的作用。而且，随着城市高层建筑日益增多，电视信号在传播过程中难免受到阻挡而影响收视质量。电缆电视技术发展到以闭路形式或以有线传输方式传送各种电视信号的阶段，尤其是扩宽到卫星直播电视节目的接收、微波中继、录像和摄像、自办节目等。将 CATV 系统应用于整个城镇，使大型的 CATV 系统成为"有线电视台"已是广播电视事业发展的必然趋势。

（五）智能化建筑综合布线和安防系统

1. 智能化建筑综合布线系统

建设智能城市与智能化建筑将成为世界经济发展的必然趋势，已成为一个国家和一个城市科学技术和经济水平的体现。信息化是当今世界经济和社会发展的大趋势，也是我国产业优化升级和实现工业化、现代化的关键环节。智能化建筑包括"3A"系统，也就是BA（设备自动化）、OA（办公自动化）和 CA（通信自动化），具体包括以下内容：模拟与数字的话音系统、高速与低速的数据系统、图形终端和设备控制系统的图像资料、电视会议与安全监视系统的视频信号、建筑物的安全报警和设备控制系统的传感器信号。智能楼宇采用的通信设施及布线系统一定要有超前性，力求高标准，并且有很强的适应性、扩展性、可靠性和长远效益。综合布线的发展与建筑物自动化系统密切相关，传统布线（如电话、计算机局域网）都是各自独立的。各系统分别由不同的专业设计和安装，传统布线采用不同的线缆和不同的终端插座，而且，连接这些不同布线的插头、插座及配线架均无法互相兼容。综合布线是一种预布线，能够适应较长一段时间的需求。综合布线是一种模块化的、灵活性极高的建筑物内或建筑群之间的信息传输通道，它既能使语音、数据、图像设备和交换设备与其他信息管理系统彼此相连，也能使这些设备与外部相连接，不仅易于实施，而且能随需求的变化而平稳升级。

综合布线系统是开放式结构，能支持电话及多种计算机数据系统，还能支持会议电视、监视电视等系统的需要。综合布线系统可划分成以下六个子系统：

（1）工作区子系统。一个独立的需要设置终端的区域即为一个工作区。工作区子系统应由配线（水平）布线系统的信息插座，延伸到工作站终端设备处的连接电缆及适配器组成。一个工作区的服务面积可按 5~10m² 估算，每个工作区设置一个电话机或计算机终端设备，或按用户要求设置。

综合布线系统的信息插座应按下列原则选用：单个连接的 8 芯插座宜用于基本型系统，双个连接的 8 芯插座宜用于增强型系统，信息插座应在内部做固定线连接；一个给定的综合布线系统设计可采用多种类型的信息插座。工作区的每一个信息插座均支持电话机、数据终端、计算机、电视机及监视器等终端的设置和安装。

工作区适配器的选用应符合下列要求：在设备连接器处采用不同信息插座的连接器时，可以用专用电缆或适配器；当在单一信息插座上开通 ISDN 业务时，宜用网络终端适配器；在配线（水平）子系统中选用的电缆类别（媒体）不同于工作区子系统设备所需的电缆类别（媒体）时，宜采用适配器；在连接使用不同信号的数模转换或数据速率转换等相应的装置时，宜采用适配器；对于网络规程的兼容性，可用配合适配器；根据工作区内不同的电信终端设备，可配备相应的终端适配器。

（2）配线（水平）子系统。配线子系统由工作区用的信息插座、每层配线设备至信息插座的配线电缆、楼层配线设备和跨接线等组成。配线子系统应根据下列要求进行设计：根据工程提出近期和远期的终端设备要求、每层需要安装的信息插座数量及其位置，终端将来可能产生移动、修改和重新安排的详细情况，一次性建设与分期建设的方案比较。配线子系统应采用 4 对双绞电缆，配线子系统在有高速率应用的场合，应采用光缆。配线子系统根据整个综合布线系统的要求，应在二级交接间、交接间或设备间的配线设备上进行连接，以构成电话、数据、电视系统，并进行管理。配线电缆宜选用普通型铜芯双绞电缆，配线子系统电缆长度应在 90m 以内。

（3）干线（垂直）子系统。干线子系统应由设备间的配线设备、跨接线以及设备间至各楼层配线间的连接电缆组成。在确定干线子系统所需要的电缆总对数之前，必须确定电缆话音和数据信号的共享原则。对于基本型每个工作区可选定 1 对，对于增强型每个工作区可选定 2 对双绞线，对于综合型每个工作区可在基本型和增强型的基础上增设光缆系统。选择干线电缆最短、最安全和最经济的路由，选择带门的封闭型通道敷设干线电缆。干线电缆可采用点对点端接，也可采用分支递减端接以及电缆直接连接的方法。如果设备间与计算机机房处于不同的地点，而且需要把话音电缆连至设备间，把数据电缆连至计算机房，则宜在设计中选取不同的干线电缆或干线电缆的不同部分来分别满足不同路由干线（垂直）子系统话音和数据的需要；当需要时，也可采用光缆系统予以满足。

（4）设备间子系统。设备间是在每一幢大楼的适当地点设置进线设备、进行网络管理以及管理人员值班的场所。设备间子系统由综合布线系统的建筑物进线设备、电话、数据、计算机等各种主机设备及其保安配线设备等组成。设备间内的所有进线终端应采用色标区别各类用途的配线区，设备间位置及大小根据设备的数量、规模、最佳网络中心等内容，综合考虑确定。

（5）管理子系统。管理子系统设置在每层配线设备的房间内。管理子系统应由交接间的配线设备，输入/输出设备等组成，管理子系统也可应用于设备间子系统。管理子系统应采用单点管理双交接。交接场的结构取决于工作区、综合布线系统规模和选用的硬件。在管理规模大、复杂、有二级交接间时，才设置双点管理双交接。在管理点，应根据应用环境用标记插入条来标出各个端接场。交接区应有良好的标记系统，如建筑物名称、建筑物位置、区号、起始点和功能等标志。交接间及二级交接间的配线设备宜采用色标区别各类用途的配线区。交接设备连接方式的选用宜符合下列规定：对楼层上的线路进行较少修改、移位或重新组合时，宜使用夹接线方式；在经常需要重组线路时，应使用插接线方式；在交接场之间应留出空间，以便容纳未来扩充的交接硬件。

（6）建筑群子系统。建筑群子系统由两个及两个以上建筑物的电话、数据、电视系统组成一个建筑群综合布线系统，包括连接各建筑物之间的缆线和配线设备（CD），组成建筑群子系统。建筑群子系统宜采用地下管道敷设方式，管道内敷设的铜缆或光缆应遵循电话管道和人孔的各项设计规定。此外安装时至少应预留 1~2 个备用管孔，以供扩充之用。建筑群子系统采用直埋沟内敷设时，如果在同一沟内埋入了其他的图像、监控电缆，应设立明显的共用标志。电话局引入的电缆应进入一个阻燃接头箱，再接至保护装置。

2. 安防系统

现在新建的住宅小区，一般都配备了安防系统与物业管理人员，来保证小区居民的生活安全。小区安全防盗系统主要包括以下几个方面：监控防盗报警系统、门禁识别系统、可视对讲系统、电子巡更系统以及燃气泄漏报警、感烟报警、紧急求救等家庭内综合安防系统。小区的保安中心负责集中监视管理安防各子系统。

（1）监控防盗报警系统。监控防盗报警系统可以辅助保安系统对于小区内外的环境，及小区重要区域做现场实时监视。当保安系统发生报警时，它会联动开启摄像机并将该报警点所监视区域的画面切换到主监视器上，同时启动录像机记录现场实况。此系统也是智能小区的必配系统之一。

（2）门禁识别系统。在小区的每一个出入口处以及每一栋楼的入口，均安装有智能门禁系统，甚至在车辆出入口处，还需要安装能够识别车辆出入用的管理系统。当人员车辆进出小区时，需要使用该小区的门禁感应卡，经读卡器识别有效后，方可允许进出。而每张门禁感应卡都已在保安中心注册授权，当持有人不慎将卡丢失，需立即通知保安中心并做挂失处理，及时更换新卡。小区的全部读卡器均通过现场控制总线与保安中心联网，可以准确地记录每一个持卡人每一次进出时间。当系统中任何一台装置发现有挂失的感应卡使用时，系统会自动报警，提醒保安人员进行处理。

（3）可视对讲系统。该系统不仅是小区必备的配置，而且是应用较为广泛的系统。当业主有客人来访时，只需按下相应的房号，业主即可通过家中的可视对讲终端看到来访者的容貌，并给客人打开楼下门禁。小区物业管理部门与住户、住户与住户之间可以利用该系统互相进行通话，如物业部门通知住户交各种费用、住户通知物业管理部门对住宅设施进行维修、住户在紧急情况下向小区的保安人员或邻里报警求救等。此系统是智能小区的重要系统之一。

（4）电子巡更系统。该系统是采用动态实时在线巡查系统技术进行小区巡更的计算机管理，巡逻线路根据小区各个巡更点的重要程度、实际路线、距离等情况，经过计算机优化组合成数十条巡更路线，保存在巡更管理计算机数据库内。每条巡更路线上有数量不等的巡更点，巡更点采用读卡机，将巡更人员到达每个巡更点的时间、巡更点动作等信息记录到系统中，在保安中心，通过查阅巡更记录，就可以对巡更质量进行考核，这样对于巡更人员的工作情况可提供考核凭证。此系统目前来说并不是小区必配的系统，但智能化程度高的小区均已配备了此系统。

（5）家庭内综合安防系统。窗磁、门磁开关，燃气泄漏报警，感烟报警，紧急按钮等安防系统均应用于家庭内部，在每户业主的家中装设红外线探头、窗磁门磁开关、感烟探头、紧急报警按钮等，每个单元入口设置一台门口主机，在保安中心设置一套管理主机。当有客人来访时，按下室外按钮或被访者的房间号码，住户室内分机会发出振铃声，同时，室内机的显示屏自动打开，显示出来访者的图像及室外情况，主人与客人对讲通话，确认身份后，可通过户内分机的开锁键遥控大门电控锁让客人进入，客人进入大门后，大门自动关闭。

家居安防系统可与小区公共部分的周边防范、保安监控、巡更管理及可视对讲集成组成一套综合智能安防体系。

任务二 建筑供配电系统

一、电力系统的电压和频率

（一）电压等级

我国电网电压等级比较多，不同电压等级作用也不相同。根据要输送的功率容量和输送距离，选择合适、经济的输送电压。但考虑到安全和降低用电设备的制造成本，选择的电压低一些比较合适。我国规定交流电网的额定电压等级有 220V、380V、3kV、6kV、10kV、35kV、110kV、220kV 等。

通常把 1kV 及以上的电压称为高压，把 1kV 以下的电压称为低压。低压是相对高压而言的，不表明它对人身没有危险。

（二）各种电压等级的适用范围

我国电力系统中，220kV 及以上的电压用于输送距离在几百千米的主干线；110kV 电压用于中、小电力系统的主干线，输送距离在 100km 左右；35kV 电压则用于电力系统的二次网络或大型工厂内部供电，输送距离在 30km 左右；6～10kV 电压用于送电距离在 10km 左右的城镇和工业与民用建筑施工供电；电动机等用电设备一般采用线电压 380V 和单相电压 220V 供电；照明一般采用 380/220V 三相四线制供电，如图 6.7 所示。

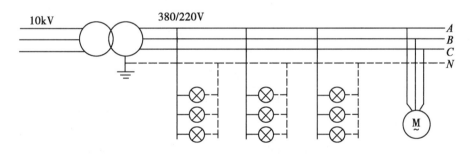

图 6.7 380/220V 三相四线制动力

（三）额定电压和频率

电力系统所有设备都要求在一定的电压和频率下工作，系统的电压和频率直接影响着电气设备的运行。我国规定使用的工频交流电频率为 50Hz，线/相电压为 380/220V。

电气设备都是按照在额定电压下工作能获得最佳的经济效果来设计的，因此，电气设备的额定电压必须与所接电力线路的额定电压等级相同，否则就会影响其性能和使用寿命，使总的经济效果下降。如当电压下降时，感应电动机的输出转矩将下降，使得转速下降；而端电压升高会使设备使用寿命缩短，甚至烧毁，所以，用电设备的端电压波动不能过大，一般允许电压偏移为 ±（5%～10%）。

（四）民用建筑供电系统

小范围民用建筑设施的供电，只需要设一个简单的降压变电室（所），把电源进线

6~10kV 经过降压变压器直接变为低压 380/220V 三相四线制。大型民用建筑设施的供电，一般电压选为 6~10kV，经过高压配电所，再用几路高压配电线将电能分别送到各建筑物变电所，降为 380/220V 电压供给用电设备工作使用。

（五）电力负荷的分类

根据供电中断造人身伤亡和设备安全的影响、政治影响和经济损失程度，电能用户可以分为三个等级（表6.2）。

表6.2 建筑供电负荷等级

建筑类别	建筑物名称	用电设备及部位	负荷级别
住宅建筑	高层普通住宅	电梯、照明	二级
旅馆建筑	高级旅馆	宴会厅、新闻摄影、高级客房电梯等	一级
	普通旅馆	主要照明	二级
办公建筑	省、市、部级办公室	会议室、总值班室、电梯、档案室、主要照明	一级
	银行	主要业务用计算机及外部设备电源、防盗信号电源	一级
教学建筑	教学楼	教室及其他照明	二级
	实验室		一级
文娱建筑	大型剧院	舞台、电声、贵宾室、广播及电视转播、化妆照明	一级
医疗建筑	县级及以上医院	手术室、分娩室、急症室、婴儿室、理疗室、广播照明	一级
		细菌培养室、电梯等	二级
商业建筑	省辖市及以上百货大楼	营业厅主要照明	一级
		其他附属	二级
商业仓库建筑	冷库	大型冷库、有特殊要求的冷库压缩机及附属设备、电梯、库内照明	二级
司法建筑	监狱	警卫信号	一级

1. 一级负荷

中断供电后将造成大量人身伤亡，或造成重大设备损坏、或破坏复杂性的工艺过程使生产长期不能恢复，破坏重要交通枢纽、重要通信设施、重要宾馆以及用于国际活动的公共场所的正常工作秩序，造成政治和经济上重大损失的电能用户，称为一级负荷。对于一级负荷，要求采用至少两个独立的电源同时供电，设置自动投入装置控制两个电源的转换。所谓"独立"，是指其中任意一个电源发生事故或因检修需要停电时，不致影响另一个电源继续供电。

2. 二级负荷

中断供电后将造成比较大的经济损失、损坏生产设备、产品大量减产、生产较长时间才能恢复以及影响交通枢纽、通信设施等正常工作，造成大小城市、重要公共场所（如大型体育馆、大型影剧院等）的秩序混乱的电能用户，称为二级负荷。二级负荷要用两个独立电源供电，只有一个电源供电时，必须采用两个回路。

3. 三级负荷

凡不属于一级负荷和二级负荷的一般电力负荷，称为三级负荷。三级负荷对供电没有特殊要求，一般都为单回路供电，但在可能情况下也应尽力提高供电的可靠性。民用建筑中，一般把重要的医院、大型的商场、体育场、影剧院、重要的宾馆和电信电视中心列为一级负荷，其他的大多数属三级负荷。

二、用电负荷的计算

在工业和民用建筑的供电设计中，"负荷"是指电气设备正常工作时的功率或线路中流过的电流（当电压为一定时，电流与功率成正比），而不是指它们的阻抗。

（一）计算负荷

用电设备工作除了要求有正常工作电压以外，最重要的就是要满足负荷电流的要求，而负荷电流大小与计算负荷关系很大。

计算负荷是按发热条件选择供电系统中的电气设备的一个假设负荷，计算负荷产生的热效应和实际变动负荷产生的最大热效应是等效的。根据计算负荷选择导线、电缆及控制保护电器，以计算负荷连续运行时，导体及电器的最高温升不会超过其允许值。通常把根据半小时的平均负荷所绘制的负荷曲线上的最大负荷作为计算负荷，并作为按发热条件选择电气设备的依据。

（二）计算负荷的确定

确定计算负荷的方法很多，常用的有需要系数法、二项式系数法、利用系数法等。由于需要系数法比较简单而广泛使用，在此详细介绍。

1. 设备的容量 P_e

（1）设备的额定功率：每台用电设备的铭牌上都标有"额定功率"P_N（一般指有功功率，kW）。

（2）用电设备的工作制：由于各用电设备的额定工作条件不同，有的是长期工作制，有的是重复短时工作制，因此这些铭牌上的额定功率不能简单的直接相加，而必须先换算到同一工作制下的额定功率，然后才能相加。

用电设备按其工作方式可分为以下三种：

①长期连续工作制：在规定的环境温度下作连续工作，在设备的任何部分产生的温度和温升都不超过允许值。

②短时运行工作制：用电设备的运行时间短而停歇时间长，在工作时间内，用电设备来不及发热到稳定温升就开始冷却，而其发热足以在停歇时间冷却到周围环境的温度。

③断续运行工作制：用电设备以断续方式反复进行工作，其工作时间 t 与停歇时间 t_0 相互交替。重复短时（断续）工作制，也称为断续周期工作制。通常用负荷持续率来表示在一个工作周期工作时间的长短，负荷持续率又称负荷暂载率，用 ε 表示，即

$$\varepsilon = \frac{t}{T} \times 100\% = \frac{t}{t+t_0} \times 100\% \tag{6.1}$$

式中，T——工作周期；

　　　t——工作周期内的工作时间；

　　　t_0——工作周期内的停歇时间。

（3）设备容量的确定：对长期连续工作制和短时运行工作制的用电设备，设备容量就是铭牌上的额定功率；对重复短时断续工作制（断续周期工作制）的用电设备，设备容量就是将设备在某一负荷持续率 ε 的铭牌容量"统一等效"换算到一个规定的负荷持续率下的功率。

①电焊机及电焊装置的设备容量：统一换算到 $\varepsilon = 100\%$，因此其设备容量的换算公式为

$$P_e = P_N\sqrt{\varepsilon_N} = S_N\cos\varphi\sqrt{\varepsilon_N} \tag{6.2}$$

式中，S_N、P_N——电焊机的铭牌容量（前者为视在功率，后者为有功功率）；

　　　ε_N——与铭牌容量对应的负荷持续率（计算中用小数）；

　　　$\cos\varphi$——铭牌规定的额定功率因数，与 P_N 或 S_N 相对应。

②起重机电动机：要求统一换算到 $\varepsilon = 25\%$，因此其换算公式为

$$P_e = P_N\sqrt{\frac{\varepsilon_N}{\varepsilon_{25}}} = 2P_N\sqrt{\varepsilon_N} \tag{6.3}$$

式中，P_N——起重机电动机的铭牌功率；

　　　ε_N——与铭牌功率相对应的负荷持续率（计算中用小数）；

　　　ε_{25}——值为 25% 的负荷持续率，即 $\varepsilon_{25} = 25\% = 0.25$。

③各种照明设备的设备容量：纯电阻负载白炽灯、碘钨灯的设备容量是指灯泡上标出的额定功率；对有镇流器的气体放电光源，必须考虑镇流器中的功率损失。对高压水银灯，其设备容量应为灯泡额定功率的 1.1 倍；对金属卤化物灯，其设备容量应为灯泡额定功率的 1.1 倍；对荧光灯，其设备容量为灯管额定功率的 1.2 倍。

下列用电设备在进行负荷计算时，不列入设备容量之内：备用生活水泵、备用电热水器、备用空调制冷设备及其他备用设备；消防水泵、专用消防梯及消防状态下才使用的送风机、排烟机等，在非正常状态下投入使用的电气设备；当夏季有吸收式制冷的空调系统，而冬季则利用锅炉取暖时，在后者容量小于前者情况下的锅炉设备。

2. 计算负荷 P_e

用电设备的计算负荷包括有功、无功和视在计算负荷。当确定了备用电设备容量之后，就可以对用电设备分类，即将工艺性质相同，并有相近的需要系数的用电设备合并成一组，进行用电设备组的负荷计算。

先进行有功计算负荷的计算，然后根据设备功率因数 $\cos\varphi$ 和功率三角形关系确定无功、视在功率的计算负荷。

（1）需要系数 K_x：与用电设备的工作性质、设备效率、设备台数、设备拖动方案、线路效率以及工艺设计等因素有关，还与操作工人的技术熟练程度和生产组织等多种因素有关。计算这些因素复杂又困难，通常根据对各类负荷的实际测量，进行统计分析，将所有影响计算负荷的因素综合成一个系数，以列表形式给出来（表6.3）。

（2）有功计算负荷：等于同类用电设备的设备容量总和 $\sum P_e$。乘以需要系数

K_x，即

$$P_c = K_x \sum P_e \qquad (6.4)$$

式中，P_c——有功计算负荷（kW）；

$\sum P_e$——同类设备的总设备容量（kW）；

K_x——同类设备的需要系数见表 6.3。

（3）无功计算负荷：计算公式为

$$Q_c = P_c \tan\varphi \qquad (6.5)$$

式中，Q_c——无功计算负荷（kVar）；

P_c——有功计算负荷（kW）；

$\tan\varphi$——对应于用电设备组 $\cos\varphi$ 的正切值（$\cos\varphi$ 为用电设备组的平均功率因数），见表 6.4。

表 6.3　　　　　　　　　　　　　民用建筑照明需要系数

建筑类别	K_x	建筑类别	K_x
生产厂房（有天然采光）	0.8~0.9	宿舍区	0.6~0.8
生产厂房（无天然采光）	0.9~1.0	医院	0.5
办公楼	0.7~0.8	食堂	0.9~0.95
设计室	0.9~0.95	商店	0.9
科研楼	0.8~0.9	学校	0.6~0.7
仓库	0.5~0.7	展览馆	0.7~0.8
锅炉房	0.9	旅馆	0.6~0.7

表 6.4　　　　　　　　　　　　　照明设备 $\cos\varphi$ 和 $\tan\varphi$

光源类别	$\cos\varphi$	$\tan\varphi$	光源类别	$\cos\varphi$	$\tan\varphi$
白炽灯、卤钨灯	1	0	高压钠灯	0.45	1.98
荧光灯（无补偿）	0.55	1.52	金属卤化物灯	0.4~0.61	2.29~1.29
荧光灯（有补偿）	0.9	0.48	镝灯	0.52	3.6
高压水银灯	0.45~0.65	1.98~1.16	氙灯	0.9	0.48

（4）视在计算负荷：视在计算负荷（容量）根据有功计算负荷和无功计算负荷确定，计算式为

$$S_c = \sqrt{P_c^2 + Q_c^2} \quad \text{或} \quad S_c = \frac{P_c}{\cos\varphi} \qquad (6.6)$$

（5）计算电流：表示供配电线路通过的最大电流，计算式为

$$I_c = \frac{S_c}{\sqrt{3}\,U_N} \tag{6.7}$$

式中，I_c——计算电流（A）；

$\quad$ U_N——用电设备的额定电压（kV）；

$\quad$ S_c——用电设备视在计算负荷（kV·A）。

（6）用电设备计算负荷计算步骤如图6.8所示。

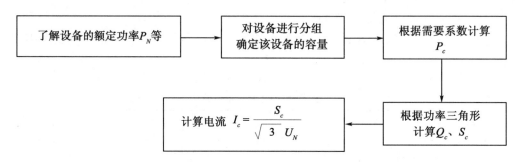

图6.8　计算负荷计算步骤方框图

三、电气设备及其选择

建筑工程中常用的电气设备有动力设备、照明设备、低压控制设备、保护设备、导线和电缆、变压器设备等，本节主要讲述电气工程常用的低压控制设备、保护设备、导线和电缆、变压器等设备及其选择。

（一）低压控制设备及其选择

1. 刀开关

常用的刀开关有开启式负荷开关（胶盖闸刀）和封闭式负荷开关（铁壳闸），其功能是不频繁的接通电路，作为通断一般照明和动力线路的电源，并利用开关中的熔断器作短路保护。

（1）开启式负荷开关：又称胶盖闸刀开关，其结构如图6.9所示。由瓷底座和上下胶木盖构成，内设刀座、刀片熔断器。常见型号有HK1型和HK2型，其额定电流有5A、10A、15A、30A、60A，按极数分为二极开关和三极开关。胶盖内没有灭弧装置，拉闸时产生的电弧容易损伤刀开关，所以不能频繁操作。

胶盖闸刀的额定电流I_N应不小于电路中的工作电流，额定电压应大于线路中的工作电压。

（2）封闭式负荷开关：封闭式负荷开关又称铁壳闸，其结构如图6.10所示，其外壳为钢质铁壳，内设刀片和刀座、灭弧罩、熔断器、操作联锁机构。

铁壳闸可作为电动机的电源开关，但不宜频繁操作，其铁壳盖与操作手柄有机械联锁，只有操作手柄处于停电状态时，才能打开铁壳盖，比较安全。

铁壳盖的型号有HH3型、HH4型、HH10型、HH11型等，HH10型的额定电流有

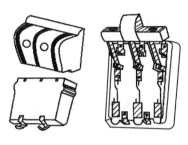
图 6.9　胶壳闸刀开关

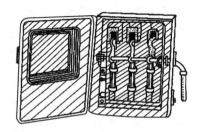
图 6.10　铁壳闸刀开关

10A、15A、20A、30A、60A、100A，HH11 型的额定电流有 100A、200A、300A、400A。铁壳闸极数一般为三极。

铁壳闸的额定电流 I_N 一般可按电功机额定电流的 3 倍选择，其额定电压 U_N 大于线路的工作电压。

2. 低压断路器

低压断路器又称为自动空气开关，是一种使用最广泛的低压控制设备。它不但可以接通和分断电路的正常工作电流，还具有过载保护和短路保护功能。当线路发生过载和短路故障时，能自动跳闸切断故障电流，所以又称为自动断路器。

低压断路器有 DZ 系列、DW 系列等，还有由国外引进的 C 系列小型空气断路器、ME 系列框架式空气断路器等多种系列产品。

低压断路器的工作原理如图 6.11 所示，其结构包括主触头和辅助触头、脱扣机构。低压断路器的主触头接通和分断线路的工作电流有灭弧装置，辅助触头主要用于控制电路。

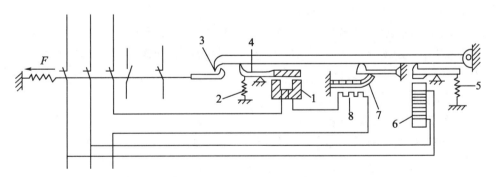

1—电磁线圈；2、5—拉力弹簧；3—锁扣；4—顶杆；6—失压电磁线圈；
7—双金属片；8—发热电阻
图 6.11　低压断路器工作原理图

低压断路器中的脱扣机构主要用于线路的各种保护，按其保护功能可分为热脱扣器、电磁脱扣器、失压脱扣器等几种。低压断路器工作原理：如图 6-11 所示，将自动空气断路器合闸，锁扣 3 将主触头锁住，使其处于接通状态，当通过断路器主触头的电流过载时，发热电阻 8 过热，使双金属片 7 受热弯曲向上，通过顶杆 4 使锁扣脱扣，拉力弹簧 2 起作用，使断路器主触头跳闸，切断过载电流，实现过载保护；当线路出现短路时，短路电流通过电磁线圈 1 使其动作，通过顶杆 4 使脱扣器脱扣，同样可使断路器主触头跳闸，切断短路故障电流，实现短路保护。当线路正常电压供电时，失压电磁线圈 6 及顶杆 4、锁扣 3 不动作，使断路器处于合闸状态。当线路停电时，失压电磁线圈释放，顶杆 4 在拉力弹簧 5 的拉力作用下，使锁扣 3 脱扣，断路器主触头自动跳闸，实现失压保护。

低压断路器型号的表示如下：

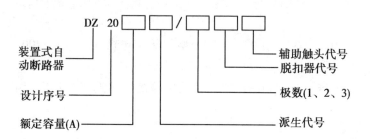

低压断路器一般作为照明线路和动力线路的电源开关，不宜频繁操作，并作为线路过载、短路、失压等多种保护电器使用。

（二）低压断路器（自动空气开关）的选择

（1）额定电压 U_N 的选择：低压断路器的额定电压 U_N 应大于线路的工作电压。

（2）额定电流 I_N 的选择：低压断路器的额定电流 I_N 应大于或等于线路中的计算电流 I_{js}。

（3）开关的断流能力 I_{oc}：低压断路器的断流能力是切断的短路电流的能力，其断流能力应大于或等于线路中的短路电流。

（4）脱扣器的动作整定电流 I_{OP}：对于采用热脱扣器和复式脱扣器的自动空气开关，其脱扣器的动作整定电流可按以下情况选择：热脱扣器的动作整定电流 $I_{OP} \geqslant 1.1_{js}$；电磁脱扣器的动作整定电流 $I_{OP} \geqslant 1.35 I_{PK}$，$I_{PK}$ 是线路中出现的尖峰电流，对于电动机来说，尖峰电流是电动机的起动电流。

（三）低压保护设备及选择

低压保护设备主要有低压熔断器、低压断路器中的保护元件、热继电器等。

1. 低压熔断器

低压熔断器可实现对线路的短路保护和严重过载保护。当线路出现短路故障或严重过载故障时，其熔体熔断切断电源。熔断器的种类主要有瓷插式、螺旋式、封闭式、毛填料封闭式等类型。

（1）瓷插式熔断器：其结构如图 6.12 所示，其结构简单，瓷座的动触头两端接熔丝，其熔体的额定电流规格有 0.5A、1A、2A、3A、5A、7A、10A、15A、20A、25A、30A、35A、40A、45A、50A、60A、70A、75A、80A、100A，熔断器的额定电流的规格有 5A、10A、15A、20A、30A、60A、100A 等。

（2）螺旋式熔断器：其结构如图 6.13 所示，其熔丝装在熔管内，熔丝熔断时其电弧不与外部空气接触。熔断器的额定电流规格有 15A、60A、100A 三种。

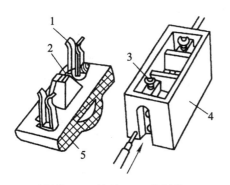

1—动触头；2—熔丝；3—静触头；
4—瓷盒；5—瓷座

图 6.12　瓷插式熔断器

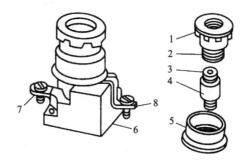

1—瓷帽；2—金属管；3—色片；4—熔丝管；
5—瓷套；6—底座；7—下接线端；8—上
接线端

图 6.13　螺旋式熔断器

瓷插式熔断器的型号意义如下：

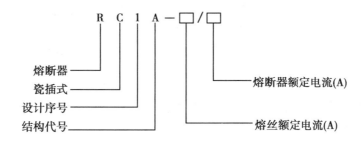

螺旋式熔断器的型号意义如下：

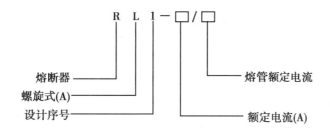

（3）封闭式熔断器：其结构如图 6.14 所示，它有密封保护管（纤维管），内装熔片。当熔片熔化时，密封管内气压很高，能起灭弧作用，还能避免相间短路，常作为大容量负载的短路保护。

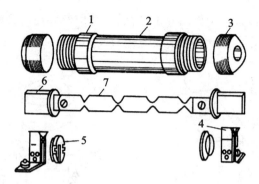

1—黄铜圈；2—纤维管；3—黄铜帽；4—刀座；5—特种垫圈；6—刀形接触片；7—熔片

图 6.14　封闭式熔断器

封闭式熔断器型号意义如下：

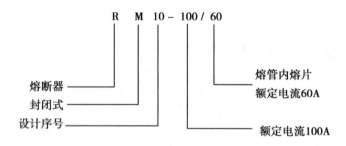

（4）有填料封闭式熔断器：其结构如图 6.15 所示，它有限流作用及较大的极限分断能力，瓷管内填充硅砂，起灭弧作用。其熔体用两个冲压成栅状铜片和低熔点锡桥连成，具有限流作用，并采用分段灭弧方式，具有较大的断流能力。该熔断器以色片作为熔丝熔断的指示器，当色片不见，则表示熔体已熔断，需及时更换。

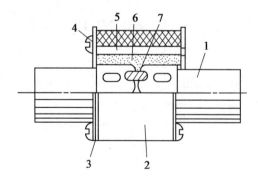

1—闸刀；2—瓷管；3—盖板；4—指示器；5—熔丝指示器；6—硅砂；7—熔体

图 6.15　有填料式熔断器

有填料封闭式熔断器型号意义如下：

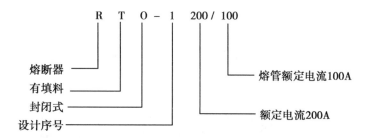

2. 熔断器

熔丝的选择对于照明负载，熔断器的熔丝额定电流 I_{RN} 应稍大于或等于负荷计算电流 I_{js}，即 $I_{RN} \geqslant I_{js}$；对于电动机负载，熔断器熔丝额定电流 I_{RN} 应按电动机的额定电流 I_N 的 1.5~2.5 倍选择，即 $I_{RN} = （1.5~2.5）I_N$；对于多台电动机负载，其供电干线总保险的熔断器的熔丝额定电流 I_{RN} 可按下式：

$$I_{RN} = (1.5 ~ 2.5)I_M + \sum I_{N(n-1)} \tag{6.8}$$

式中，I_M——额定电流最大的电动机的电流；

　　$\sum I_{N(n-1)}$——除电流最大的电动机的额定电流以外的其余电动机额定电流之和。

常见的熔断器和熔体额定电流见表 6.5。

表6.5　　　　　　　　　　　　　常见熔断器和熔体的额定电流

熔断器型号	熔断器的额定电流（A）	熔体的额定电流（A）
RC1	5	2、5
	10	2、4、6、10
	15	6、10、15
	30	20、25、30
	60	40、50、60
	100	80、100
	200	120、150、200
RL1	15	2、4、6、10、15
	60	20、25、30、35、40、50、60
	100	60、80、100
RM10	15	6、10、15
	60	15、20、25、30、40、50、60
	100	60、80、100
	200	100、125、160、200
	350	200、240、260、300、350
	600	350、430、500、600
RTO	50	5、10、15、20、30、40、50
	100	20、40、50、60、80、100
	200	120、150、200
	400	200、250、300、350、400
	600	450、500、550、600

四、配电线路导线截面的选择

配电线路导线截面选择就是根据设备工作时产生的电流大小、导线敷设的环境和方式等因素选择合适大小的配电导线。导线选择是否恰当，将直接影响设备能否正常工作和经济效益的合理性，因此，导线选择在电气计算中具有十分重要的意义。

（一）配电线路常用的导线型号

1. 绝缘导线的型号

配电线路常用绝缘导线的型号有 BX 型、BLX 型、BLV 型、BV（BVV）型。BX 型表示橡胶绝缘铜芯导线，BLX 型表示橡胶绝缘铝芯导线，BV（BVV）型表示聚氯乙烯塑料（双塑）绝缘铜芯导线，BLV 型表示聚氯乙烯塑料绝缘铝芯导线。

常用导线截面规格有 $1.0mm^2$、$1.5mm^2$、$2.5mm^2$、$4mm^2$、$6mm^2$、$10mm^2$、$16mm^2$、$25mm^2$、$35mm^2$、$50mm^2$、$70mm^2$、$95mm^2$、$120mm^2$、$150mm^2$、$185mm^2$、$240mm^2$ 等。例如，BVV-16 表示导线的标称截面积为 $16mm^2$ 的聚氯乙烯双塑绝缘铜芯导线。

2. 电力电缆的线芯

电力电缆的线芯可分为三芯、四芯、五芯等多种，标称截面主要有 $4mm^2$、$6mm^2$、$10mm^2$、$16mm^2$、$25mm^2$、$35mm^2$、$50mm^2$、$70mm^2$、$95mm^2$、$120mm^2$、$150mm^2$、$185mm^2$、$240mm^2$ 等。

电力电缆的型号及品种主要有以下几个方面：

（1）35kV 及以下电力电缆型号及产品表示方法如下：

①用汉语拼音第一个字母的大写表示绝缘种类、导体材料、内护层材料和结构特点，如用 Z 代表纸、L 代表铝、Q 代表铅、F 代表分相、ZR 代表阻燃、NH 代表耐火。

②用数字表示外护层构成，有两位数字。无数字代表无铠装层，无外被层。第一位数字表示铠装，第二位数字表示外被，如粗钢丝铠装纤维外被表示为 41。

③电缆型号按电缆结构的排列一般依次序为：绝缘材料、导体材料、内护层、外护层。

④电缆产品用型号、额定电压和规格表示方法是在型号后再加上说明额定电压、芯数和标称截面积的阿拉伯数字，如 VV42-10（3×50）表示铜芯、聚氯乙烯绝缘、粗钢线铠装、聚氯乙烯护套、额定电压 10kV、3 芯、标称截面积 $50mm^2$的电力电缆。

（2）电力电缆型号各部分的代号及其含义如下：

①绝缘种类：V 代表聚氯乙烯，X 代表橡胶，Y 代表聚乙烯，YJ 代表交联聚乙烯，Z 代表纸。

②导体材料：L 代表铝，T（省略）代表铜。

③内护层：V 代表聚氯乙烯护套，Y 代表聚乙烯护套，L 代表铝护套，Q 代表铅护套，H 代表橡胶护套，F 代表氯丁橡胶护套。

④特征：D 代表不滴流，F 代表分相，CY 代表充油，P 代表贫油干绝缘，P 代表屏蔽，Z 代表直流。

⑤控制层：0 代表无控制层，2 代表双钢带，3 代表细钢丝，4 代表粗钢丝。

⑥外被层：0 代表无外被层，1 代表纤维外被，2 代表聚氯乙烯护套，3 代表聚乙烯护套。

⑦阻燃电缆在代号前加 ZR，耐火电缆在代号前加 NH。

（3）充油电缆型号及产品表示方法：充油电缆型号由产品系列代号和电缆结构各部分代号组成。自容式充油电缆产品系列代号为 CY。外护套结构从里到外用加强层、铠装层、外被层的代号组合表示。绝缘种类、导体材料、内护层代号及各代号的排列次序以及产品的表示方法与 35kV 及以下电力电缆相同。例如，CYZQ102 220/1×4 表示铜芯、纸绝缘、铅护套、铜带径向加强、无铠装、聚氯乙烯护套、额定电压为 220kV、单芯、标称截面积为 400mm^2 的自容式充油电缆。

充油电缆外护层代号含义为：

①加强层：1 代表铜带径向加强，2 代表不锈钢带径向加强，3 代表钢带径向加强，4 代表不锈钢带径向、窄不锈钢带纵向加强。

②铠装层：0 代表无铠装，2 代表钢带铠装，3 代表细钢丝铠装，4 代表粗钢丝铠装。

③外被层：1 代表纤维层，2 代表聚氯乙烯护套，3 代表聚乙烯护套。

（二）配电线路导线截面选择

1. 最小截面满足机械强度要求

导线本身的重量以及风雨冰雪等外加压力都要求导线具有一定的机械强度，以保证在安装和运行中不致折断。在不同的敷设方式下，导线按机械强度要求允许截面不得低于表 6.6 中规定的最小截面。

表 6.6　　　　　　　　　　　低压导线按机械强度选择最小截面积

序号	导线敷设条件、方式及用途			导线最小截面积（mm^2）		
				铜线	软铜线	铝线
1	架空线			10	—	16
2	接户线	自电杆上引下	档距<10m	2.5	—	4.0
			档距 10~25m	4	—	6.0
		沿墙敷设档距≤6m		2.5		4.0
3	敷设在绝缘支持架上的导线	1~2m	室内	1.0	—	.5
			室外	1.5	—	2.5
		支持点间距	2~6m	2.5	—	4.0
			6~12m	2.5	—	6.0
			12~25m	4.0	—	10
4	穿管敷设或槽板敷设的绝缘线或塑料护套线的明敷设			1.0		2.5
5	照明灯头线	民用建筑室内		0.5	0.4	1.5
		工业建筑室内		0.75	0.5	2.5
		室外		1.0	1.0	2.5
6	移动或用电设备导线			—	1.0	—

2. 按导线允许载流量选择

导线必须承受负载电流长时间通过所引起的温升。配电导线在通过一定的电流时，由于本身电阻的作用及电流的热效应而使导线发热，如果导线温升超过一定限度，导线的绝缘和机械强度都会遭到损坏。所以，一定截面积的导线只能允许一定的电流通过，该电流值大小称为安全载流量（允许载流量）。导线允许载流量大小是根据导线的用途、材料、绝缘种类、允许温升和表面散热条件决定的。表 6.7 给出了 BV 导线在不同敷设条件下的长期连续负荷的允许载流量。

根据导线的安全载流量选择导线截面的原则是：导线的安全载流量要满足导线计算电流的要求。导线计算电流 I_{js} 可按下式计算：

$$I_{js} = K_x \frac{P_e}{\sqrt{3}\,U_1\cos\varphi} \qquad （三相电路，U_1 = 380\text{V}） \tag{6.9}$$

$$I_{js} = K_x \frac{P_c}{U_p\cos\varphi} \qquad （单相电路，U_p = 220\text{V}） \tag{6.10}$$

3. 按允许电压损失选择

为了保证供电质量，配电导线上的电压损失应低于其最大允许值。

$$\Delta U = U_1 - U_2 \tag{6.11}$$

式中，ΔU——线路首末端绝对的电压降；

U_1——线路首端（变压器的出线端）电压；

U_2——线路末端（负载端）电压。

对不同等级的电压，绝对值 ΔU 不能确切地表达电压损失的程度，所以工程上常用它与额定电压 U_N 的百分比来表示相对电压损失的程度，即

$$\varepsilon = \frac{\Delta U}{U_N} \times 100\% = \frac{U_1 - U_2}{U_N} \times 100\% \tag{6.12}$$

当给定线路输送电功率 P（kW）、送电距离（单程线路长度）L（m）、允许相对电压损失 ε（%），就可根据下面工程计算中的简化公式计算出相应导线截面 S（mm^2），即

$$S = K_x \times \frac{PL}{C \times \varepsilon} \tag{6.13}$$

式中，C——与导线材料、送电电压及配电方式有关的系数，见表 6.8。

表 6.7   **BV 导线在不同敷设条件允许载流量**

型号	BV					
额定电压（kV）	0.45/0.75					
导体工作温度（℃）	70					
环境温度（℃）	30	35	40	30	35	40

导线排列	0-ˢ-0-ˢ-0														
导线根数				2~4	5~8	9~12	12以上	2~4	5~8	9~12	12以上	2~4	5~8	9~12	12以上
标称截面（mm²）	明敷载流量（A）			导线穿管敷设载流量（A）											
1.5	23	22	20	13	9	8	7	12	9	7	6	11	8	7	6
2.5	31	29	27	17	13	11	10	16	12	10	9	15	11	9	8
4	41	39	36	24	18	15	13	22	17	14	12	21	15	13	11
6	53	50	46	31	23	19	17	29	21	18	16	20	20	16	15
10	74	69	64	44	33	28	25	41	31	26	23	38	29	24	21
16	99	93	86	60	45	38	34	57	42	35	32	52	39	32	29
25	132	124	115	83	62	52	47	77	57	48	43	70	53	44	39
35	161	151	140	103	77	64	58	96	72	60	54	88	66	55	49
50	201	189	175	127	95	79	71	117	88	73	66	108	81	67	60
70	259	243	225	165	123	103	92	152	114	95	85	140	105	87	78
95	316	297	275	207	155	129	116	192	144	120	108	176	132	110	99
120	374	351	325	245	184	153	138	226	170	141	127	208	156	130	117
150	426	400	370	288	216	180	162	265	199	166	149	244	183	152	137
185	495	464	430	335	251	209	188	309	232	193	174	284	213	177	159
240	592	556	515	396	297	247	222	366	275	229	26	336	252	210	189

表6.8　　　　　　　　　　　　　　按允许电压计算导线截面 *C* 值

线路额定电压（V）	线路方式	系数 *C* 值	
		铜线	铝线
380/220	三相四线	77	46.3
220	单相或直流	12.800	7.750
110		3.200	1.900
36		0.340	0.210
24		0.153	0.092
12		0.038	0.023

根据机械强度、允许载流量、允许电压损失三个方面选择导线截面积时，应取其中最大的截面积作为依据，再根据电线的产品目录中选用等于或稍大于所求的截面积等级的导线。选择导线截面积时，虽然三个因素要同时加以考虑，但实际上往往并不需要全部去计算，而根据主要因素去考虑选择。一般来讲，长距离的低压输电线路中，电压损失是主要因素，导线截面积应根据电压损失来考虑；短距离线路可根据允许通过电流来决定；小负荷、短距离则只考虑机械强度就可以了。

五、配电箱（盘）和变电室

建筑配电系统需要各种配电装置，建筑配电装置由照明电箱（盘）、柜和动力配电箱（盘）、柜构成，建筑供电系统需要将高压供电变为低压供电，以满足建筑配电系统电力负荷需要。因此，需设置各级变配电室（所），完成变配电任务。

（一）配电箱（盘）、柜

建筑配电系统由低压配电装置和配电线路组成，低压配电装置由各级配电箱（盘）、柜构成，其作用是集中和分配电能，并起着对配电线路及用电设备控制和保护作用。配电线路起着将电源的电能向用电设备传输的作用，并保证配电系统的稳定和提供足够的负荷电流。

建筑配电系统一般由动力配电系统和照明配电系统组成，两种配电系统可由同一电源供电，也可分别由动力电源和照明电源独立供电，避免动力配电系统的电压变动对照明配电系统电压质量产生影响。

1. 低压配电系统的主接线

低压配电系统的主接线是指变压器低压侧配电系统的主电路。低压配电系统的电源是指为其供电的变电所的电力变压器，一般分为单电源供电和双电源供电两种方式，低压配电系统常用的电源接线方式见表6.9。

表6.9　　　　　　　　　　　　低压配电系统常用的电源接线方式

主接线图	适用场合	主接线图	适用场合
10（6）kV 0.4kV	单电源的变电所，其低压配电屏与变压器相邻	10(6)kV 0.4kV 0.4kV	双电源变电所，其工作电源引至于 10（6）kV 供电系统，备用电源引自邻近建筑物。并要求带负荷切换或自动切换（容量不大时，也可以采用接触器构成的自动切换装置）
10(6)kV 0.4kV	单电源变电所，其低压配电屏与变压器相邻近，但设有低压断路器	0.4kV	同上，但工作电源和备用电源引自邻近建筑物，用于负荷不大的场所

主接线图	适用场合	主接线图	适用场合
（a）（b）0.4kV	引自邻近建筑物的单电源用户，容量小选（a）接线，容量大选（b）接线	10(6)kV 0.4kV 0.4kV	双电源变电所，其工作电源引至 10（6）kV 供电系统，备用电源引自邻近建筑物。不要求带负荷切换或自动切换
10(6)kV 0.4kV 1 或	双电源变电所，其电源都引至 10（6）kV 供电系统。低压母联开关不允许停电操作时采用低压断路器，允许停电操作时用刀开关或隔离开关	0.4kV	同上，但两路电源引自邻近建筑物
10(6)kV 0.4kV	同上，低压设有备用电源自动合闸装置，如果容量小，可以采用接触器构成的自动合闸装置	10(6)kV 0.4kV	双电源变电所，其工作电源都引至 10（6）kV 供电系统，母线分三段，要求供电可靠性高的负荷，一般接在中间段母线。两台工作一台备用
		10(6)kV 0.4kV	三路电源变电所，中间段母线与两端母线互为备用，低压母线开关不允许带负荷切换

由表 6.9 可知，低压电源主接线方式一般采用单母线不分段和单母线分段两种方式。单母线分段的电源主接线在母线分段处安装继母线联络开关（刀开关或低压断路器），单母线不分段的电源主接线采用单电源供电时，可采用刀开关或断路器做电源开关。单母线不分段的电源主接线采用双电源供电时，每个电源上均设主开关，此时两个电源中有一个作为备用电源。电源主接线采用母线配电方式可提高配电系统供电可靠性，在电源处设置的配电柜应采用母线配电方式，并设电源主开关和配电分路开关。

2. 低压配电系统的接线方式（图 6.16）

（1）放射式接线：在每处配电点一般均采用这种方式，放射式接线供电可靠性高，各配电回路之间互不影响，故障停电范围小。

（2）树干式接线：这种接线方式简单，配电设备少。但可靠性差，停电范围大。

（3）链式接线：这种接线方式适用电设备距电源较远而彼此相距很近，且用电设备容量较小的配电场所。链式接线配电箱或用电设备，一般不超过 5 台或总容量不超过 10kW。

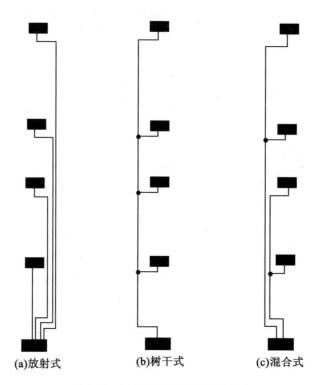

图 6.16　低压配电系统的接线方式

3. 低压配电系统的电压

（1）动力配电系统的电压采用 380V/220V 三相电压，以满足三相动力用电设备的额定电压。

（2）照明配电系统的电压采用 220V 单相电压，以满足单相 220V 照明设备的需要；照明系统配电干线多采用三相四线制，因此，仍需采用 380V/220V 三相电压供电。

（3）低压配电系统的控制装置与保护装置。

①控制装置：低压配电系统的控制装置指的是各种开关、负荷开关、空气自动断路器等，在配电箱、柜内应设置干线总开关和各支路开关，以实现对配电线路停、送电控制。

②保护装置：低压配电系统的保护装置指的是实现短路保护、过负荷保护和漏电保护的各种保护电器。短路保护可用各种熔断器实现，也可以用有瞬时或短延时脱扣自动空气断路器实现保护。

过负荷保护可用具有常延时脱扣的自动空气断路器实现保护，漏电保护可用具有漏电保护器的自动空气断路器实现保护。

以上各种保护装置必须安装在电源主开关和配电线路控制开关处，满足前、后级保护选择性要求。在三相四线配电系统中，中性线不允许安装保护装置及开关。

（二）变配电室

建筑供电系统由高压电源、变配电所和输配电线路组成。变配电所的主要任务是用来变换供电电压，集中和分配电能，并实现对供电设备和线路的控制与保护。

1. 变配电所的基本组成

变配电所的主要设备有电力变压器和高、低压配电装置。根据变配电所的布置要求，应设置变压器室、高压配电室、低压配电室，分别安装电力变压器、高压配电装置、低压配电装置。为了值班的需要，还应设置值班室和卫生间。

2. 变配电所的类型

变配电室按整体结构分为屋内式、屋外式和组合式三种形式。按变电所所处的位置，又可分为独立式、附设式、地下室和户外杆上或台上变配电所，其中，独立变配电所设在独立建筑物内，向周围分散建筑物供电。大型公共建筑物由于电力负荷大，一般可设置地下变配电室向大型建筑物供电。

3. 一般要求

（1）各室之间及各室内部应合理布置，布置应紧凑，便于设备的操作、巡视、搬运、检修和试验，并应考虑发展的可能性。

（2）尽量利用自然采光和自然通风，适当安排各室的相对位置，使配电室的位置便于进出线，低压配电室应靠近变压器室，使接线最短、顺直，控制室、值班室和辅助间的位置应有利于运行人员的工作和管理。

（3）各室的地面应比室外地面高出 150～300mm。

（4）有人值班的变电所应设有单独的控制室或值班室，并设有其他辅助生活设施。

（5）对于建筑物内的变电所，由于采用了无油变配电设备，允许高压配电装置、变压器、低压配电装置布置于一室。

变电所一般布置方案如图 6.17 所示。高压开关柜外廓尺寸一般可取 1250mm×1250mm×3200mm（宽×深×高），柜子离后面墙距离不小于 200mm；低压配电室宽度一般不小于 800mm，屏后距离墙宜为 1000mm（最低 600mm）；变压器距离墙壁/大门的最小距离一般为 600～1000mm（容量大，距离也大）。

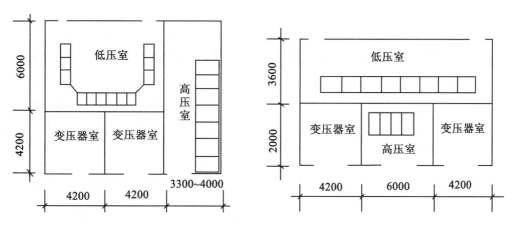

图 6.17　变电所一般布置方案

4. 变压器室

（1）油浸式变压器应安装在单独的变压器室内。变压器与变压器室墙壁和门的净距不应小于 l.0m。宽面推进时，低压侧宜向外；窄面推进时，油枕宜向外。

（2）变压器室内可安装与变压器有关的负荷开关，如隔离开关和熔断器。

（3）确定变压器室尺寸时，要考虑留有发展余地，一般按能安装大一级容量变压器考虑。

5. 低压配电室

（1）低压开关柜一般不靠墙安装，柜后距墙约 1m；柜前操作通道推荐尺寸，从盘面起单列为 1.8m，双列为 2.5m。

（2）低压配电室兼作值班室，柜前正面不得小于 3m。

（3）低压配电室长度超过 8m 时，应在两端开门；配电装置长度大于 6m 时，柜后应设两个通向本室或其他房间的出口。

（4）供给一级负荷的配电装置，母线分段处应设防火隔板。低压配电室的布置如图 6.18 所示。

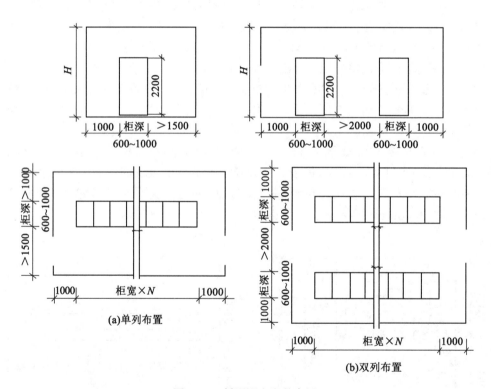

图 6.18　低压配电室的布置

任务三　建筑电气照明系统

我们的生活和工作离不开照明，合理的建筑电气照明对提高工作效率、保证安全生产和保护人们的视力等方面都有重要的作用，同时装饰照明也起到美化和装点环境气氛等作用。

一、电光源

（一）电光源

电光源是能将电能转化为光能的照明设备，常用的照明电光源按其发光原理可分为两大类：热辐射光源和气体放电光源。热辐射光源是利用某些耐高温、低挥发物质（通常是钨）通电加热达到白炽状态而发出可见光的原理所制造的光源，如白炽灯、卤钨灯；气体放电光源是利用气体放电电离气体而发光的原理制造的光源，如荧光灯、高压汞灯、高（气）压钠灯、金属卤化物灯和氖灯均属此类。

照明电光源已经发展到第三代产品，但目前仍然是新老产品共存的时代，常用的照明电光源包括：

1. 白炽灯

白炽灯是第一代电光源的代表，其光谱能量为连续分布型，显色性好。白炽灯具有结构简单，使用灵活，可调光，能瞬间点燃，无频闪现象，可在任意位置点燃，价格便宜等优点，所以仍是目前广泛使用的电光源之一。但因其极大部分热辐射为红外线，故光效很低，而且灯泡表面温度很高。电源电压波动对灯泡的寿命和光效有很大的影响。白炽灯按其灯头形式分螺纹和卡式两种，按其构造和工艺的不同可分为：

（1）普通型：灯泡为一般透明玻璃壳，灯泡亮度较强，100W 灯泡灯丝亮度约为 $550 \times 10^{-4} \mathrm{cd/m^2}$。

（2）磨砂型：对玻璃壳内表面进行了化学处理，降低了灯丝的亮度，使灯泡具有漫射光的性能。这种灯泡适用于灯罩为透明玻璃或无灯罩的装饰性灯具。

（3）漫射型：乳白玻璃壳或玻壳璃内表面涂以扩散良好的白色无机粉末，使灯泡亮度降低，并具有良好的漫射光性能。

（4）反射型：在灯泡玻璃壳内上部涂以反射膜，形成抛物线状的反射面，使光通向一定方向投射。

（5）局部照明灯泡：额定电压为 6V、12V、36V，其发光效率较 220V 灯泡提高 20%~30%，适用于移动式局部照明及安装高度较低、易碰撞或潮湿的场所。

（6）水下灯泡：在水下能承受 25 个大气压力，功率为 1000W、1500W，用于喷泉、瀑布等作为水景装饰照明。

2. 卤钨灯

卤钨灯是一种管状光源，它是在具有钨丝且耐高温的石英灯管中充以微量的卤化物（碘化物和溴化物），而利用卤钨再生循环作用来改善灯管内壁透光性，从而提高发光效率的一种光源，如图 6.19 所示。卤钨灯的光谱能量分布为连续型，故显色性好。卤钨灯具有体积小，功率大，发光效率高，能瞬间点燃，可调光，无频闪效应，光通稳定和寿命长等特点。这种灯适用于面积较大、空间高的场所。其缺点是对电压波动比较敏感、灯管表面温度很高（600℃左右）。

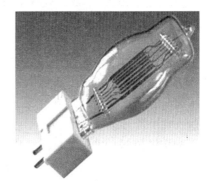

图 6.19　卤钨灯

3. 荧光灯

荧光灯是第三代电光源的代表，直管状灯管，它利用电离低压汞蒸气放电的电光源，简称日光灯。它的工作原理是靠汞蒸气放电时发出紫外线激发管内壁的荧光粉而发光的。改变荧光粉的成分，即可获得不同的颜色可见光。按其色温，荧光灯有以下 4 种光色：

（1）日光色：其色温约为 6500K，与微明的天空光色相似。

（2）白色：其色温约为 4500K，与日出 2 小时后的太阳直射光相似。

（3）暖白色：其色温约为 3000K，与白炽灯光接近。

（4）三基色：该类灯的管壁分蓝、绿、红三个狭窄区域，并分别涂有发光的三基色荧光粉，色温与暖白色荧光灯接近。其工作接线如图 6.20 所示。

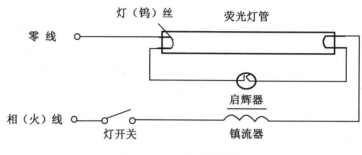

图 6.20　日光灯接线图

荧光灯比白炽灯有显著的优点——光色好，特别是日光色荧光灯，其光谱分布接近天然光的谱线，且光线柔和，温度低，而发光效率比白炽灯高 2~3 倍，使用寿命长（可达 3000h 以上），它被广泛用于进行精细工作、照度要求高或进行长时间紧张视力工作的场所。

荧光灯在低温环境下启动困难，不适宜用于开关频繁的场所。因此，低温环境应使用低温用的荧光灯，或挑选放电电压较高的启辉器配用。

荧光灯频闪效应比较明显。为了防止灯光闪烁，常将相邻的灯管接到电源的不同相上（即分相法），或将两只荧光灯并列使用，但要求一只按正常方式接线，而另一只并入电容器（即移相法），使两灯管电流不同时为零，从而减弱光的闪烁。当荧光灯由直流电源供电时，应按顺极性接线，如启辉器的静片接正极，动片接负极。

4. 高压汞灯

高压汞灯的发光原理与荧光灯相似，但结构却有很大的差异，如图 6.21 所示。其灯管由内管和外管组成，内管为石英放电管，内管的工作气压为 2~6 个大气压，故称为高压汞灯。在高压汞灯的外管上加有反射膜，形成反射型的照明高压汞灯，使光束集中投射，作为简便的投光灯使用。在外管内，将钨丝与放电管串联接成自镇式高压汞灯，不必再配用镇流器，否则需配用镇流器。

高压汞灯的光谱能量分布不连续，集中在几个窄区段上，因而显色性较差。高压汞灯具有功率大，光效高，耐振，耐热，寿命长等特点，常用于空间高大的建筑物中，悬挂高度一般在 5m 以上，故适用于不需要分辨颜色的大面积照明场所，在室内照明中可与白炽灯、碘钨灯等光源配合使用。

其他新型的电光源还包括金属卤化物灯、钠灯、氖灯和 LED 灯等，其中，LED 灯外观如图 6.22 所示。

图 6.21　高压汞灯

图 6.22　LED 灯

（二）常见电光源的部分特性参数

光源的主要特性参数有色温、显色指数、色调、频闪效应及发光效率等。常见电光源的性能参数值见表 6.10。

表 6.10　　　　　　　　　　　　　　　**常见电光源的性能**

光源种类 性能参数	热辐射电光源		气体放电光源					
	白炽灯	卤钨灯	荧光灯	高压汞灯		高压钠灯		金属卤化物灯
				普通型	自镇流型	普通型	高显色型	
额定功率(W)	15~1000	500~2000	6~125	50~1000		35~250	400~1000	125~3500
光效(lm/W)	7.4~19	18~21	27~82	25~53	16~29	70~100	40~50	60~90
平均寿命(h)	1000	1000~1500	1500~5000	3500~6000	3000	6000~1200C	3000	1000~2000
显色指数	99~100	99~100	65~70	30~40		20~25	>70	65~85
色(S/K)	2400~2900	3000~3200	3000~6500	5500	4400	2000~4000		4500~7000
启动稳定时间	瞬间		1~3s	4~8min		4~8min		4~10min
再启动	瞬间		瞬间	5~10min	3~6min	1~20min		10~15min
功率因数	1		0.33~0.52	0.44~0.67	0.9	0.44	0.85	0.4~0.61
频闪效应	不明显		明显	明显		明显		明显
表面亮度				较大		较大		大
电压变影响	大		较大	较大		大		较大
环境温度影响	小		大	较小		较小		较小
耐振性能	较差	差	较好	好		较好		好
所需附件	无		镇流器等	镇流器		镇流器、触发器		镇流器、触发器

1. 额定值

额定电压是电光源的额定工作电压（一般是单相 220V），在额定电压工作时产生的电流称为额定电流。电光源在额定工作条件下所消耗的有功电功率叫额定功率（W）。

2. 寿命

包括全寿命、有效寿命和平均寿命，有效寿命是指电光源的发光效率下降到初始值的 70% 时为止的使用时间；而平均寿命是每批次抽样试品的有效寿命的平均值。

3. 光源的色表、显色性

在视觉作业时根据辨别颜色的不同要求，合理地选择光源的显色性和色表。光源发光的颜色称为光源的色表，它可用色温等表示。当光源发光的颜色与黑体加热到某一温度所发出的光的颜色相同时，则黑体的绝对温度就称为该光源的色温。

物体的颜色是物体对所照射的光源光谱有选择地吸收、反射和透射的结果。光源的显色性是其光谱特性在被照物体上所产生的颜色与白天太阳光底下颜色"感觉"接近效果。用显色指数 Ra（范围 $Ra = 0 \sim 100$）表示，规定自然太阳光下看到物体颜色 $Ra = 100$。Ra 越小，表示其颜色感与自然光下的颜色相差越大。

民用建筑中一般要求：宴会厅、展览厅等场所需选用显色指数大于 80 的照明光源，显色指数为 $60 \sim 80$ 的光源可用于办公室、教室、餐厅及一般商店的营业厅；显色指数在 $40 \sim 60$ 范围内的光源只能应用在那些不需特别识别色彩的库房等建筑物内。

4. 色调

色调是不同颜色给人在冷暖的、心理上和情绪上的主观感觉，表 6.11 是常见电光源的色调。

表 6.11 常用电光源的色调

光源色调	照明效果	适宜照明场所
黄色光	热烈、活泼、愉快	餐厅、舞厅、宴会厅、舞台、会议厅、食品商店
白色光	明亮、开朗、大方	教室、办公室、展览厅、百货商店
红色光	庄严、危险、禁止	障碍灯、警灯、庄严性布景
绿、蓝色光	宁静、优雅、安全	病房、休息室、客房、庭院、道路
粉红色光	镇静	精神病室

5. 电光源的发光效率

电光源的发光效率是指消耗一定量（每瓦）的电能产生可见光的多少。常用电光源的发光效率见表 6.12。

6. 频闪效应

由于交流电做周期性变化，电光源发出的光通量也随之做周期性变化，使人的眼睛产生闪烁感觉的现象叫频闪效应。频闪效应有比较大的危害，特别是气体放电光源，当转动的物体的转动频率是光源变化频率的整倍数时，实际转动的物体看上去会产生不动的"假象"，容易造成工伤事故。混光照明和分相照明（即一定数量的灯分别接在不同的相线上）可以削弱频闪效应的影响。

表 6.12 常用电光源的发光效率

光源	发光效率（lm/W）	光源	发光效率（lm/W）
白炽灯	6~18	高压钠灯	118
卤钨灯	21~22	m	22~50
日光色荧光灯	65~78	钠-铟灯	75~78
白荮色荧光灯	65~78	镝灯	80
暖色荧光灯	65~78	卤化锡灯	50~60
荧光高压汞灯	65~78		

7. 启动稳定时间

启动稳定时间是指电光源接通电源到正式点燃，达到稳定的发光效率所需要的时间。热辐射电光源大多可以瞬间点燃，而气体放电电光源则需一定时间预热方可点燃。

其他环境温度、震动和电压稳定性等对电光源的工作也有一定的影响。

（三）光源的选择

电光源选择是照明设计重要的环节之一，应根据被照明对象和场所对光源特性（即色调、显色性、效率和频闪效应等）的要求，选择照明光源。

（1）室内照明光源室内照明一般采用白炽灯、荧光灯或其他气体放电光源。电磁波干扰和频闪效应的场所不宜选用气体放电光源。

（2）有振动的场所光源对于振动较大的场所，宜选用高压汞灯或高压钠灯。大面积照明且有高挂条件的场所，宜采用金属卤化物灯、高压钠灯或氙灯。

（3）对显色要求高的场所以及识别颜色要求较高的场所，宜采用显色指数较高的日光色荧光灯、白炽灯和卤钨灯。在同一场所内，当用一种光源不能满足光色要求时，可采用几种光源混光照明办法，如常用高压汞灯与白炽灯（或卤钨灯）按不同功率比例安装混光，而不同的混光比例其显色效果也不同。

二、灯具

（一）照明灯具分类及特性

1. 照明灯具

照明灯具由控照器（俗称灯罩）和电光源组成。灯罩为光源的重要附件，灯罩可改变光源的光学指标，可适应不同安装方式的要求，可做成不同的形式、尺寸，可以用不同性质和色彩的材料制造，可以将几个到几十个光源集中在一起，组成建筑花灯。

灯罩的作用有：重新分配光源产生的光通量；限制光源的眩光作用，减少和防止光源的污染；保护光源免遭机械破坏；安装和固定光源；它和光源配合起到一定装饰作用。

2. 照明灯具分类

为便于选择使用，可从不同角度对灯具进行分类。

（1）按光源分：可分为白炽灯具、卤钨灯具和荧光灯具等。

（2）按光源数目分：可分为普通灯具、组合花灯灯具（由几个到几十个光源组合而成）。

（3）按灯罩结构形式（按灯罩结构的严密程度）分：可分开启式、保护式、密闭式和防爆灯。

①开启式：光源和外界环境直接接触的普通灯具；

②保护式：有闭合的透光罩，但灯罩内外可以自由流通空气，如走廊吸顶灯等；

③密闭式：透光罩将其内外空气隔绝，如浴室的防水防尘灯；

④防爆灯：严格密闭，在任何情况下都不会因灯具而导致爆炸。用于易燃易爆场所。

（4）按配光曲线分：按国际照明学会（简称 CIE）约定，以灯具上半球和下半球发射的光通百分比来区分配光特性，即主要分为直射型灯具、半直射型灯具、漫射型灯具、半反射型灯具、反射型灯具等。

（5）按材料的光学性能分：分为反射型灯罩、折射型灯罩和透射型灯罩。

①反射型灯罩主要由金属材料制成，可分为漫反射型、走向反射型和定向漫反射型。

②折射型灯罩用具有棱镜结构的玻璃制成，经折射可使光线在空间任意分布；

③透射型灯罩有浸透射型和定向散射透射型，浸透射型是用乳白玻璃或塑料等漫透射材料制成；定向散射透射型是用磨砂玻璃等材料制成，透过灯罩可隐约看见灯丝。

（6）按安装方式分：可分为线吊式（X）、杆吊式（G）、链吊式（L）、座灯头式（Z）、吸顶式（D）、壁式（B）和嵌入式（R）等。

（二）灯具的主要特性

1. 配光曲线

一个光源配上了灯罩后，其光通可以重新分配，称为灯具的配光，灯具的配光以配光曲线表示。配光曲线是描述灯具周围空间的发光强度在各个方向上大小的分布情况。对于大部分灯具来说，这种曲线是旋转对称三维空间曲面几何体的。为了表达方便取其剖切平面轮廓图形来代表，并用极坐标绘制，如图 6.23 所示。极坐标原点表示灯具的安装位置，横轴表示灯具的上下空间区域，同心圆表示发光强度读数，配光特性决定于灯罩的形状和材料。

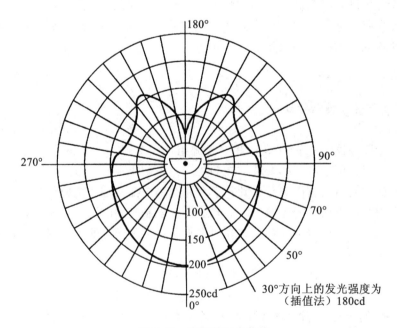

图 6.23　光源的配光曲线

配光曲线可分为四类：

（1）均匀配光：光强在各个方向大致相等，不带反射器或带平面反射器的灯具属这种特性，如乳白色玻璃圆球灯。

（2）深照配光：光通量和最大发光强度集中在 300 以下的狭小立体角内，如镜面探照型灯具。

（3）广照配光：光线的最大发光强度分布在较大角度上，可在较广的面积上形成均匀的照度。深照型和广照型配光通常具有镜面反射器。

（4）余弦配光：光线在空间各方向的发光强度近似余弦曲线，如搪瓷配照型灯和珐琅型灯。根据有关手册中各种灯具的配光曲线的图形数值可以查得相应形式的灯具在空间某一方向光强的大小。

2. 光效率

光效率是指由灯罩输出的光通量 ϕ_1 与光源的辐射总光通量 ϕ 之比值，此值总是小于1。

$$\eta = \frac{\phi_1}{\phi} \times 100\% \tag{6.16}$$

对于不同类型的灯具，光效率的具体计算公式各不相同。

3. 保护角 β

保护角如图 6.24 所示，指灯罩开口边缘与发光体（灯丝）边缘最远的连线与水平线之间的夹角 β，即灯罩遮挡光源的角度。保护角的大小可以用下式确定：

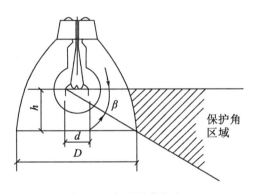

图 6.24　灯具的保护角

$$\tan\beta = \frac{2h}{D + d} \tag{6.17}$$

式中，h——发光体（灯丝）至控照器（灯罩）下缘的高差；

　　　d——发光体尺寸；

　　　D——控照器开口水平距离。

灯具的三个特性之间紧密相关、相互制约，如改善配光需加灯罩，为减弱光需增大保护角，但都造成光效率降低；遮光格栅（可以任意调节格板的角度）是一种可建立任意大小的保护角，但不增加尺寸的新型灯具。

（三）灯具布置和要求

灯具的布置包括确定灯具的高度和平面布置两部分内容，即确定灯具在房间内的具体空间位置和数量。

1. 灯具的高度

灯具的竖向布置如图 6.25 所示，在图中，H_S 称为垂度，H 称为计算高度，H_P 称为工作面的高度，H_S 称为安装高度，单位均为 m。

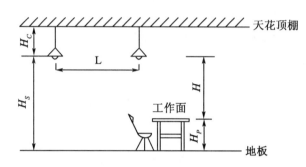

图 6.25　灯具的安装高度

确定灯具的安装高度应考虑如下因素：

（1）保证电气安全。对工厂的一般车间，不宜低于 2.4m；对电气车间，可降至 2m；对民用建筑，一般无此项限制。

（2）便于维护管理，用梯子维护时不超过 6~7m；用升降机维护时，高度由升降机的升降高度确定。

（3）与建筑尺寸配合，如吸顶灯的安装高度即为建筑的净高。

（4）应防止晃动，垂度 H_C 一般为 0.3~1.5m，多取 0.7m。

（5）应提高经济性，必须有合理的距高比值 L/H，灯具的距高比值见表 6.13。

表 6.13　　　　　　　　　　　　灯具的距离高度比 L/H

灯具类型	L/H		单行布置时房间最大宽度（m）
	多行布置	单行布置	
配照型、广照型照明灯	1.8~2.5	1.8~2.0	1.2H
深照型、漫射型灯	1.6~1.8	1.5~1.8	1.1H
防爆灯、吸顶灯、防水防潮灯	2.3~3.2	1.9~2.5	1.3H
荧光灯	1.4~1.5		

常用灯具的悬挂高度为：一般灯具的悬挂高度为 2.4~4.0m；配照型灯具的悬挂高度为 3.0~6.0m；搪瓷探照型灯具悬挂高度为 5.0~10m；镜面探照型灯具悬挂高度

为8.0～20m。

2. 灯具的平面布置

灯具的平面对照明的质量有重要的影响，对光的投射方向、工作面的照度、照明的均匀性、反射眩光和直射眩光、视野内各平面的亮度分布、阴影、照明装置的安装功率和初次投资、用电的安全性以及维修的方便性等有决定性的作用。

灯具的平面布置方式分为均匀布置和选择布置两种，两者结合形成混合布置。对均匀布置方式来说，最常采用的有矩形布置和菱形布置两种，如图6.26所示。选择布置会造成强烈阴影，通常不单独采用。

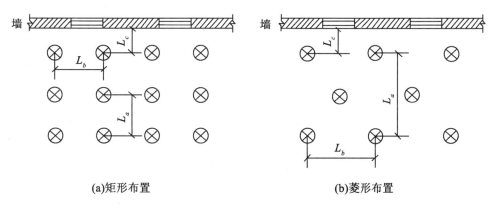

图6.26　灯具的布置方式

图6.26中，L_a、L_b为灯具间距，布置形式不同其意义亦不同。L_c为最边缘的一列灯具距墙边的距离，在计算中，灯具间的距离常用等效间距 L 表示，即对于均匀布灯的一般照明系统，灯具的平面布置应考虑以下因素：

（1）与建筑结构配合，做到考虑功能、照顾美观、防止阴影，方便施工。

（2）与室内设备布置情况相配合，尽量靠近工作面，但不应装在大型设备的上方。

（3）应保证用电安全，与裸露导电部分应保持规定的距离。

（4）应考虑经济性。若无单行布置的可能性，则应按表6.13的规定，确定灯的间距和布置。对于荧光灯，横向和纵向合理距高比的数值不同，在相应照明手册中有表可查。当实际布置灯的距高比等于或略小于相应合理距高比时，即认为布灯合理。

灯具离墙的距离 L_c 一般取（1/3～1/2）L，有工作面时取（1/4～1/3）L。灯具的平面布置确定后，房间内灯具的数目就可确定，从而包括建筑空间（房间的形状和大小、反射性能和清洁度等）在内的，由光源种类、灯具形式和布置等因素组成的照明系统也就可以确定。

（四）单位容量法计算确定照明灯具的数量

单位容量法是从利用系数法演变而来的一种计算平均照度的简化方法，它是根据建筑物的功能借助于单位面积安装功率表进行计算的。单位面积安装功率表是在考虑灯具的型式和布置、光源效率、要求的最低照度、计算高度以及各种反射和减光因素后，编制单位面积所需灯泡或灯管的功率的关系表，它适用于计算方案或初步设计的近似计算和一般的照明计算，这对于估算照明负载或进行简单的照明计算是非常适用的。灯具数量的计算步骤如图6.27所示。

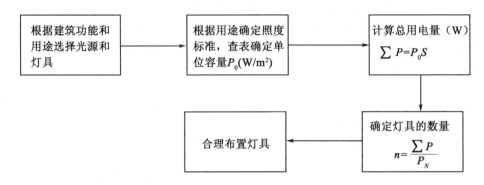

图6.27 灯具数量的计算步骤

图中，$\sum P$——总安装容量（不包括镇流器的功率损耗）（W）；

S——房间面积（一般指建筑面积）（m^2）；

P_0——满足某照度标准的单位面积安装功率（W/m^2），可查表6.14、表6.15。其值是根据我国电力发展水平和人们生活水平的经验数据，实际可以根据调查得出；

P_N——灯具的安装容量（不包括镇流器的功率损耗），如40W/套；

n——在规定照度下所需灯具数（套）。

其他更准确的照明计算方法还包括利用系数法、逐点法等，由于需要考虑的因数较多，在此不做详细介绍（见表6.14、表6.15）。

表6.14 　　　　　　　　　　　　**单位建筑面积照明用电量 P_0 估算参考**

序号	建筑物名称	单位容量（W/m^2）	序号	建筑物名称	单位容量（W/m^2）
1	实验室	10	8	学校	5
2	各种仓库（平均）	5	9	办公楼	5
3	生活间	8	10	单身宿舍	4
4	锅炉房	4	11	食堂	4
5	木工车间	11	12	托儿所	5
6	汽车库	8	13	商店	5
7	住宅	5~8	14	浴室	3

表 6.15　　　　　　　　　**乳白玻璃罩灯单位面积安装功率 P_0**　　　　　　（单位：W/m²）

灯具类型	计算高度（m）	房间面积（m²）	白炽灯照度（lx）							
			10	15	20	25	30	40	50	75
乳白玻璃罩的球形吸顶灯	2~3	10~15	6.3	8.4	11.2	13.0	15.4	20.5	24.8	35.3
		15~25	5.3	7.4	9.8	11.2	13.3	17.7	21.0	30.0
		25~50	4.4	6.0	8.3	9.6	11.2	14.9	17.3	24.8
		50~150	3.6	5.0	6.7	7.7	9.1	12.1	13.5	19.5
		150~300	3.0	4.1	5.6	6.5	7.78	10.2	11.3	16.5
		300 以上	2.6	3.68	4.9	5.7	7.0	9.3	10.1	15.0
	3~4	10~15	7.2	9.9	12.6	14.6	18.2	24.2	31.5	45.0
		15~20	6.1	8.5	10.5	12.2	15.4	20.6	27.0	37.5
		20~30	5.2	7.2	9.5	11.0	13.3	17.8	21.8	32.2
		30~50	4.4	6.1	8.1	9.4	11.2	15.0	18.0	26.3
		50~120	3.6	5.0	6.7	7.7	9.1	12.1	14.3	21.0
		120~300	2.9	4.0	5.6	6.5	7.6	10.0	11.3	17.3
		300 以上	2.4	3.2	4.6	5.3	6.3	8.4	9.4	14.3

任务四　安全用电与建筑防雷

一、安全电压

（一）安全用电的意义

建筑电气离不开用电安全，安全无小事。建筑工地和施工人员需要同电打交道，在供配电设计不合理、电气设备安置不适当、维修不及时、用电方法不恰当或者工作人员违反操作规程等情况下，轻则会造成工地停电或设备损伤，重则会酿成火灾，引起重大伤亡事故，给国家建设带来巨大损失，给企业职工造成无法补偿的痛苦。

（二）电流对人体的作用及安全用电要求

1. 触电、电击与电伤

其各自的定义及说明见表 6.16。

2. 电流对人体的危害

触电对人体的危害程度与流过人体电流的频率大小、通电时间的长短、电流流过人体的路径及触电者本人身体健康状况有关。一般来说，50Hz 左右的交流电，电流越大，触电时间越长，路径流经心脏、大脑神经中枢的危害性就越大。

表 6.16 触电、电击与电伤定义及说明

名称	定　　义	说　　明
触电	人体因触及高压带电体而承受过大的电流，引起局部受伤或死亡的现象	按伤害程度不同，触电可以分电击和电伤两种
电击	因电流通过人体而使内部器官受伤甚至死亡的事故	对人体危害最大也最常见
电伤	人体外部由于电或熔丝熔断溅起的金属细屑等造成烧伤现象	对人体危害较小

3. 人体电阻

一般来讲，人体电阻由体内电阻、皮肤电阻和皮肤电容组成。体内电阻基本不受外界因素影响，其数值约为 500Ω；皮肤电阻随着环境条件的不同在很大范围内变化，皮肤电容很小可忽略不计。触电电压高，人体电阻会大幅度下降。一般良好环境条件下，人体的平均电阻约 1000Ω（出现伤口时按 800Ω 考虑），个体差异较大，不同条件下人体电阻值见表 6.17。

表 6.17 不同条件下人体电阻值

接触电压（V）	人体电阻（Ω）			
	皮肤干燥	皮肤潮湿	皮肤湿润	皮肤放入水中
25	5000	2500	1000	500
50	4000	2000	875	440
100	3000	1500	770	375
220	1500	1000	650	325

（1）对干燥场所的皮肤，电流途径为单手至双足。

（2）对潮湿场所的皮肤，电流途径为单手至双足。

（3）有水蒸气等，特别对潮湿场所的皮肤，电流途径为双手至双足。

（4）游泳池或浴池中的情况，基本为体内电阻。

4. 安全电压

安全电压是为防止人体触电事故而采用的有特定电源供电的电源电压系列，安全电压数值取决于人体的允许电流（或安全电流）和人体电阻。安全电压是一个相对的、有条件的"安全"值，关键是看此电压对人体产生的电流是否安全。

在设备或设备装有防止触电的速断保护装置的场合，人体不造成永久不可恢复性伤害的允许电流（即人体安全电流）为 30mA。在无保护装置时，人体允许电流为 10mA。在高空、水面等条件下作业可能因电击会造成严重二次事故的场合，人体允许电流应按不引起强烈痉挛的 5mA 考虑。

国标规定：交流（50Hz）50V 和直流 120V 是长时间事故的允许接触电压的极限值。我国标准《安全电压》规定：交流安全电压额定值的等级为 42V、36V、24V、12V 和 6V（建筑行业多用 36V 级）。使用时，应注意安全电压的供电电源的输入电路和输出电路必须实行电路上的隔离。

5. 触电方式

常见的触电方式有单相触电、两相触电、跨步电压触电、电击和电伤。触电方式及危害见表 6.18。

表 6.18 触电方式及危害

触电方式	触电机理及危险程度	示意图
两相触电	人体两不同部位同时接触带电体造成的触电事故 此时，电流回路中，只有人体电阻，其电压为线电压或相电压。在此种情况下，即便触电者穿上绝缘靴或站在绝缘台上也不起作用，所以它是最危险的一种触电方式，此事故率约占触电事故的 5%	
单项触电（中性点接地系统）	人体某一部位直接接触一根相线，电流从相线经人体再经大地流回中性点，这时如在人体上的电压为相电压，其危险程度取决于人体与地面的接触电阻 中性点接地是施工现场常用且触电事故最高（约占总触电事故的 70%）的一种供电系统	
单相触电（中性点不接地系统）	在 100V 以下，人体某部位直接接触到任何一相后，电流通过人体经另外两根相线对地绝缘电阻和分布电容而形成回路，若相线对地绝缘电阻较高，则一般不会产生危险 对于 6~10kV 的高压线路，当人体超过安全距离时，即便人体未直接触及高压带电体，高电压对人体的放电也会造成单相接地的触电事故	

触电方式	触电机理及危险程度	示意图
跨步电压触电	在高压电网接地点或防雷接地点以及高压火线断落或绝缘损坏而接地，有电流流入地下，强大的电流在接地点产生极高的电位，共向周围地区逐渐下降，人在接地点附近行走时，因两脚间电位差（即跨步电压）引起的触电，跨步电压最大可达 160V，距接地点 20m 以外，跨步电压接近于零	

一旦发生触电事故，现场人员应保持头脑冷静，迅速果断地采取有效的急救措施。首先迅速使触电者脱离电源，然后根据触电者伤害程度实施各种急救方法。

触电者如果伤势严重，呼吸停止或心跳停止，或两者都停，应立即进行人工呼吸和胸外心脏挤压法，按表 6.19 和表 6.20 中所列方法实施抢救，并立即请医生或送院抢救，途中不得中断急救。

表 6.19 触电急救方法

急救形式	急 救 方 法
自救	当触电者清醒时，必须沉着，设法脱离电源，如自己在跨步电压区感觉两脚发麻时，应立即单脚跳离接地点，另外，还要防止摔伤、撞伤等二次伤害
互救	他人触电，首先要使触电者脱离电源，如拉闸、断电或将触电者脱离电源等，具体方法如下： （1）迅速拉闸或拔掉电源插头，或用绝缘工具剪断、切断、砸断电源线 （2）迅速用绝缘工具（如干燥的竹、木棍等）挑开触电者身上的导线或电器用具 （3）站在干燥的木板、衣服等绝缘体上，戴绝缘手套或裹着衣服拉开导线、电气用具或触电者
医务救护	触电者脱离电源后，必须根据情况立即实施抢救。如果触电者脱离电源后，神志清醒，但心慌无力，甚至四肢麻木，应将其抬到通风处，揭开衣服，并使其静躺 1~2h，派专人守护，并请医生诊治。若触电者出现"假死"现象，则必须立即施行人工呼吸或用胸外挤压法帮助心脏起搏，并立即请医生抢救

6. 建筑施工现场安全用电措施

（1）安全用电防护措施：

①施工现场的临时用电采用三相五线制，电气设备的金属外壳必须与专用保护零线连接。

②电缆干线全部使用5芯专用电缆，采用埋地或架空敷设。

③室内配线必须采用绝缘导线，采用瓷瓶、瓷夹时，距地面不得小于2.4m，室外高于3m。

④配电系统设置总配电箱和分配电箱、开关箱，实行分级配电。

⑤每台用电设备有各自专用的配电箱，严格执行"一机一箱一闸"制。

⑥开关箱内必须装设漏电保护器，开关箱内的漏电保护器，其额定漏电动作电流应不大于30mA，额定漏电动作时间应不大于0.1s。

⑦在潮湿、坑洞内作业时，使用ID类的手持电动工具，并把漏电保护器的开关箱设在外面，工作时应由专人监护。

⑧所有的配电箱、开关箱每月进行检查和维修一次，检查、维修人员必须是专业电工，检查时必须按规定穿戴绝缘鞋、手套，必须使用电工绝缘工具。

⑨所有的配电箱、开关箱在使用中必须按照下述操作顺序。送电操作顺序：总配电箱→分配电箱→开关箱；停电操作顺序：开关箱→分配电箱→总配电箱（出现电气故障和紧急情况除外）。

⑩施工现场停止作业1小时以上时，应将动力开关箱断电并上锁。

（2）使用手持电动工具的用电措施：

①选购的电动建筑机械、手持电动工具和用电安全装置应符合相应的国家标准、专业标准和安全技术规程，并且有产品合格证和使用说明书。

②建立和执行专人专机负责制，并定期检查和维修保养。

③在一般的场所使用手持电动工具时，应装设额定动作电流不大于15mA、额定漏电动作时间不大于0.1s的漏电保护器。

④在露天、潮湿场所或金属构架上操作时，必须选用Ⅱ类手持电动工具，并装设防溅型的漏电保护器。

⑤在狭窄场所、金属容器、坑洞、箱体内使用时，应选用Ⅱ类手持电动工具，并把漏电保护器装置设在狭窄场所外面，工作时应有人监护。

⑥手持电动工具的负荷线必须采用耐气候型的橡皮护套铜芯软电缆，并不得有接头。

⑦手持电动工具的外壳、手柄、负荷线、插头、开关等必须完好无损，使用前必须空载检查，运转正常后方可使用。

⑧操作人员必须穿绝缘鞋，戴绝缘手套。

（3）夯土机械的安全用电技术措施：

①夯土机械必须装设防溅型漏电保护器，其额定漏电动作电流不大于15mA，额定漏电动作时间不大于0.1s。

②夯土机械的负荷线采用耐气候型的橡皮护套铜芯软电缆。

③使用夯土机械必须按规定穿戴绝缘用品，有专人调整电缆。电缆线长度不大于50m，严禁电缆缠绕、扭结和被夯土机械跨越。多台夯土机械并列工作时，间距不小于10m。

④夯土机械的操作扶手必须采取绝缘措施。

⑤配备专用的配电箱，工作时应由专人看护。

表 6.20 **触电急救操作方法**

触电者病状	实施方法	抢救要领	图例
有心跳无呼吸	口对口人工呼吸法（单人实施）它是效果最好的一种人工呼吸法	①进行人工呼吸前，应注意揭开触电者上衣领扣、裤带及紧身内衣（天冷要保暖），清除其口鼻腔内杂物 ②使触电者伸直仰卧，头部尽量后仰，鼻孔朝天 ③捏紧触电者鼻孔，深呼吸后紧贴触电者的口向内吹气，约 2s。离开并放松触电者鼻孔，让其自行呼吸约 2s。如此反复，每分钟吹气 12 次（若触电者是儿童，则每分钟 18～24 次为宜） ④若触电者的嘴无法掰开时，可做口对鼻呼吸法	呼吸道阻塞 呼吸道畅通
有呼吸没心跳	胸外心脏挤压法（单人实施）	①使触电者仰卧在硬地上，救护者跪在触电者一侧或骑跪在腰部两侧 ②两手交叉相叠（儿童用单手），掌根放在触电者两乳头之间略下。掌根向下压 3～4cm，每分钟 60 次左右（儿童每分钟 100 次左右），每次挤压后掌根迅速放松 ③大人、小孩急救时用力要恰当，以防无效或压伤	压区
呼吸、心跳都停止	口对口和胸外心脏挤压法	①一人救护时，两种方法交替进行。吹气 2～3 次，再挤压心脏 10～15 次。口吹气和挤压心脏，速度都应提高以不降低抢救效果 ②两人抢救时，每 5s 吹一次，每秒挤压一次，两者同时进行	单人操作 双人操作

（4）施工现场潜水泵安全用电技术措施：

①潜水泵使用前，必须用 500V 兆欧表进行检测，其绝缘阻值不应低于 0.5 兆欧。

②应设专用的配电箱，箱内应装设漏电开关，漏电开关的额定动作电流不大于 15mA，额定漏电动作时间不大于 0.1s。

③在移动潜水泵时，必须先切断电源后方能开始下一步的工作。

④潜水泵的负荷线必须采用 YSH 型防水橡皮护套电缆，不得承受任何外力。

⑤潜水泵的外壳应与保护零线作可靠的连接。

（5）施工现场电焊机安全用电技术措施：

①电焊机安装验收合格后方可使用。

②设专用的保护开关箱，并有二次空载降压保护器装置。

③电焊机放置在防雨和通风良好的地方。焊接现场不堆放易燃易爆物品。

④电焊机的一次侧电源线长度不大于 5m，进线处设有防护罩。

⑤电焊机的二次侧线采用 YHS 型橡皮护套铜芯多股软电缆，电缆的长度不大于 30m。

⑥电焊机的二次接线采用铜鼻子连接，不得随意搭接。

⑦电焊机的金属外壳与保护零线有可靠的连接。

⑧使用焊接机械时必须按规定穿戴防护用品。

7. 施工安全防护管理制度

（1）加强现场用电管理，健全相应的技术档案，配备专职的电工作业人员，实行持证上岗，加强维修检查，认真做好记录，建立相应的档案资料。

（2）结合工地特征做好专项的用电组织设计，摸清工地现状，通盘考虑，精心设计，周密布置，做出具有实际指导意义的设计。

（3）严格执行"三级配电、二级保护"原则。对现场实行总配电箱、分配电箱、开关箱的三级配电方式，总配电箱、开关箱均加设漏电保护器的二级保护，而且做到分级控制。

（4）做好规范的三相五线制，降低用电危险性。多数施工现场用电都是由供电单位引来，且三相四线制居多，工地应设置自己的总配电箱，由第一级漏电保护器的电源侧，做重复接地引出保护零线，工作零线和保护零线真正分离，并在保护零线的末端及中间 50m 左右的距离进行多处重复接地，保证每处的重复接地的电阻值不大于 10Ω，用电设备的外壳、箱体等用多股铜线和保护零线并联。

（5）漏电保护器、配电箱、开关箱、电器装置等，要根据用电设备的性能，选配合理的参数，进行取舍，正确使用。

（6）对外电要进行认真防护。凡是外电线路小于规定的安全操作距离时，一定要采取防护措施，做好方案，保证用电的安全。

（7）正确敷设电缆。对于采用电缆线路的工地，电缆要埋地，且覆盖材料要符合要求，要加设接线盒，沿墙也要做到顺直，高度符合要求。

（8）重视现场照明，降低触电可能性。照明线路和动力线路严格分设，做好保护接零，使用安全电压，装设漏电保护器。

（9）用电安全要做好思想教育，安排专人负责。

二、保护接地与保护接零

保护接地是指把电气设备的某部分（通常是设备可导电外壳）用金属导体与大地做良好的电气连接。保护接零（又称接零保护）就是在电源中性点接地的系统中，将电气设备在正常情况下不带电的金属部分与零线做良好的金属连接。电气设备保护接地与保护接零是保护电气供电系统设备及人身安全的重要手段。

埋入地中并直接与大地接触的金属导体，称为接地体（或接地极）。兼做接地用的直接与大地接触的各种金属构件、金属井管、钢筋混凝土建筑物的基础、金属管道和设备等，称为自然接地体；而专为接地埋入地中的圆钢、角钢等接地体，称为人工接地体。连接设备接地部分与接地体的金属导线，称为接地线。接地体和接地线的总和，称为接地装置。

（一）接地概述

如果电气设备某处绝缘损坏而使外壳带电时，一旦人触及电气绝缘损坏的外壳，如果设有接地装置，利用"并联分流"作用，接地电流将同时沿着接地体和人体两条通路分流。接地电阻越小，流经人体的电流也就越小；如果接地电阻小于某个定值，流经人体的电流也就小于伤害人体的电流值，使人体避免触电的危险。另外，接地也是为保证电气设备以及建筑物等的安全。

接地电阻接地电阻是指电流从埋入地中的接地体散流到周围土壤时，接地体与大地远处的电位差与该电流之比，而不是接地体的表面电阻。接地体的尺寸、形状、埋的深度以及土壤的性质都会影响接地电阻值。接地电阻应称为流散的电阻，而接地装置（接地体和接地线）及其周围土壤对电流的阻碍作用才称为接地电阻，因为这两种电阻值相差甚小，接地电阻或是流散电阻都可以看做是相等的。当电气设备发生接地故障时，电流就通过接地体向大地做半球形散开，这一电流称为接地短路电流或接地电流。接地电流在地中形成的流散电流场是呈半球形的，如图 6.28 所示，这半球形的球面对接地电流场所呈现的电位梯度，在距接地体越远的地方就越小。

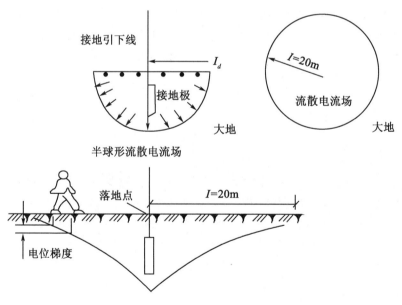

图 6.28　接地体周围电场分布

电气"地"或"大地"实验证明，在距单根接地体或接地故障点 20m 左右的地方，呈半球形的球面已经很大，该处的电位与无穷远处的电位几乎相等，实际上已没有什么电位梯度存在。接地电流在大地中散逸时，在各点有不同的电位梯度的地方称为电气上的

"地"或"大地",它也是电子线路电位的共同参考点。

（二）接地的类型

电气系统或电气设备正常工作和安全使用需要接地，按照电气设备接地作用的不同区分，可将接地类型分为以下几种：

1. 工作接地

电气设备在正常和事故情况下可靠地工作而进行的接地称为工作接地，如图6.29所示。例如，三相变压器和发电机的中性点直接接地，能起维持相线对地电压不变的作用；变压器和发电机的中性点经消弧线圈接地，能在单相碰地时消灭接地短路点的电弧，避免系统出现过电压。工作接地电阻应不大于40Ω，如果变压器低压中性点没有工作接地，当发生一相碰地时，由于接地电流不大，熔断器和保护设备不能动作，故障可能长时间存在；接零设备对地电压接近相电压，触电危险性大；其他两相对地电压升高至接近线电压，单相触电危险性增加。

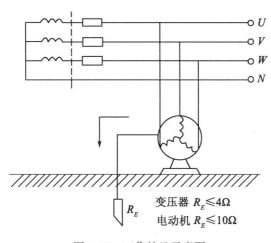

图6.29 工作接地示意图

2. 保护接地

在中性点不接地或没有中性线的低压系统中，将电气设备在正常情况下不带电的金属外壳部分与接地体之间做良好的金属连接，称为保护接地，如图6.30所示。保护接地时，变压器电阻≤40Ω，电动机电阻≤10Ω。

在中性点不接地的系统中，不采取保护接地是很危险的。但是，在中性点不接地系统中，只允许采用保护接地，而不允许采用保护接零，因为，在中性点不接地系统中任一相发生接地时，系统虽仍可照常运行，但此时大地与接地的零线等电位，则接在零线上的用电设备外壳对地的电压将等于接地的相线从接地点到电源中性点的电压值，这存在触电危险。零线既能保证相电压对称，又能使接零设备外壳在意外带电时电位为零。因此，零线绝不能断线，不能在零线上装设开关或熔断器。

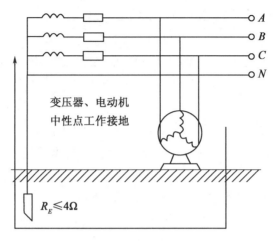

图 6.30　保护接地示意图

3. 保护接零

在电源（变压器）中性点接地系统中，将在正常情况下电气设备不带电的金属外壳、框架等与零线做良好的金属连接，称为保护接零，如图 6.31 所示。

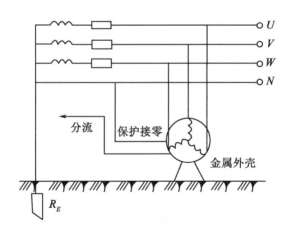

图 6.31　保护接零示意图

中性线和零线的区别：发电机、变压器、电动机和电器等的绕组中心以及带电源的串联回路中有一点，此点与外部各接线端间的电压的绝对值均相等，这一点称为中性点或中点。当中性点接地时，该点称为零点。由中性点引出的导线称为中性线，由零点引出的导线称为零线。

采用保护接零的情况下，当某一相绝缘损坏使相线碰壳带电时，由于外壳采用了保护接零措施，该相线和零线构成回路。单相短路电流很大，足以使线路上的保护装置迅速动作，从而将漏电设备与电源断开，消除了触电危险。

对于中性点接地的三相四线制系统，只有采用保护接零才是最为安全的，而保护接地不能有效地防止人身触电事故。因为如采用保护接地，若电源中性点接地电阻与电气设备的接地电阻均为 4Ω，而电源相电压为 220V，那么当电气设备的绝缘损坏使电气设备外壳带电时，则两接地电阻间的电流仅约 27.5A，这一电流值不一定能使保护装置动作，因而电气设备金属外壳可能长期存在对地约 110V 的电压，若电气设备的接地装置不良，则该电压将会更高，这对人体是十分危险的。

4. 重复接地

采用保护接零时，除系统的中性点工作接地外，将零线上的一点或多点与地再做金属连接，称为重复接地，如图 6.32 所示。如果不采取重复接地，一旦出现零线折断的情况，接在折断处后面的用电设备相线碰壳时，保护装置就不动作，该设备以及后面的所有接零设备外壳都存在接近于相电压的对地电压，相当于设备既没有接地，又没有接零。

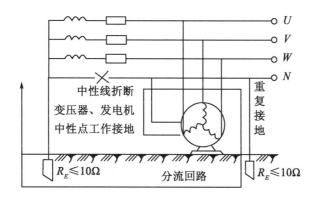

图 6.32　重复接地示意图

若在用户集中的地方采取重复接地，即使零线偶尔折断，带电的外壳也可以通过重复接地装置与系统中性点构成回路，产生接地短路电流，保护装置动作。在接地电阻相等的情况下，外壳对地电压只有相电压的一半，此电压对人体还是有危险的，因此零线折断的故障应尽量避免。

5. 屏蔽接地

为使干扰电场在金属屏蔽层感应所产生的电荷导入大地，而将金属屏蔽层接地，称屏蔽接地，如有线电视等弱电系统传输电缆的屏蔽网的接地。

6. 专用电气设备的接地

这种接地如医疗设备、电子计算机等的接地；电子计算机的接地主要有直流接地（即计算机逻辑电路、运算单元、CPU 等单元的直流接地，也称逻辑接地）和安全接地；还有一般电子设备的信号接地、安全接地、功率接地（即电子设备中所有继电器、电动机、电源装置、指示灯等的接地）等。

在 1kV 以下的低压配电系统中，各种接地的电阻值要求如下：

（1）工作接地通常还可分为交流工作接地（如三相电源变压器的中性点接地等）、直流工作接地（如计算机等电子设备的内部逻辑电路的直流工作接地等），一般要求交流工作接地装置的接地电阻小于 4Ω；直流工作的接地电阻应具体按设备说明书上的要求做，其电阻一般也要求在 4Ω 以下。

（2）电气设备的安全保护接地一般要求其接地装置的电阻小于 4Ω。

（3）重复接地要求其接地装置的电阻小于 10Ω。

（4）防雷接地一、二类建筑防直接雷的接地体电阻应小于 10Ω，防感应雷的接地体电阻应小于50，三类建筑的防雷接地电阻应小于 30Ω。

（5）屏蔽接地一般要求其接地电阻在 10Ω 以下。

（三）常见保护接地方式

在三相电力系统中，发电机和变压器的中性点有二种运行方式：中性点不接地系统，中性点接地系统，中性点直接接地系统。前两种合称为小接地电流系统，后一种称为大接地电流系统。

国际电工委员会（IEC）对系统接地的文字代号规定见表 6.21。

表 6.21   系统接地的文字代号意义

字母顺序	类别含义	字母	字母含义
第一字母	表示电力电源系统对地系统	T	中性点直接接地
		I	所有带电部分绝缘，中性点不接地或通过高阻抗接地
第二字母	表示用电设备外露的可导电部分对地关系	T	表示设备外壳接地。它与系统中其他任何接地点无直接关系
		N	表示负载采用接零保护
第三字母	表示工作零线与保护线的组合	C	表示工作零线与保护线是合二为一的
		S	表示工作零线与保护线是严格分开的，该保护线即为专用保护线（用 PE 表示 7K）

1. IT 系统

IT 系统的电源中性点是对地绝缘或经高阻抗接地，而用电设备的金属外壳直接接地。IT 系统及工作原理如图 6.33 所示，若设备外壳没有接地，在发生单相碰壳故障时，设备外壳带上了相电压，如有人触摸外壳，就会有相当危险的电流流经人体与电网和大地之间的分布电容所构成的回路；而设备的金属外壳有了保护接地后，由于人体电阻远比接地装置的接地电阻大，在发生单相碰壳时，大部分的接地电流被接地装置（与人体电阻并联）分流，流经人体的电流很小，从而对人体安全起了保护作用。IT 系统适用于环境条件不良、易发生单相接地故障的场所，以及易燃、易爆的场所，如煤矿、化工厂、纺织厂等。

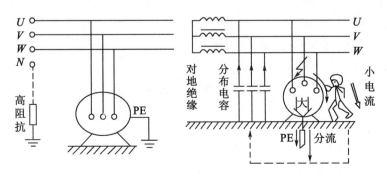

图 6.33 IT 系统及工作原理

2. TT 系统

TT 系统的电源中性点直接接地，与用电设备接地无关，设备的金属外壳也直接接地，且与电源中性点相连。TT 系统及工作原理如图 6.34 所示，当发生单相碰壳故障时，接地电流经保护接地的接地装置和电源的工作接地装置所构成的回路流过，如有人触摸带电的外壳，则由于保护接地装置的电阻远小于人体的电阻，大部分的接地电流被接地装置分流，从而对人身起保护作用。该系统在确保安全用电方面还存在主要有下列问题：

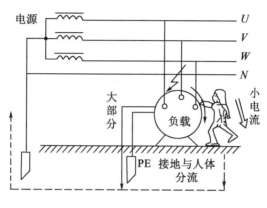

图 6.34　TT 系统及工作原理

（1）在采用 TT 系统的电气设备发生单相碰壳故障时，接地电流并不很大，往往不能使保护装置动作，这将导致线路长期带故障运行。

（2）当 TT 系统中的用电设备只是由于绝缘不良引起漏电时，因漏电电流往往不大（仅为毫安级），不可能使线路的保护装置动作，这也导致漏电设备的外壳长期带电，增加了人体触电的危险。

因此，TT 系统必须同时加装漏电保护开关，才能成为较完善的保护系统。TT 系统广泛应用于城镇、农村、居民区，工业企业和由公用变压器供电的民用建筑中。对于接地要求较高的数据处理设备和电子设备，可优先考虑该系统。

3. TN 系统

在变压器或发电机中性点直接接地的 380V/220V 三相四线低压电网中，将正常运行时不带电的用电设备的金属外壳经公共的保护线（PE 线）和电源的中性点直接进行电气连接。TN 系统的工作原理如图 6.35 所示，当电气设备发生单相碰壳时，故障电流经设备的金属外壳形成相线对保护线的单相短路。这将产生较大的短路电流，使线路上的保护装置立即动作，将故障部分迅速切除，从而保证人身安全和其他设备或线路的正常运行。

TN 系统的电源中性点直接接地，并由中性线引出，按其保护线的形式，TN 系统又分为 TN-C 系统（三相四线制）、TN-S 系统 TN-C-S（三相四线与三相五线混合系统）系统三种，图 6.35 所示为这三种系统的连接示意图。

TN-C 系统（三相四线制）的中性线（N）和保护线（PE）是合一的，该线又称为保护中性线（PEN）线，其优点是节省了一条导线，但在三相负载不平衡或保护中性线断开时会使所有用电设备的金属外壳都带上危险电压，如保护装置和导线截面选择适当系统，则是能够满足要求的。

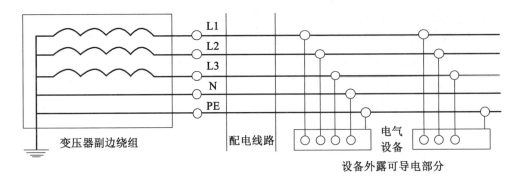

(a)TN-S系统

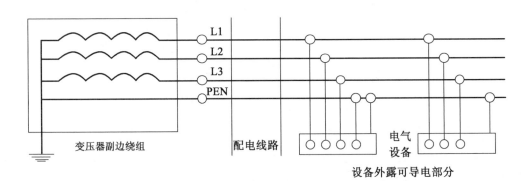

(b)TN-C系统

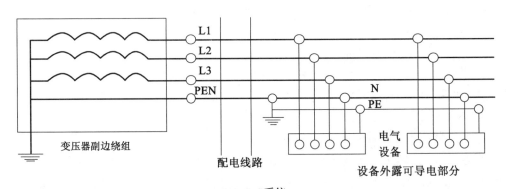

(c)TN-C-S系统

图 6. 35

TN-S 系统（三相五线制）的 N 线和 PE 线是分开的，其优点是 PE 线在正常情况下没有电流通过，因此不会对接在四线上的其他设备产生电磁干扰。此外，由于 N 线与 PE 线分开，N 线断线也不会影响 PE 线的保护作用，但系统耗用的导线较多、投资较大。这种系统多用于对安全可靠性要求较高、设备对电磁抗干扰要求较严或环境条件较差的场所使用。对新建的大型民用建筑、住宅小区推荐使用 TN-S 系统。

TN-C-S 系统（三相四线与三相五线混合系统）中有一部分中性线和保护线是合一的，而有一部分是分开的。这种系统兼有 TN-C 系统和 TN-S 系统的特点，常用于配电系统末端环境较差或有对电磁抗干扰要求较严的场合。

三、民用建筑物的防雷

（一）雷电的产生及特点

雷电是由雷雨云（带电的云层）对地面建筑物、大地之间的无序放电现象引起的。雷电产生的原因很多，现象比较复杂，是很难预测的大自然放电现象。雷击通常发生在土壤电阻率较小或地下水位较高的多雷暴地区。地面有突起物（如建筑物、树、杆、旷野中的人及牲畜等）或金属结构较多的建筑物，更易发生雷击现象。对于建（构）筑物来说，雷击多发生在四角或突出的地方，如天线等突出屋面的金属结构，高层建筑还可能发生侧向雷击。

雷击对建筑物、电气设备和人身安全会带来极大的危害。防雷装置的作用就是将雷击中的无序放电变成有序放电，即将雷电流按人的意志导入大地，使其不再形成危害。

（二）雷电的危害形式

雷电的危害形式可分为直击雷、感应雷、雷电波入侵三种形式。

直击雷雷电直接打在地面上突出物（如建筑物）上，雷电场强度达到击穿空气所产生的放电现象，它同时产生电效应、热效应和机械效应。直击雷一般作用于建筑物顶部的突出部分和高层建筑的侧面。

感应雷是附近落雷所引起的电磁作用的结果，分静电感应和电磁感应两种。

雷电波侵入雷电打击在架空线路或金属管道上，雷电波将沿着这些管线侵入建筑物内部，危及人身或设备安全，这叫做雷电波侵入。

（三）雷电对建筑物的危害

（1）雷电的热效应和机械效应：遭受直接雷击的物体因通过强大的雷电流会产生很大热量，但在极短的时间内又不易散发出来，所以会使金属熔化，使树木烧焦；同时，由于物体的水分受高热而汽化膨胀，将产生强大的机械力而爆裂，使建筑物等遭受严重的破坏。

（2）雷电的电磁效应：雷电流通过的周围将有强大的电磁场产生，使附近的导体或金属结构以及电力装置上产生很高的感应电压，可达到几十万伏，足以破坏电气设备的绝缘；在金属结构回路中，由于接触不良，或有空隙，将产生火花放电，造成爆炸或火灾。

（3）建筑物容易受雷击的部位：一般来讲，凡是建筑物屋面或高层楼侧面上比较突出、尖的、转角和金属的部位均容易受到雷击，主要与建筑物屋面的坡度大小有关，建筑屋面不同坡度易受雷击部位如图 6.36 所示。

旷野中孤立的建筑物和建筑群中高耸的建筑物容易遭受雷击；凡金属屋顶、金属构架、钢筋混凝土结构的建筑物，容易遭雷击；地下有金属管道、金属矿藏，建筑物的地下水位较高的建筑物也易遭雷击。

建筑物易遭雷击的部位是屋面上突出的部分和边沿，如平屋面的檐角、女儿墙和四周屋檐，有坡度的屋面的屋角、屋脊、檐角和屋檐，高层建筑的侧面墙上也容易遭到雷电的侧击。

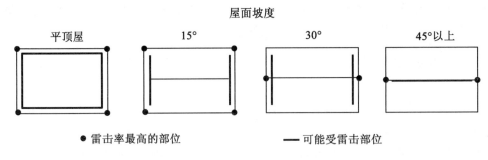

图 6.36　建筑屋面不同坡度容易受雷击部位

（四）民用建筑的防雷分类

建筑物防雷分类是根据建筑物的重要性、使用性质、发生雷电事故的可能性以及影响后果等来划分的，在建筑电气设计中，把民用建筑按照防雷等级分成三类。

（1）第一类防雷民用建筑物：具有特别重要用途和重大政治意义的建筑物，如国家级会堂、办公机关建筑，大型体育馆、展览馆建筑，特等火车站、国际性的航空港、通信枢纽，国宾馆、大型旅游建筑等，国家级重点文物保护的建筑物，超高层建筑物。

（2）第二类防雷民用建筑物：重要的或人员密集的大型建筑物，如通信、广播设施，商业大厦、影剧院等，省级重点文物保护的建筑物，国家部委、省级办公楼，省级大型的体育馆、博览馆，19 层及以上的住宅建筑和高度超过 50m 的其他民用建筑。

（3）第三类防雷（普通）民用建筑物：建筑群中高于其他建筑物或处于边缘地带的高度为 20m 以上的建筑物，强烈地区高度为 15m 以上的低层建筑物，高度超过 15m 的烟囱、水塔等孤立建筑物，历史上雷电事故严重地区的建筑物或雷电事故较多地区的较重要建筑物，建筑物年计算雷击次数达到几次及以上的民用建筑。

（五）民用建筑的防雷措施和防雷装置

民用建筑的防雷措施应当根据当地气候、地形、地貌、地质等环境条件及雷电活动规律和被保护建筑物的要求，因地制宜地采取措施，做到安全可靠、经济合理。对于第一、二类民用建筑物，应有防直接雷击和防雷电波侵入的措施；对于第三类民用建筑物，应有防止雷电波沿低压架空线路侵入的措施，至于是否需要防止直接雷击，要根据建筑物所处的环境特征，建筑物的高度以及面积来判断。

1. 防雷装置的组成

建筑防雷装置由直接接受雷击的接闪器、引下线和接地装置组成。

（1）接闪器：接闪器是"引雷"电流的部分，其形式有避雷针、避雷网（带）、避雷线等或其他金属构件。避雷针一般用镀锌圆钢或焊接钢管制成，其直径应不小于下列数值：针长 1m 以下，圆钢为 ϕ12mm，钢管为 ϕ20mm；针长为 1~2m 时，圆钢为 ϕ16mm，钢管为 ϕ25mm；针长为 2m 以上时，由针尖和不同管径的几段钢管焊接而成，大避雷针的做法如图 6.37 所示。避雷网（带）一般用镀锌圆钢（直径 8mm 以上）或镀锌扁钢（截面尺寸 12mm×4mm 以上）制成，也可以采用 25mm×3mm 的扁铜或可利用建筑物屋顶处的梁、板内的钢筋。

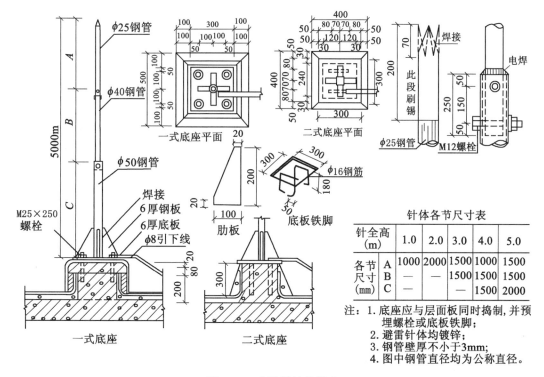

针体各节尺寸表

针全高 (m)		1.0	2.0	3.0	4.0	5.0
各节 尺寸 (mm)	A	1000	2000	1500	1000	1500
	B	—	—	1500	1500	1500
	C	—	—	—	1500	2000

注：1. 底座应与层面板同时捣制, 并预埋螺栓或底板铁脚;
2. 避雷针体均镀锌;
3. 钢管壁厚不小于3mm;
4. 图中钢管直径均为公称直径。

图 6.37 大避雷针的做法

（2）引下线：引下线与接地装置连接在一起，将接闪器引来的雷电流导入接地装置进行散流的部分。一般可用镀锌圆钢或扁钢，也常利用建筑物柱内的主筋或剪力墙中的钢筋（通常两根以上不小于 $\phi16mm$）作为引下线。

引下线采用圆钢时，直径不应小于 $\phi8mm$；采用扁钢时截面应大于 $48mm^2$，厚度在 4mm 以上。引下线可沿建筑物外墙最短路径敷设，固定引下线的支持卡子间距为 1.5m。暗敷的引下线的截面应加大 1 级。

引下线的间距一般为 30m，最多不超过 40m，需要转弯时，角度不应该小于 90°。为了便于测量接地电阻和校验防雷系统的连接情况，可在距离地面高度 1.8m 以下或距离地面 0.2m 处设置断接测试卡子。

（3）接地装置：接地装置是埋在地下若干深度，可以将雷电流迅速散流泄入地球的部分，由水平和竖直接地体组成。接地体分人工接地体和自然接地体两种，接地体的接地电阻要尽可能小（一般要求不超过 10Ω），接地体的长度、截面、埋设深度等都有一定的要求。无论是人工接地体还是自然接地体，都有一定的技术规范要求，如人工接地体可以采用 50mm×50mm×2500mm 角钢或 40mm×40mm 扁钢，埋设深度 0.5～1.0m 为宜，如图 6.38 所示。对于自然接地体的水泥标号、钢筋长度和截面，以及周围土壤含水量等也有一定的要求，各段钢筋焊接良好。接地装置均要求做镀锌防锈处理，距离建筑物或构筑物不应小于 3m。

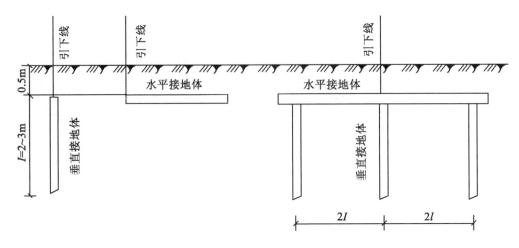

图 6.38　人工接地体示意图

2. 单支避雷针的保护范围

确定防雷装置保护范围的方法很多，这里介绍用滚球法和折线圆锥法确定单支避雷针的保护范围。

（1）滚球法：如图 6.39 所示，该法假设用一个半径为 R 的球体滚越建筑物整体，球体能接触到的建筑物的各部分是能遭受雷击的地方，球体不能接触到的部分则认为已由建筑物其他部分给予保护，因此在滚球能接触的地方需加防雷措施。

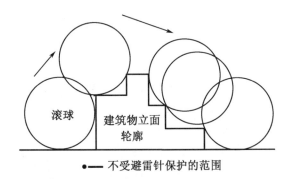

图 6.39　滚球法确定保护范围

滚球法对不同类别的防雷建筑物，选用不同的滚球半径，数据见表 6.22。

表 6.22　　　　　　　　接闪器布置用几何条件（滚球半径）数据

建筑物类别	圆板直径 d（m）	滚球半径 R（m）
普通建筑	20	60
一般危险建筑物	10	30
危险建筑物	5	20

　　屋面上的避雷带或避雷网对建筑物屋面的保护可以用圆板法（圆心是避雷带的中心）来校验，而屋面避雷带对建筑物外侧的保护可以用滚球法来验证。

　　（2）折线圆锥法：如图 6.40 所示，假设避雷针高 h，则避雷针在地面上的保护范围 $r=1.5h$，避雷针在其下任意高度 hx 和平面上的保护半径 r_x 的确定方法是：当 $h \geqslant h/2$ 时，$r_x = h - h_x$，当 $h_x < h/2$ 时，$r_x = 1.5h - 2h_x$

　　粗略地说，避雷针针尖向下斜 45° 内就都是该针的保护范围。

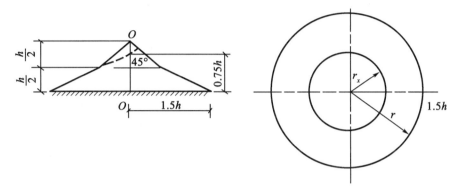

图 6.40　折线圆锥法确定避雷针保护范围

　　另外，两支及以上的避雷针的保护范围的确定请查看相关资料，在此不再细述。

　　（六）建筑物的施工工地的防雷问题

　　建筑物施工工地四周的起重机、脚手架等突出很高，木材堆积很多，万一遭受雷击，不但对施工人员的生命有危险，而且很易引起火灾，造成事故，因此，必须引起各方面有关人员的注意，掌握防雷知识。高层建筑施工期间，应该采取如下的防雷措施：

　　（1）施工时，应提前考虑防雷施工程序。为了节约钢材，应按照正式设计图样的要求，首先做好全部接地装置。

　　（2）在开始架设结构骨架时，应按图样规定，随时将混凝土柱子内的主筋与接地装置连接起来，以备施工期间柱顶遭到雷击时，使雷电流安全地流散入地。

　　（3）沿建筑物的四角和四边竖起的脚手架上，应做数根避雷针，并直接接到接地装置上，使其保护到全部施工面积，其保护角可按 60° 计算，针长最少应高出脚手架 30cm。

　　（4）施工用的起重机的最上端必须装设避雷针，并将起重机下部的钢架连接于接地装置上。接地装置应尽可能利用永久性接地系统。如是水平移动起重机，其四个轮轴足以起到压力接点的作用，必须将其两条滑行用钢轨接到接地装置上。

　　（5）应随时使施工现场正在绑扎钢筋的各层地面，构成一个等电位面，以避免遭受雷击时的跨步电压。由室外引来的各种金属管道及电缆外皮，都要在进入建筑物的进口处，就近连接到接地装置上。

任务五　施工现场临时用电

一、施工工地用电量计算

建筑施工工地的电力供应主要是解决施工现场各种施工机械的用电问题。施工现场的用电设备的移动性较大、环境较为恶劣、临时性强、负荷变化较大，因此，施工现场的供电方式绝大多数为三相五线制，以满足工地对 220/380V 两种电压不同需要之用，也便于变压器中性点工作接地。用电机械设备采用保护接地和重复接地有利于安全用电。为了保证施工的安全和工程的质量，同时节约电能、降低工程造价，应对建筑施工工地的供配电进行合理的设计和组织。

施工现场用电负荷的大小计算是选择电源容量的重要依据，对合理选择导线并布置供电线路以及正确选择各种电器设备、制定施工方案、安排施工进度等都是非常重要的。

建筑工地用电负荷的详细计算可参考前述相关内容，这里简单介绍施工现场临时用电量的估算法。临时用电量的估算方法是将所有电气设备铭牌上提供的额定功率（kW）折算成视在功率（kVA），乘上需要系数 & 后再进行相加，其估算式如下：

$$S = K_1 \frac{\sum P_1}{\eta \cos\varphi_1} + K_2 \sum S_2 + K_3 \frac{\sum P_3}{\eta \cos\varphi_3} K_1 \frac{\sum P_4}{\eta \cos\varphi_4} \tag{6.18}$$

式中，S——施工现场总的用电量（kVA）；

$\sum P_1$——施工现场所有动力设备上的电动机额定功率之和（kW）；

$\sum P_2$——施工现场所有电焊机额定功率之和（kVA）；

$\sum P_3$——施工现场所有室内照明总功率（kW），参见表 6.23；

$\sum P_4$——施工现场所有室外照明和电热设备总功率（kW），参见表 6.24；

η—电动机的平均效率。一般取 0.75～0.93，计算时可以采用 0.85；

K_1、K_2、K_3、K_4——需要系数，主要考虑到用电设备不同时使用、有些动力设备和电焊设备也不同时满载，此系数视具体情况可能稍有差别，参见表 6.25。

$\cos\varphi_1$、$\cos\varphi_3$、$\cos\varphi_4$——电动机、室内和室外照明负载的平均功率因数，取值参见表 6.25。如果照明用电量所占有的比重较小，也可以不计算后面两项，而直接用前两项动力用电量之和乘以 10% 当做所需的照明用电量即可。

表 6.23　　　　　　　　　室内照明用电定额参考资料

序号	用电场所	容量（W/m²）	序号	用电场所	容量（W/m²）
1	混凝土及灰浆搅拌站	5	5	木材加工模板场	3
2	钢筋室外加工	10	6	混凝土预制构件厂	6
3	钢筋室内加工	8	7	金属结构及机电修配	12
4	木材加工锯木及细木场	5~7	8	空气压缩机及泵房	7

序号	用电场所	容量（W/m²）	序号	用电场所	容量（W/m²）
9	卫生技术管道加工厂	8	17	理发室	10
10	设备安装加工厂	8	18	宿舍	3
11	发电站及变电所	10	19	食堂或俱乐部	5
12	汽车库或机车库	5	20	诊疗所	6
13	锅炉房	3	21	托儿所	9
14	仓库及棚仓库	2	22	招待所	5
15	办公楼/实验室	6	23	学校	6
16	溶室、厕所	3	24	其他文化福利场所	3

表 6.24　　　　　　　　　　室外照明用电额定参考数据

序号	用电名称	容量（W/m²）	序号	用电名称	容量
1	人工挖土工程	0.8	7	卸车场	1.0W/m²
2	机械挖土工程	1.0	8	设备堆放、砂石、木材、钢筋、半成品堆放	0.8W/m²
3	混凝土浇灌工程	1.0	9	车辆行人主要干道	2kW/km
4	砖石工程	1.2	10	车辆行人非主要干道	lkW/km
5	打桩工程	0.6	11	夜间运料（夜间不运料）	0.8（0.50）W/m²
6	安装及铆焊工程	2.0	12	警卫照明	lkW/km

表 6.25　　　　　　　　建筑施工用电设备的 $\cos\varphi$ 及需要系数 K_x

用电设备	数量	需要系数 K_x	功率因数 $\cos\varphi$	备注
电动机	10 台以下	0.7	0.68	
	11~30 台	0.6	0.65	
	30 台以上	0.5	0.60	
电焊机	10 台以下	0.6	交直流电焊机分别为 0.45、0.89	
	10 台以上	0.5	交直流电焊机分别为 0.40、0.87	
室内照明		0.8	1.0	
室外照明电热设备		1.0	1.0	

二、电源、变压器的选择

（一）施工工地的电源要求

为了保证施工现场合理用电，既安全可靠，又节约电能，首先应按施工工地的用电量以及当地电源状况选择好临时电源。

较大工程的建设单位均应建立自己的供电设施，包括送电线路、变电所和配电室等，因此，可以在施工组织设计中先期安排这些永久性配电室的施工，这样就可利用建设单位的配电室引接施工临时用电。

当施工现场的用电量较小，而附近又有较大容量的供电设施时，施工现场可完全借用附近的供电设施供电，但这些供电设施应有足够的余量满足施工临时用电的要求，并且不得影响原供电设备的运行。

若施工现场用电量大，而附近的供电设施又无力承担，就要利用附近的高压电力网，向供电部门申请安装临时变压器。

对于取得电源较困难的施工现场，如道路、桥梁、管道等市政工程以及一些边远地区，应根据需要建立柴油发电站、水力或火力发电站等临时电站。

总之，当低压供电能满足要求时，尽量不再另设供电变压器，而且可根据施工进度合理调配用电，尽量减少申报的需用电源容量。

（二）施工现场变压器的选择

变压器容量的选择根据施工现场总用电量 S（kVA）选择变压器容量 S_e（kVA），可按下式计算：

$$S = \frac{S_e}{\beta} \tag{6.19}$$

β 为变压器负荷率，一般 $\beta = 60\%$，即变压器运行在额定容量的 60%（国产 SL7 型变压器最佳负荷率为 40%）时，效率最高；对于单台全天运行的变压器，因负荷时有变化，建议 β 取 70%~80%。

一般情况下，变电所中单台变压器（低压侧为 0.4kV）的容量不宜大于 1000kVA，而且要至少留有 15%~20% 的富余容量。

变压器等级的选择变压器一次绕组与二次绕组电压的选择与用电量多少、用电设备的额定电压及距离高压电网的远近有关。

（1）一次绕组（高压侧）电压等级的选择应与当地供电部门协商解决，应注意以下几项：

①尽量与高压电网一致（如市政 10kV，但较少采用 6kV 的电压等级）；

②施工用电量在 2000kVA 以下时，输送距离在 15km 内，以 10kV 高压输电网供电为宜；

③用电量为 2000~10000kVA，选择输送距离较长（20~10km），以 35kV 为宜。

（2）变压器二次绕组（低压侧）的电压等级应根据用电设备的额定电压而定。

①对于用电量较小（350kVA 以下），供电半径小（500~800km）的情况，选用 0.4kV 为宜；

②当用电量和供电半径都较大时，要有较高等级的电源供电时，应注意与永久性供电装置电压等级的一致性，此外，还要照顾到大型施工机械所需电源的电压等级；

③当大型施工机械总电源电压未能与所确定的电压取得一致时，应另行设置联络变压器供电，若供电系统为 0.4kV，某大型施工机械所需电源电压为 6kV，则应设置适当容量的 0.4/6kV 变压器作为联络。

（3）变压器系列的选择。选择铝线变压器以节约铜资源，优先选用 SL7 系列变压器，它具有低耗、体积小、重量轻等优点，是全国统一设计的更新换代产品；在多雷区及土壤电阻率较高的山区，选用 S_z 或 S_7 系列防雷变压器。

（4）变压器运行台数的选择。对于集中负荷较大或昼夜（或季节性）负荷波动较大的施工现场，宜安装两台以上的变压器；对于昼夜（或季节性）负荷波动较大的施工现场，经过经济比较，可采用容量不同的大小两台变压器。

（三）变压器位置的选择及放置形式

1. 变压器位置的选择

应力求兼顾以下因素以选择最佳安装地点：

（1）变压器应尽量靠近负荷中心或接近大容量用电设备；

（2）高压进线方便，尽量靠近高压电源；

（3）变压器二次绕组（低压侧）电压为 0.4kV 时，其供电半径以 500m 以内为宜，最大不超过 800m；

（4）选择地势较高而干燥、运输方便、易于安装的位置；

（5）要远离交通要道和人畜活动中心，远离有剧烈震动、多尘或有腐蚀性气体的场所；

（6）应符合爆炸和火灾危险场所电力装置的相关规定。

2. 变压器的放置形式

变压器一般采用露天放置，进、出线方便通风良好；容量在 180kVA 以下的变压器，可安装在电线杆上（称柱上变台）；变压器容量较大时，要安装在混凝土台墩上（称地上变台）。

（四）变台的安装要求及维护

（1）柱上变台距地面应有足够的安全距离，室外地上变台必须装设围栏。围栏要严密，并在明显部位悬挂"高压危险"警告牌，围栏内应设有操作台。

（2）变台围栏内应保持清洁，不得种植任何植物。变台外廓 4m 内不得放置材料或堆积杂物等。位于沟槽沿线的所有变台近旁均不得堆积土方。

（3）变压器运行时，除应进行日常巡视检查外，每年在 3 月 15 日、7 月 15 日、11 月 15 日前，各进行一次停电清扫检查。特殊环境运行的变压器，应酌情增加清扫检查次数。

（4）位于人行道树间的变台，在最大风偏时，其带电部分与树梢间的最小距离应大于 2m。

（5）室外变台应设配电箱，配电箱安装高度为其底口距地 1.4m。引出线应穿管敷设，并做防水弯头。配电箱应保持完好，并具有良好的防雨性能，箱门必须加锁。

（6）变压器的引出线采用电缆时，不应将电缆及终端头直接靠变压器机身安装。

（7）吊装有保护外壳的变压器，其吊点一定选在铁心固定的吊环上，不能选在外壳的吊环上。

（五）动力及其他电气设备的安装和使用要求

（1）露天使用的电气设备及元件，均应选用防水型或采取防水措施。浸湿或受潮的电气设备应进行必要的干燥处理，绝缘电阻符合要求后方可再行使用。

（2）每台电动机均应装设控制和保护设备，不得用一个开关同时控制两台及以上的设备。

（3）电焊机一次电源线宜采用橡套缆线，其长度一般不应大于 3m。当采用一般绝缘导线时应穿塑料管或胶皮管保护。电焊机集中使用的场合，必须拆除其中某台电焊机时，断电后应在其一次（即初级或原级）侧先验电，确定无电后方可进行拆除。

（4）移动式设备及手持电动工具，必须装设漏电保护装置且应定期检查，其电源线必须使用三芯（单相）或四芯三相橡套缆线。接线时，缆线护套应安装进设备的接线盒固定。

（5）施工现场消防电源必须引自电源变压器二次总闸或现场电源总闸的外侧，其电源线宜采用暗敷设。

（6）机械化顶管或长距离顶管的施工，应采用周密的防触电安全措施。顶管电气设备必须装设漏电保护装置。

（7）起重机的所有电气保护装置，安装前应逐项进行检查，证明其完好无损方可安装。安装后，应对地线进行严格检查，使起重机轨道和起重机机身接地电阻不得大于 40Ω。

（六）施工用电管理

（1）施工用电系统安装完毕后，应有完整的系统图、布置图等竣工资料。施工电源应设专业班组负责运行与维护，其他人员不得擅自改动施工电源设施。

（2）现场施工电源设施，除经常性维护外，每年雨季前检修一次，并测量绝缘电阻。

（3）接引电源工作必须有监护人在场方可进行。

（4）严禁非电工人员拆装电气设备及电源。

三、配电线路布置、导线截面选择

施工现场内一般不允许架设高压电线，必要时，应按当地供电局规定使高压电线和它经过的建筑物或者工作地点保持足够的安全距离，或者在它的下边增设电线保护网。在电线入口处，还应设有带避雷器的油开关装置。

（一）施工现场的供电方式

1. 单路主干线供电

单路主干线供电是指各支路由主干线上引接树干式供电系统，该系统适用于用电量 200kVA 的小型施工现场。其主干线可沿施工现场四周的围墙或道路一边架设，也可布置在现场中间。

2. 两路主干线供电

为提高供电可靠性，其供电网络可构成环行闭合式，也可构成不闭合式。此供电方式适用于设有两台施工电源变压器的中型施工现场。

3. 放射式多路主干线供电

将各路主干线送至各区域，在每个区域内再分块构成环行网络。此供电系统适合于具有多台施工电源变压器的大型施工现场。

对于不能长期停电的重要设备，如消防水泵、冬季施工时的锅炉水源、现场保安照明等设备，可用双电源或保安电源。

4. 电压稳定性

我国供电规则规定，低压配电线路的电压波动应为其额定电压的 ±5%。因为电压过低，不仅影响白炽灯的光通量（电压低于额定电压5%时，光通量要减小18%）和日光灯管的使用寿命（因启动困难而增加对灯丝的轰击次数），还会使电动机温升加剧，导致绝缘材料加速老化（因为电动机电磁转矩与其电压的平方成正比，电压下降会造成电动机的输出力矩减少而处于过载状态，电机绕组电流明显增大）。

5. 供电线路的敷设及其要求

施工现场的配电线路，其主干线及重要支线一般都采用架空敷设方式，个别情况因架空存在困难时，可考虑采用电缆敷设，其具体要求如下：

（1）为了保证对用电设备可靠和不间断地供电，线路应尽量架设在道路的一侧，但不得妨碍交通，同时应考虑塔式起重机的装拆、进出和运行，架空线路应在臂杆回转半径及被吊物1.5m以外，达不到要求的应采取有效防护措施。

（2）尽量使线路取直线并保持线路水平，以免电杆受力不均而倾斜。

（3）电线杆应完好无损，电杆不得倾斜、下沉及杆基有积水现象，电线杆间距为25～60m。

（4）分支线和进户线必须由电杆处接出，不得由两杆间接出。终点杆和分支杆的零线应采取重复接地，以减小接地电阻和防止零线断线而引起的触电事故。

（5）架空线路与施工建筑物的水平距离一般不得小于10m，与地面的垂直距离不得小于6m，跨越建筑物时与其顶部的垂直距离不得小于2.5m。

（6）施工现场内不得架设裸导线。小区建筑施工如利用原有的架空线路为裸导线时，应根据施工情况采取防护措施。

（7）各种临时配电线禁止敷设在树上。

（8）各种绝缘导线均不得成束架空敷设。无条件做架空线路的工程地段，应采用护套缆线。缆线易受损伤的线段应采用防护措施。

（9）所有固定设备的配电线路不得沿地面明设，低埋敷设必须穿管（直埋电缆除外）。

（10）遇大风、大雪及雷雨天气时，应立即进行配电线路的巡视检查工作，发现问题及时处理。

（11）高层建筑施工用的动力及照明干线垂直敷设时，应采用护套缆线。但每层设有配电箱时，缆线的固定间距每层应不少于两处。直接引至最高层时，每层不应少于一处。

（12）施工用电气设备的配电箱要设置在便于操作的地方，并切实做到单机单闸。露天配电箱应有防雨措施。

（13）暂时停用的线路必须及时切断电源。工程竣工后配电线路应随即拆除。

6. 临时线路

（1）凡属于下列情况所敷设的线路均为临时线路：

①临时性设施（如防汛、防涝抽水）用电，或生产上突击任务和检修用电；

②固定电气设备临时使用未按规程安装的电气设备；

③建筑安装工程工地、工棚的施工和生活用电，如施工照明和设备、机具、工具等电气线路。

（2）临时线路的管理：临时线路的架设需向设备动力部门和安全技术部门申请，批准后方可敷设。敷设后需经设备动力部门检查合格，并悬挂"临时线危险"的警告牌，方可投入使用运行。临时线路使用时间一般不得超过一个月，需要延期时则须再次申请；超过三次，则应按正规线路安装。

（3）临时线路的一般技术要求：

①室内临时线宜采用三相四芯或单相三芯的橡套软线，布线应当整齐，长度一般不宜超过 10m，距地面高度不得低于 2.5m；对必须搁置于地面的线路，跨越人行道部分应穿管保护；

②室外临时架空线长度不超过 500m，距地高度不低于 3.5m，与建筑物、树木或其他导线距离不得小于 2m，跨越公路时不得低于 6m；导线截面积应满足强度和负荷要求；架设临时线必须用专用电杆、专用瓷瓶固定，可选用木杆、木横担，但电杆直径不得小于 100mm，杆距不得超过 25m；

③临时用电地点应安装有闸刀开关和熔断器，电器金属外壳必须接地；

④临时性照明的容量超过 50A 时，则必须用三相四线制供电，并分别装设开关及熔断器；

⑤临时线路应有单独开关控制，不得从线路上直接引出，也不能用插销代替开关来分合电路；

⑥临时电气设备的裸露控制及保护设备等，应装设在箱内屏护起来，在室外使用时，应安装防雨装置；

⑦如有条件，可考虑装设漏电保护装置。

（二）配电导线的选择

1. 导线型号的选择原则

（1）电缆的额定电压应大于或等于所在回路的额定电压。

（2）施工现场的架空线不允许使用裸导线，其架空线和进户线必须选用 BXF 或 BLXF 型氯丁橡皮绝缘电线。

（3）敷设在有剧烈振动场所的电线、电缆应为铜芯导线，经常移动的导线应为橡套铜芯软电缆。

（4）有腐蚀作用或外部冲击作用的场所敷设的电线和电缆应有保护套管。

导线截面积的选择：导线截面积的选择须满足允许载流量、电压损失和机械强度最小截面三个基本要求。

施工现场配电线路平面布置图如图 6.41 所示，施工配电线路平面图是施工组织的组成部分，对于现场进行有组织、有计划地施工有很大的影响。现场配电线路图中主要根据工地各种施工机械的使用情况标出变压器位置、配电线路走向、主要配电盘（箱）和主要电气设备的位置等。

[例] 某工地施工现场，计划使用如下电气机械设备：

混凝土搅拌机 2 台，每台 10kW；升降机 1 台，功率为 20kW，$J_c = 40\%$；钢筋弯曲机 1 台，每台功率 5.0kW；电焊机 1 台，每台 $S_N = 22\text{kVA}$，$J_c = 65\%$；电锯 1 台，每台功率 3.0kW；荧光灯、碘钨灯照明电器用电量按动力设备容量 10% 计算。试利用需要系数法求：

（1）估算工地的总的用电量（即变压器容量 S_e）。

（2）假设所有设备为一集中负荷，变压器到工地的距离是 250m，采用三相四线制供

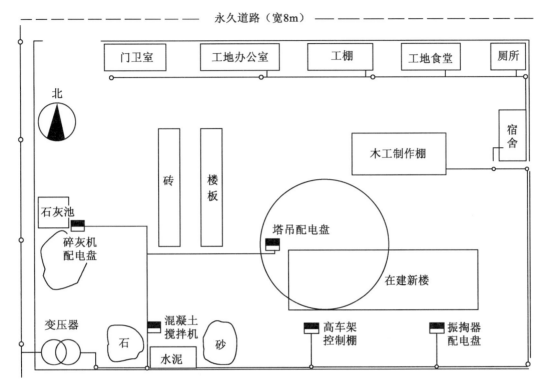

图 6.41　某在建工地现场供电平面图

电，总线路 $K_x = 0.75$。按允许载流量法和电压校验法（按 $e = \pm 5\%$）选择 BV 导线的截面。

[解]　根据题目把设备分为四大类，即起重机、电焊设备、动力设备和照明设备，分别计算它们的计算负荷。

计算工地用电计算负荷 P_c。

（1）升降机组，转换成 25% 的暂载率的额定功率：

$$P_{c1} = 2K_x\sqrt{J_c}\,P_N = 2 \times 0.25 \times \sqrt{0.40} \times 20 = 6.325\,(\text{kW})$$

$$Q_{c1} = P_{c1} \times \tan\varphi_1 = 6.325 \times 1.02 = 6.452\,(\text{kVar})$$

（2）混凝土搅拌机组

$$P_{c2} = K_x P_N = 0.70 \times 2 \times 10 = 14\,(\text{kW})$$

$$Q_{c2} = P_{c2} \times \tan\varphi_2 = 14 \times 1.17 = 16.38\,(\text{kVar})$$

（3）钢筋弯曲机组：

$$P_{c3} = K_x P_N = 0.70 \times 5 = 3.5\,(\text{kW})$$

$$Q_{c3} = P_{c3} \times \tan\varphi_3 = 3.5 \times 1.02 = 3.57\,(\text{kVar})$$

（4）电焊机组：

$$P_{c4} = K_x\sqrt{J_c}\,SN\cos\varphi = 0.45 \times \sqrt{0.65} \times 22 \times 0.45 = 3.592\,(\text{kW})$$

$$Q_{c4} = P_{c4} \times \tan\varphi_4 = 3.592 \times 1.99 = 7.148\,(\text{kVar})$$

（5）电锯：

$$P_{c5} = K_x P_N = 0.65 \times 3 = 1.95\,(\text{kW})$$

$$Q_{c5} = P_{c5} \times \tan\varphi_5 = 1.95 \times 1.02 = 1.989 (\text{kVar})$$

总的动力容量之和：

$$
\begin{aligned}
S'_c &= \sqrt{(\sum P_c)^2 + (\sum Q_c)^2} \\
&= \sqrt{(6.325 + 14 + 3.5 + 3.592 + 1.95)^2 + (6.452 + 16.38 + 3.57 + 7.148 + 1.989)^2} \\
&= \sqrt{29.367^2 + 35.539^2} \\
&= 46.103 (\text{kVA})
\end{aligned}
$$

加上 10% 的照明器容量，即工地总的用电量 S_c 为

$$S_c = 1.1 S'_c = 1.1 \times 46.103 = 50.7133 (\text{kVA})$$

总的计算电流：

$$I_c = \frac{S_c}{\sqrt{3} U_N} = \frac{50.7133 \times 10^3}{\sqrt{3} \times 380} = 77.05 (\text{A})$$

按电压损失选择导线截面 S 为

$$S = \frac{K_x (1.1 \sum P_c) L}{C\varepsilon} = \frac{0.75 \times 29.367 \times 250}{77 \times 5} = 15.73 (\text{mm}^2)$$

对比表 6.7，35° 时允许载流量 77.05A 应选择 $16\text{mm}^2 > 15.732\text{mm}^2$，因此，此工地临时用电可以选择 16mm^2 或 25mm^2 BV 导线进行供电。

任务六　建筑电气系统安装

一、导线的敷设安装

（一）钢管敷设

钢管敷设是把绝缘导线穿在钢管内敷设的配线方式。这种配线方式广泛应用于易燃、易爆及潮湿场所，工业厂房和重要的公共建筑中。这种配线方式安全可靠、可避免腐蚀和机械损伤，且更换电线较方便。

钢管敷设通常有明敷和暗敷两种，明敷是把钢管敷设于墙壁、桁架等表面，可以直接看得见敷设的管道，要求横平竖直、整齐美观；暗敷是把钢管敷设于墙壁、楼板内、地板砖下面或吊顶棚内等看不见的地方，要求管路短，弯曲少，以便穿线。

钢管配线常用焊接钢管（镀锌）和电线管（不镀锌）两种，焊接钢管管壁较厚，以其内径计管径；电线管的管壁薄，以其外径计管径。钢管配线的方法和步骤如下：

1. 钢管选择

主要确定管子的种类、规格。种类的选择主要是根据环境来选择：明敷在潮湿场所和暗敷于地下的管子都应用厚壁管；明敷或暗敷在干燥场所时可用薄壁管。规格的选择应根据管内所穿导线的根数和截面的大小进行选择，一般规定管内导线的总截面积（含外护层）不应大于管子截面积的 40%。对于设计完毕的施工图，管子的种类与规格在施工时要选用与设计相符的钢管种类与规格。不要选择有裂缝、压扁、堵塞、受严重腐蚀过的钢管。

2. 钢管加工

钢管加工包括刮口、除锈、刷漆、切割、套螺纹、弯曲等。

（1）除锈、刷漆：为防止钢管生锈，配管前要除锈、刷防锈漆。管子内壁除锈方法是用圆形钢丝刷接上长手柄来回拉动，管外壁除锈用钢丝刷、砂纸人工打磨或用电动除锈机。除锈后，将管子的内外表面应马上涂上防锈油漆。钢管外壁刷漆的要求是：埋入混凝土内的钢管不刷防腐漆，埋入道渣垫层和土层内的钢管刷二道沥青（若使用镀锌钢管则不必刷漆），埋入砖墙内的钢管刷红丹漆。钢管明敷时，应刷一道防腐漆、一道灰漆（若设计另有规定，灰漆层按设计规定）。埋入腐蚀性土层中的钢管应按设计规定刷漆。电线管因已刷防腐油漆，故只需在管子的焊接处等无漆处补同色漆即可。

（2）切割、套螺纹：配管时，按实际需要长度切割管子。可以用钢锯、割刀或无齿锯切割，严禁用气割。

管子与管子的连接处及其他一些地方需要在管子的端部套螺纹。焊接钢管套螺纹可用管子铰板或电动套螺纹机，电线管套螺纹用圆螺纹板。套螺纹时，先将管子的端部小部分伸出压力案并压紧，然后调好代螺纹，用合适的扳牙套螺纹。电动套螺纹机省力高效。套螺纹完毕后将管口毛刺用锉刀刮口，以免毛刺划破导线绝缘层。

（3）弯曲：钢管敷设时需要改变方向，就要弯曲。明敷时，管子的弯曲半径一般不小于管外径的 6 倍；若埋于地下或混凝土楼板内，不应小于管外径的 10 倍。为方便穿线施工，在下列情况时应增设中间接线盒：管子直线长度每超过 45m，无弯曲时；管子直线长度每超过 30m，有 1 个直角弯时；管子直线长度每超过 20m，有 2 个直角弯时；管子直线长度每超过 12m，有 3 个直角弯时。

管子的弯曲可采用撖弯器、弯管机或热撖法。

①管径在 50mm 及以下的管子多用撖弯器，方法如图 6.42 如示。先在需撖弯处画上尺寸，然后将管子需弯曲部位的前段放于撖弯器内，再用脚踩住管子，用力扳撖弯器柄，管子略弯立即换点，沿管子的弯曲方向逐点移动撖弯器。当然，管径 50mm 以下的管子也可用割把弯，以免管子弯扁。

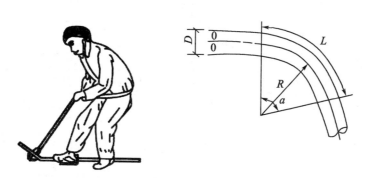

D—管子半径；a—弯曲角度；R—弯曲半径；L—弯曲长度

图 6.42　用撖弯器人工弯管、钢管弯曲径

②管径在 50mm 及以上的管子，可用弯管机或热撖法。使用弯管机时，要根据弯曲半

径选择对应的模具。若使用热揻法，应先在管内塞满、塞实烘干的砂子，然后用木塞堵住两端口，再在弯曲部位均匀加热，最后在胎具内弯曲成型，再浇凉水，倒出砂子即成型。用此法揻弯时，应比预定弯曲角度略大 2°~3°，以弥补因冷却的回缩。

（4）钢管的连接：不管是明敷设还是暗敷设，一般多采用管箍连接，而不可直接用电焊连接，在潮湿、易燃、易爆场所地下暗埋时更是要求如此。具体步骤如下：

①把要连接的管端部套螺纹，并在丝扣部分涂铅油，缠上麻丝（或生料带）；

②把要连接的管中心对正插入到套管内，两管反向拧紧，使两管端吻合；

③满焊套管两端四周；

④用圆钢或扁钢做接地跨接线焊在管箍两端，使管子之间有良好的电气连接，保证接地可靠，如图 6.43 所示。

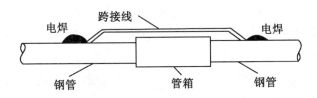

图 6.43　钢管的管箍链接法

套管的选择应注意：

①管径的选择：管径的选择应该大小合适，太大的管径套上去后不易使两连接管的管中心线对正，造成管口处管的有效截面减小，导致穿线困难与焊接困难。一般根据表6.26 选择为宜。

表 6.26　　　　　　　　　**穿管套管规格选择**

敷设穿线管公称直径（mm）	套管规格（mm）	备注	敷设穿线管公称直径（mm）	套管规格（mm）	备注
15	φ20	焊管	50	φ68×4.0	无缝钢管
20	φ25		70	φ83×3.5	
25	φ2×4.0	无缝钢	80	φ95×3.5	
32	φ50×3.5		100	φ121×3.5	
40	φ57×4.2				

②套管长的选择：套管长为连接处管径的 1.5~3 倍。套管长度不合适，将不能起到加强接头处机械强度的作用。一般应视敷设管线上方的冲击大小而定，冲击大则选 3 倍上限，冲击小可选下限 1.5 倍。

③跨接线选择参见表 6.27。

表 6.27　　　　　　　　　　　　**接地跨接线规格选择参考表**

穿线管公称直径（mm）		跨接线规格（mm）	
电线管	钢管	圆管	扁钢
≤32	≤25	φ6	
40	32	φ8	
50	40~50	φ10	
70~80	70~80	φ2	25×4

另外，应注意以下事项：

①需先焊好套管再敷设管子。管箍四周的焊接一定要专业持证焊工满焊，不可以由电工焊接，更不可不焊。.

②接地跨接线焊接应整齐，焊接长度不可小于接地线圆钢直径的 6 倍，也不要把管箍焊死。

③钢管进入灯头盒、开关盒及配电箱时，暗配管可用焊接固定，管口一般露出箱（盒）小于 5mm，明配管应用管帽（或锁紧螺母）固定。

（5）钢管敷设：配管先从配电箱/板开始，逐段配到用电设备（元件）处。根据实际情况，有时也可以从用电设备（元件）先配起，最后配至配电箱（板）处。配管有明配和暗配两种情况。

①暗配：在现浇混凝土内暗配钢管，可用铁丝把钢管绑在混凝土中的钢筋上，或将管子绑牢后用钢钉钉在木模上，同时管下用垫块（砖头、木头）垫起 15~20mm，这样可减轻地下水分对管子的腐蚀。配管工作应在混凝土浇筑前完成。

钢管配在砖墙内时，一般应在土建砌墙时预埋或在埋管处留槽，否则以后需人工开槽，耗时费力。钢管在砖墙内固定时，先在砖缝内打入木楔，再用铁丝把管子绑牢后，用钉子钉在木楔上即可。不能仅把管子敷入槽中，完全靠小砖块、混凝土去固定。管子离墙表面净距不小于 15mm。

如管路敷设于地面下，最好不要穿过设备的基础，以免维修时不便。必须穿过基础时，应加保护措施。许多管子并排敷设时，必须使各管间留出一定距离，以保证其间也能灌入混凝土。进入落地式配电箱的管子要整齐排列，管口高出基础面不小于 50mm。

管子敷设完后，应把管口用木塞或其他专用件堵上，以免管子堵塞影响穿线。

当钢管管路经过建筑物的伸缩缝或沉降缝时，一般应装设补偿盒，如图 6.44 所示。在补偿盒的侧面开一长孔，将管端插入长孔内，管可在长孔内伸缩，而另一端用六角螺母与接线盒拧紧固定。

②明配：明配管应注意做到美观，因此配管各固定点间距要均匀。要求管路应沿建筑物结构表面"横平竖直"地敷设，其允许偏差在 2m 管长以内均为 3mm，全长偏差不应超过管子内径的一半。

当管子沿着柱、墙、屋架等处敷设时，可用管卡固定。管卡可以用膨胀螺栓直接固定在墙上，也可以先在墙柱上固定金属支架，再用管卡子把管子固定在支架上。支架形式的选择可参考国家标准图集有关内容。

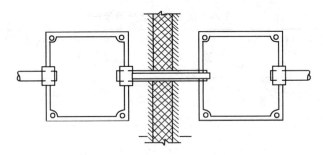

图 6.44　暗配线管经过伸缩缝的补

当钢管沿着建筑物或设备的金属构件敷设时，若金属构件允许点焊，可把焊接钢管点焊在金属构件上，而电线管则必须用支架和管卡子固定。钢管沿墙、柱至开关、灯头、插座等接线盒内时，要将管子弯成鸭脖弯，不可把管子直接插入接线盒内，明敷线管做法如图 6.45 所示。管卡子的安装位置应严格按施工规范执行。管卡与终端、转弯中点、电气设备或接线盒边缘的距离为 250~500mm，中间管卡间的最大距离应符合表 6.28 的规定。

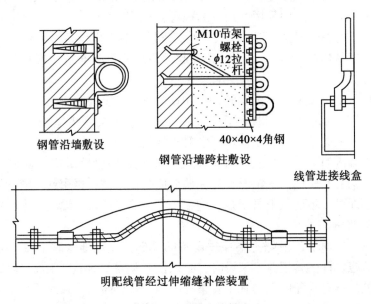

图 6.45　明敷线管做法

表 6.28　　　　　　　　　　　　穿线管中间管卡间的最大距离和允许偏差

敷设方式	允许距离 线管类	线管直径（mm）			
		15~20	25~32	40~50	65~100
吊架支架或 沿墙敷设	钢管	1500（30）	2000（40）	2500（50）	3500（60）
	电线管	1000（30）	1500（40）	2000（50）	
	塑料管	1000（30）	1500（40）	2000（50）	

注：括号内数字为穿线管中间管卡间的允许偏差。

明配的钢管在经过建筑物的伸缩缝、沉降缝等不稳定地方时，一般采用金属软管来补偿，将软管安在钢管边缘，如图 6.46 所示，应使金属软管略有些弧度，当建筑物基础下沉时，可借助软管的弹性而伸缩。

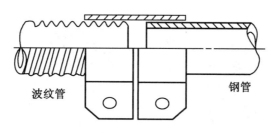

波纹管　　　　　　　　　　钢管

图 6.46　钢管与软管的连接

在有爆炸危险的场所的引入口都必须采取密封措施，以防止发生危险时，其场所内的空气进入其他场所。

钢管明敷到电动机时，应在电动机的进线口、管路与用电设备连接处等工艺较难点上和管路通过建筑物伸缩缝、沉降缝处装设防爆柔性连接管。这种管子的弯曲半径不应小于其外径的 5 倍。

管子间、管子与接线盒、开关盒之间都必须用螺纹连接。螺纹处用油漆麻丝（或生料带）缠绕后拧紧，以保证密封可靠。

引入电动机或其他用电设备的电线连接必须牢固且应有防松脱措施，应该放于密封的接线盒内，动力电缆不允许有中间接头。

（6）钢管穿线：钢管敷设完毕，电气设备就位后即可穿线。穿线时，应先穿钢带线（φ1.6mm 钢丝）作为牵引线。当管路较长弯曲较多时，应在配管前就先穿入钢带线。现场施工中，若管路较长，且弯曲多从一端穿带线较困难时，可从两端同时穿带线（穿前先把两钢丝弯成小钩），估计钢丝接头之后，反向转动两根钢丝使之绞合在一起，然后把其中一根拉出，此时可在钢丝上绑扎导线穿线。绑扎导线方法如图 6.47 所示。

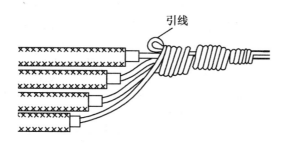

引线

图 6.47　多根导线绑扎法

拉线时应两人同时操作，一人送线，一人拉线，不可生拉硬扯，应两人协调一致。当拉到某一点拉不动时，可用锤子敲打管子或两人来回反复拉动几次后再向前拉。

垂直管穿线时，当导线超过下列长度时，应在管口处或接线盒中予以固定：50mm²

及其以下的导线，长度为 30m 时；70~95mm² 的导线，长度为 20m 时；120~240mm² 的导线，长度为 10m 时，这样防止导线被外力与自身的重量拉断。在接线盒中的固定方法如图 6.48 所示。

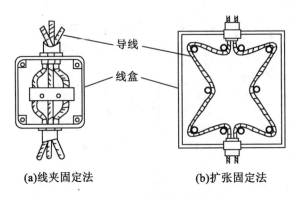

(a)线夹固定法　　　　　　　　　　(b)扩张固定法

图 6.48　垂直导线固定方法

穿线时，不同回路、不同电压及交流与直流的导线不得在同一管内穿，下列情况例外：

①电压为 65V 及以下的回路；

②同一台设备的电动机回路和无抗干扰要求的控制回路；

③照明花灯的所有回路；

④同类照明的几个回路，但管内导线最多不可超过 8 根。

同一交流回路的导线必须穿于同一钢管内，导线在管内不得有接头，必须有接头时，可加装接线盒。

钢管与设备连接时，应将钢管敷设到设备内；如不能直接进入设备内，则可以用金属软管连接至设备接线盒内，金属软管与设备接线盒的连接用软管接头。

(二) 塑料管的敷设

塑料管配线的情况也是常见的，塑料管包括硬塑料管、半硬塑料管、塑料波纹管、软塑料管。塑料管配线施工工艺有如下几道工序：塑料管的选择、塑料管的加工、塑料管的连接、塑料管敷设和穿线等。

1. 塑料管的选择

实际施工时，管子类型与规格已由图样选定，一般只要按图选管即可。一般地，硬塑料管适用于室内或有酸、碱等腐蚀性介质的场所，但不得使用于高温或易受机械损伤的场所。半硬塑料管和塑料波纹管适用于一般民用建筑照明工程暗敷设，但不得敷设在高温场所。所选定的塑料管不应有裂缝和扁折、堵塞等情况。

2. 塑料管的加工

塑料管的加工一般是切割、弯曲等，用钢锯或专用切割刀具按所需长短切割。塑料管弯曲可用加热法，将塑料管按量好的尺寸放在电烘箱内或电炉上加热，待要变软时取出（拿下来），把管子放在事先做好的胎具内弯曲成型。

3. 塑料管的连接

（1）硬塑料管的连接：硬塑料管的连接分螺纹连接和粘接两种方法。用螺纹连接时，要在管口端部套丝。硬塑料管在套螺纹时用圆螺纹板，其套螺纹方法和钢管套螺纹类似。套完螺纹后要清洁管口，将管口端面和内壁的毛刺清理干净使管口光滑以免伤线。软塑料管和波纹管没有套丝的加工工艺，塑料管的粘接通常有二种方法：插入法，又分为一步插入法和二步插入法；套接法。

一步插入法适用于直径为 50mm 及以下的硬塑料管的连接，其工艺是：①将管口倒角，把要连接的两个管端，一个加工成约 30°内斜角（叫阴管），另一个加工成约 30°的外斜角（叫阳管）；②用汽油清洁阴管和阳管的插接段；③取阴管插接段约为管径的 1.1～1.8 倍放于电炉上加热数分钟，使之呈柔软状态，一般加热温度在 140℃左右。④将阳管插入部均匀地涂上黏合剂，然后迅速地插入阴管，待中心线一致时，迅速用准备好的湿布冷却接口。使接口恢复原管子的硬度。连接后的情况如图 6.49 所示。二步插入法适用于直径为 65mm 及以上的硬塑料管，其工艺是：①将管口倒角，并清理插接段，方法同一步

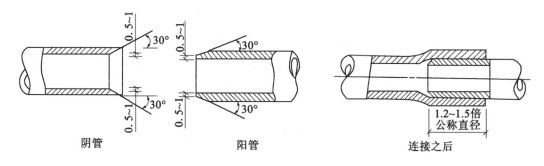

图 6.49 管口倒角及连接

插入法；②加热阴管，取管径的 1.1～1.3 倍长插入温度为 145℃的热甘油（也可用喷灯或电炉等）中。加热数分钟后迅即插入已被甘油加热的金属模具中，以便扩大管径，待冷却到 50T 左右时取下模具，再用冷水内外浇洒，管接口再冷却，使管子恢复到原来的硬度。一般模具的外径比管内径大 2.5%左右。成型模的插入情况如图 6.50 所示。③在阴管和阳管的插接段均匀涂上胶合剂，然后把阳管插入到阴管内，加热阴管使其扩大的管径收拢、完全贴合阳管，然后迅速加冷水冷却。

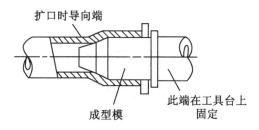

图 6.50 成型模插入情况

最后还需用塑料焊焊接接口，方法是：把阳管插入到阴管后，用聚氯乙烯焊条在接合处沿圆周满焊 2~3 周以保证密封，焊接情况如图 6.51 所示。

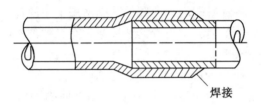

图 6.51　接口密封焊接

套接法是先把同直径的硬塑料管加热扩大成套管或使用专用配套的连接管件，再把需要连接的管端倒角（方法同上述），并用汽油清洁插接段，过几分钟后（目的是让汽油挥发掉）在插接段均匀涂上胶合剂，迅速插入热套管中，并用湿布冷却即可。套接法如图 6.52 所示。

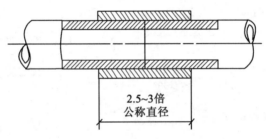

图 6.52　硬塑料管套连接法

（2）半硬塑料管的连接：可以用套管粘接法连接，套管长度一般取连接管外径的 2~3 倍，接口处应用黏合剂粘接牢固。

（3）线管进线盒：操作步骤如图 6.53 所示。

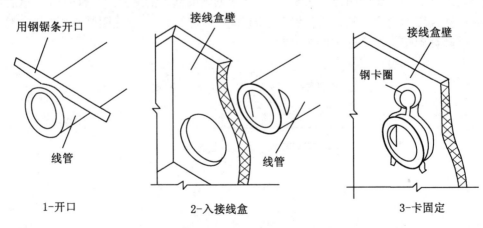

图 6.53　线管进入盒内的操作

4. 塑料管的敷设

硬塑料管、半硬塑料管也可以分为明敷设和暗敷设两种方法，与钢管的敷设类似。硬塑料管沿建筑物表面敷设时，在直线段上每隔 30m 要装设一个温度补偿装置，以适应其热胀冷缩，如图 6.54 所示。

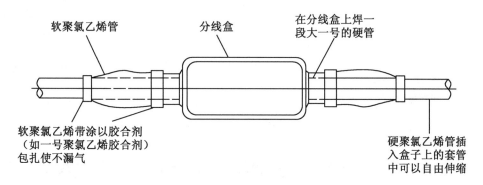

图 6.54　塑料管温度补偿装置

硬塑料管在支架上架空敷设时，其敷设方式就可通过其自身挠度的改变来适应其热胀冷缩，因此可不装设补偿装置。明配硬塑料管穿过楼板、建筑物墙体等易受机械损伤处时，要加钢管保护。

（三）线槽布线

塑料、金属槽板配线是把导线放置在槽板的线槽内部，上面用盖板把导线盖上，然后固定于墙壁等处的一种明配线方式。槽板受环境（高温、潮湿）影响会变形，故这种配线方式一般多用于住宅、办公室等干燥场所。

槽板配线施工一般在抹灰层与粉刷层干燥后进行，具体步骤如下：

（1）定位画线：选好线路敷设路径并画线后，按每节槽板的长度，测定线槽板底槽固定点的位置。在确定固定点时，先定两端的固定点（位于距端点 50mm 处），然后按间距不大于 500mm 均匀地测定固定点。

（2）加工槽板：槽板加工主要用锯子锯断。加工弯时底板槽要用钢锯或专用刀具切成 45°，如图 6.55 所示。

底板连接时，线槽要对正，连接应紧密，最好以斜角对接，如遇分支"T"形拼接时，应在拼接点处把底板的筋铲掉锯平，并把线槽内侧削成圆形，使导线在线槽中易通过；若在凸凹不平的墙上安装，需把二根槽板端部锯成 45°，并把转角处的线槽内侧剔成圆形以穿线。

（3）固定底板：根据画线确定的位置，用钉子或螺钉固定。在砖墙上固定槽板，可用钉子把槽板钉在预埋的木砖上。在混凝土结构上固定槽板，可利用预埋的胀管或膨胀胶粒固定。在灰板墙和木板天棚上固定槽板，直接用钉子钉入固定。

（4）导线敷设：固定了底板后就可以敷设导线，一条槽板内应敷设同一回路的导线，以使导线接头易于辨认。槽板内导线不得有接头，不得受挤压。若必须接头，则可另装接线盒扣在槽板上。当导线敷设到灯具、开关、插座或接头处时，要留 10mm 左右的预留线

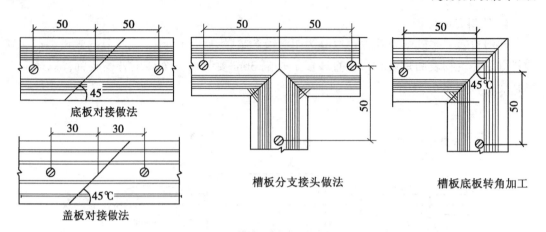

底板对接做法

盖板对接做法

槽板分支接头做法

槽板底板转角加工

图 6.55　槽板加工方法

以便连接。在配电箱或配电板等处，一般预留配电箱或配电板半周长的导线余量。穿墙或楼板时，导线应穿过预埋的金属保护管内。

（5）固定盖板：敷设好导线的同时就可以把盖板固定到底板上。固定盖板是用钉子直接钉在底板的中线上，一定不能使钉子钉斜，以免损伤导线。钉子间距在 300mm 以内，最后一个钉子应离盖板端头 30mm。塑料线槽也可以均匀的用力把盖拍合。槽板的终端需做封端处理，如图 6.56 所示，即将盖板按底板槽的斜度折覆固定。

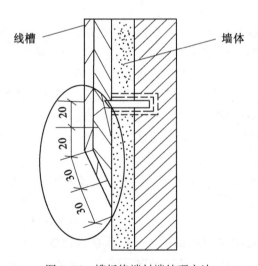

线槽　　　　　　　　　　墙体

图 6.56　槽板终端封端处理方法

二、照明装置的安装

（一）灯具的安装

灯具由光源、灯罩及附件组成，其制成材料各不相同，安装前，应检查其配件是否齐全，外观有无破损、变形及油漆脱落等，并应测试其绝缘是否良好。

（1）灯具安装位置及高度应符合设计要求。若设计未注明时，室外灯具一般不低于3.0m，室内灯具一般不低于2.4m，壁灯一般为1.5~2.2m。

（2）灯具的选用应根据使用功能要求和使用环境确定。

（3）灯具重量在1kg以下者，可直接用软线吊装；1kg以上者，应采用吊链吊装；3kg以上者，应固定在预埋的吊钩或螺栓上。

（4）固定灯具的螺钉或螺栓不得少于2个。在砖墙上装设的灯具也可用预埋螺栓、膨胀螺栓或预埋木砖固定，严禁用木楔代替。

（5）对于不能直接固定在建筑物顶棚、墙和柱上的灯具，必须安装绝缘台，绝缘台形状应与灯具相协调，安装时要弹好线，用螺栓或螺钉固定在灯位盒上。潮湿场所应衬橡胶垫，垫上出线孔不得挖大孔，应一线一孔。

（6）灯具配线应符合表6.29的规定，且色标区分明显。

（7）当灯具外壳有接地要求时，应当用接地螺栓与接地网连接。

（8）当灯具安装在易燃结构部位或木吊顶内时，要做好防火处理（可在灯具周围的结构物上刷防火涂料等）。

表6.29　　　　　　　　　　　　　　　　　灯具安装最小截面

安装场所及用途		线芯最小截面积（mm^2）		
		铜芯软线	铜线	铝线
灯头线	民用建筑室内	0.4	0.5	2.5
	工业建筑室内	0.5	0.8	2.5
	室外	1.0	1.0	2.5
移动用电设备导线	生活用	0.4	—	—
	生产用	1.0	—	—

（9）同一室内有多套灯具时，应排列整齐并符合设计要求，灯位盒要统一弹线，必要时增加尺寸调节板。

常见灯具安装的各种作法如图6.57~图6.60所示。

（二）照明配电箱的安装

建筑照明通常采用带断路器的配电箱进行配电，也可采用带熔断器的换路开关的配电箱。配电箱可选成套配电箱或现场制作的非标准配电箱。配电箱的安装除应符合设计要求外，还应符合以下要求：

（1）导线引出板面处均应套绝缘管；

（2）配电箱的垂直偏差应不大于0.15%，暗装配电箱的板面四周边缘应紧贴墙面；

（3）各回路均应有标牌标明回路的名称和用途，若有不同种类或不同电压等级的配电设备装在同一箱体内时，应有明显的区分标志；

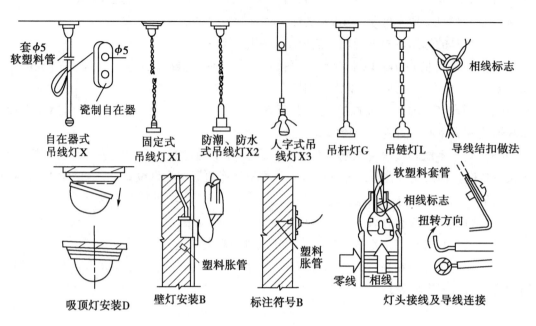

图 6.57 灯具一般安装方法及符号

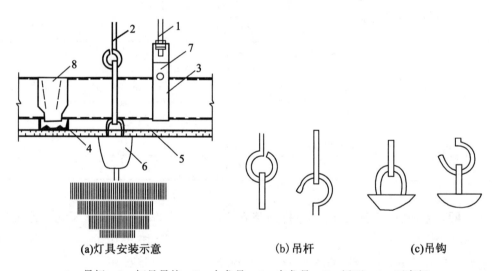

1—吊杆；2—灯具吊钩；3—大龙骨；4—中龙骨；5—纸面；6—石膏板；
7—大龙骨垂直吊挂件；8—中龙骨垂直吊挂件

图 6.58 吊灯/大型灯安装

（4）配电箱的安装高度宜在 1.2~1.5m 为好，箱内工作零线与保护接地线应严格区分；

（5）配电箱内部接线的导线截面积应符合表 6.30 的规定；

（6）标准配电箱有悬挂式和嵌入式两种，在墙上的安装方法如图 6.61 所示。

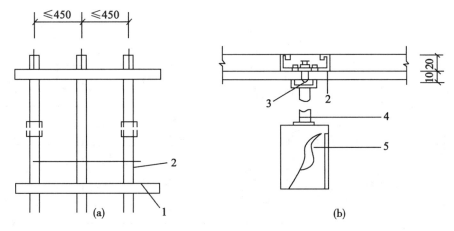

1—大龙骨；2—中龙骨；3—固定灯具螺栓；4—灯具吊杆；5—灯具

图 6.59　吊杆灯具安装

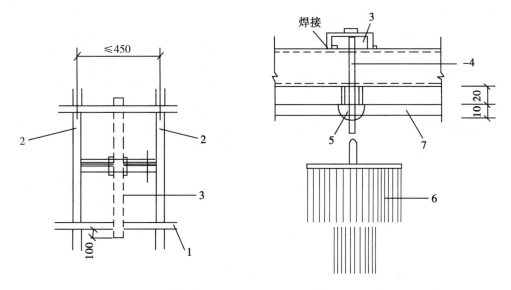

1—大龙骨；2—中龙骨；3—附加横卧大龙骨；4—中龙骨；5—灯具吊杆底座连接螺栓

图 6.60　吊杆灯具安装

表 6.30　　　　　　　　　　　　　　　**配电箱内部导线截面积的选择**

脱扣器额定电流（A）	绝缘铜芯导线截面（mm^2）	脱扣器额定电流（A）	绝缘铜芯导线截面（mm^2）
6	1.5	40	10
10	1.5	50	16
15	2.5	60	16
20	2.5	70	25
30	6	100	35

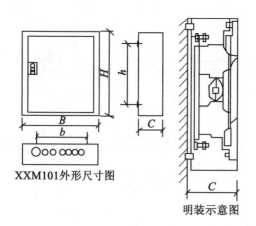

XXM101外形尺寸					
型号	尺寸(mm)				
	B	H	b	h	C
XXM101 —□—1	450	450	280	280	105 (160)
XXM101 —□—2	450	600	280	430	105 (160)
XXM101 —□—3	540	750	360	570	105 (160)
XXM101 —□—4	540	850	360	670	125 (160)

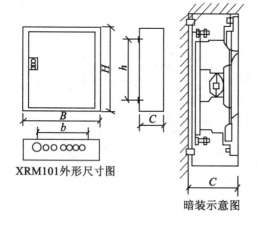

XRM101外形尺寸					
型号	尺寸(mm)				
	B	H	b	h	C
XRM101 —□—1	450	450	280	280	105 (160)
XRM101 —□—2	450	600	280	430	105 (160)
XRM101 —□—3	540	750	360	570	105 (160)
XRM101 —□—4	540	850	360	670	125 (160)

图6.61 悬挂式（上）、嵌入式（下）配电箱安装

（三）开关、插座及吊扇的安装

开关、插座的安装位置应便于使用、维修，一般应注意如下规定：

（1）各种开关、插座应安装牢固，位置准确，高度一致。安装扳板（跷板）开关时，一般向上为"合"，向下为"断"。

（2）除设计有特殊要求外，开关、插座的安装位置如下：

①扳板（跷板）开关距地高度为1.2~1.5m，距门框水平净距为0.15~0.3m；

②拉线开关距地面高度为2.2~3m，距门框水平净距为0.15~0.3m；

③明装插座距地面高度为1.8m，暗装插座距地面高度为0.3m；有儿童活动的场所应采用安全插座，否则，安装高度应大于1.8m；

④不同电流种类或电压等级的插座安装在一起时，必须有明显标志区别，且插头与插座造型要有区分，以免用错。

（3）同一场所的开关、插座成排安装时，高低差应不超过1mm，分散安装时，高低差不大于5mm。

（4）插座开关接线时导线分色应统一正确，严格做到开关控制相线。插座右极接相线，左极接零线，接地线在上方，如图6.62所示。

吊扇的安装主要在浇筑楼板时预留好吊钩即可，吊扇吊钩做法如图6.63所示。

L、U、V、W—相线（火线）；

N—中性线（零线）；PE—接地

图6.62　插座的接线方法

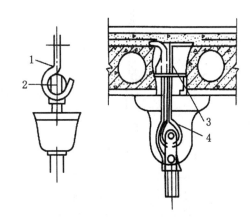

1—吊钩；2—吊钩橡皮轮；

3—水泥砂浆

图6.63　吊扇吊钩做法

三、防雷接地装置的安装

防雷接地系统的安装施工必须符合设计规范要求，位置应正确，固定牢固，还要做好必要的防腐、防锈措施。

（1）单独设立的防雷与接地装置通常使用镀锌钢材制成。暗设时，截面应比明设增大一倍，接头处应焊接。搭接长度不应小于扁钢宽度的2倍或圆钢直径的6倍，焊缝处应平整饱满，有足够的机械强度。不得有灰渣、咬肉、裂纹、虚焊、气孔等缺陷，焊好后清除药皮，刷防锈防腐层。

（2）避雷针（网、带）制作应符合设计要求。避雷网（带）的规格尺寸和弯曲半径应正确，一般情况下，弯曲半径应不小于圆钢直径的10倍或扁钢宽度的6倍，绝对不可弯成直角，并应与所有突出屋面的金属物体相连接。图6.64和图6.65为避雷针及避雷带的常见做法。

（3）避雷针针体垂直度偏差应不大于顶端针杆的直径。避雷网（带）敷设应平直，平直度每2m检查段允许偏差值不宜大于3%，全长不宜超过10mm。明装避雷网（带）的支持件间距应均匀。

（4）避雷网（带）、接地线穿越建筑物变形缝时应有补偿装置。

（5）防雷引下线应沿建筑物外墙经最短路径接地。但不宜设在人员易靠近的地方（如阳台或出入口附近），离地面0.2~1.8m处设断接测试卡，如图6.66所示。明敷设的引下线在断接卡子以下应套保护管，保护管可用硬塑料管、角钢或开口钢管。

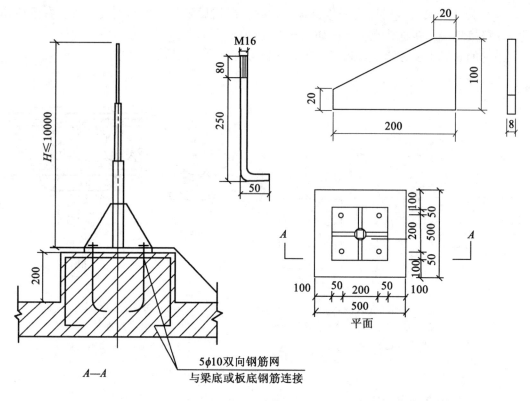

图 6.64　避雷针安装

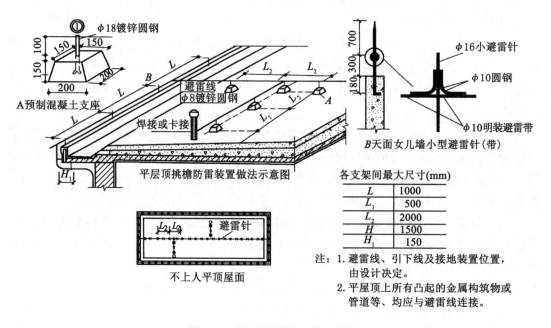

A预制混凝土支座

平层顶挑檐防雷装置做法示意图

B天面女儿墙小型避雷针（带）

各支架间最大尺寸(mm)

L	1000
L_1	500
L_2	2000
H	1500
H_1	150

不上人平顶屋面

注：1. 避雷线、引下线及接地装置位置，由设计决定。
　　2. 平屋顶上所有凸起的金属构筑物或管道等、均应与避雷线连接。

图 6.65　屋面避雷针（带）安装

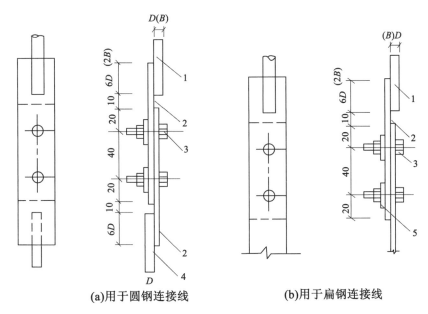

(a)用于圆钢连接线　　　　　(b)用于扁钢连接线

1—圆钢引下线；2—连接板扁钢 25×4，$L=90×6D$；
3—M8×30 镀锌螺栓；4—圆钢接地线；D—圆钢直径；B—扁钢宽度
图 6.66　明装引下线断接卡子的安装

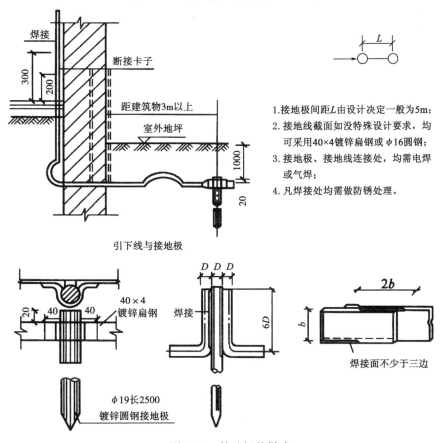

1.接地极间距L由设计决定一般为5m；
2.接地线截面如没特殊设计要求，均
　可采用40×4镀锌扁钢或ϕ16圆钢；
3.接地极、接地线连接处，均需电焊
　或气焊；
4.凡焊接处均需做防锈处理。

引下线与接地极

图 6.67　接地极的做法

（6）高层建筑应有防侧击雷的措施，一般是每隔三层设均压环一道；高度超过 30m 时，应将 30m 以上部分外墙上的金属门、窗或构件及建筑内的固定金属物体与防雷装置相连接（竖向金属管路可每 3 层与均压环连接一次）。

（7）接地/零线明敷设时应平直、牢固，固定点间距均匀，穿墙有保护管。

（8）接地体埋设深度不小于 0.6m，接地电阻应符合设计要求的规定（一般不大于 5Ω）。共用接地极时，按最小接地电阻取值，如图 6.67 所示。

（9）电源引入处需要做防高电位入侵的接地，做法参考相关规范。

（10）防雷及接地装置也可利用建筑物的梁、柱、板内的钢筋作为引下线，此时应取用两根不小于 φ16mm 主筋，接头处要焊接良好。接地极可以利用桩基础兼做，如图 6.68 所示。

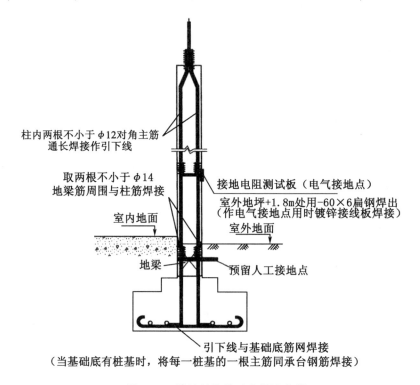

图 6.68　接地极柱基础内做法大样

（11）防直击雷的人工接地装置距人行道或建筑物入口处的距离小于 3m 时，应采取措施降低跨步电压。通常其做法是：在水平接地体上敷设 50～80mm 厚的沥青层，宽度超过接地装置 2m；或在接地体上部装设 500mm×500mm，其边缘距接地体不小于 2.5m 的圆钢（扁钢）均压网络，也可以做帽檐式均压带。

任务七　建筑电气系统与土建的配合

强电的施工过程分为三个阶段：主体配合阶段、安装阶段及调试阶段。由图 6.69 知，电气安装工程继土建工程开工不久而开工，与土建施工交叉进行，最后又与土建工程同时验收交工。

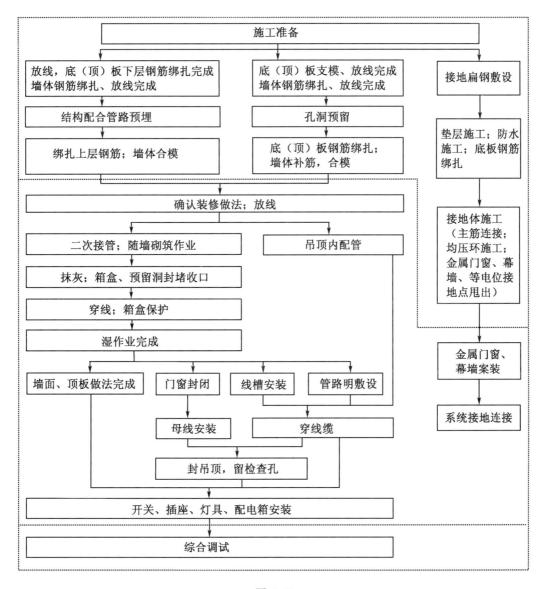

图 6.69

一、施工准备阶段

在施工准备阶段，各专业均应熟悉、审查施工图纸和有关的设计资料。通过施工单位自审，以及建设单位和（或）监理单位主持的、设计单位和施工单位参加的三方会审，使工程技术管理人员充分地了解和掌握设计图纸的设计意图，工艺特点和技术要求；及时发现设计图纸中存在的问题和错误，使其在施工开始之前改正，为工程项目的施工提供一份准确齐全的设计图纸，从而使施工单位能够按照设计图纸的要求顺利地进行施工，生产出符合设计要求的最终建筑产品。

二、施工阶段

(一) 建筑防雷系统配合要点

1. 接地体作业条件

按设计位置清理好场地，底板筋与柱筋连接处已绑扎完，桩基内钢筋与柱筋连接处已绑扎完。

2. 接地干线作业条件

支架安装完毕，保护管已预埋，土建抹灰完毕。

3. 支架安装作业条件

各种支架已运到现场，结构工程已经完成，室外必须有脚手架或爬梯。

4. 防雷引下线暗敷设作业条件

建筑物（或构筑物）有脚手架或爬梯，达到能上人操作的条件，利用主筋作引下线时，钢筋绑扎完毕。

5. 防雷引下线明敷设作业条件

支架安装完毕，建筑物（或构筑物）有脚手架或爬梯达到能上人操作的条件，土建外装修完毕。

6. 避雷带与均压环安装作业条件

土建圈梁钢筋正在绑扎时，配合此项工作。

7. 避雷网安装作业条件

接地体与引下线必须做完，支架安装完毕，具备调直场地和垂直运输条件。

8. 避雷针安装作业条件

接地体及引下线必须做完；需要脚手架处，脚手架搭设完毕；土建结构工程已完，并随结构施工做完预埋件。

(二) 预埋管及预留孔洞配合要点

1. 作业条件

（1）各层水平线和墙厚度线弹好，配合土建施工。

（2）预制混凝土板上配管，在做好地面以前弹好水平线。

（3）现浇混凝土板内配管，在底层钢筋绑扎完后，上层钢筋未绑扎前，根据施工图尺寸位置配合土建施工。

（4）预制大楼板就位完毕，及时配合土建在整理板缝锚固筋时，将管路弯曲连接部位按要求做好。

（5）预制空心板，配合土建就位同时配管。

（6）随墙（砌体）配合施工立管。

（7）随大模板现浇混凝土墙配管，土建钢筋网片绑扎完毕，按墙体线配管。

2. 预埋管及预留孔洞注意事项

（1）在预埋阶段，放线工作非常重要，在配管前，应根据设计图纸和现场情况（由于开关、插座位置在符合规范的情况下可以左右移动一定位置来躲避施工不利点）确定盒箱位置，以结构弹的水平线为基准，挂线找平，线坠找平，标出盒箱位置。预埋管施工顺序如图 6.70 所示。

（2）墙体配管应在钢筋绑扎完进行以便于固定，但为了开关位置正确，插座标高应

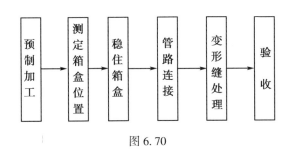

图 6.70

一致，没有负误差，现在墙体配管多为二次接管，即在留开关插座位置的地方预埋木盒，应在管口加管箍，管的固定不能直接焊在结构钢筋上，应用 $\phi6$ 钢筋过渡，这样虽然土建、安装施工麻烦一点，但能保证观感，便于今后验优。

（3）穿过外墙的套管需采用钢管，且必须焊止水片，并做等电位连接，埋入土层的钢管用沥青做防腐处理，敷设于潮湿场所的电管管口和连接处均应做密封处理。

（4）变形缝处理做法：变形缝两侧各预埋一个接线箱，先把管的一端固定在接线箱上，另一侧接线箱底部的垂直方向开长孔，其孔径长宽度尺寸不小于被接入管直径的 2 倍。两侧连接好补偿跨接地线。

（5）普通接线箱/盒在地板上（下）部做法如图 6.71 所示。

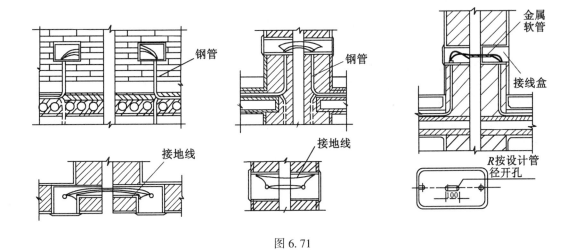

图 6.71

（6）在土建进行下道工序前，特别是浇注混凝土时，应派专人看护。

（三）二次接管配合要点

1. 作业条件

（1）混凝土、陶粒砖墙二次接管应在土建一次抹灰前完成。二次接管施工顺序如图 6.72 所示。

（2）舒乐舍板墙二次接管在土建放线后、板墙安装前完成。板墙安装后、抹灰前要对管路箱盒调整固定。

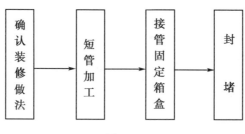

图 6.72

2. 二次接管注意事项

（1）二次接管前确定装修做法很重要，因此，土建专业应在此项工作前对此工程装修进行交底。

（2）接短管时，要保证接线箱盒位置符合规范、设计和使用要求，箱盒口和暗埋配电箱口与装饰面平齐，且管进箱盒顺直，一孔一管。

（3）箱盒固定后，用高标号水泥砂浆将洞封实，周边不允许出现空鼓。

（4）箱盒固定后，注意封堵，防止土建抹灰污染箱盒。

（5）严禁出现未二次接管而直接将导线直埋入混凝土或墙中。

（6）现场实况如图 6.73 所示。

图 6.73

（四）吊顶内配管

1. 作业条件

（1）结构施工时，配合土建安装好预埋件。

（2）内部装修施工时，配合土建做好吊顶灯位及电气器具位置翻样图，并在预板或地面弹出实际位置。

2. 注意事项

（1）吊顶内各专业施工原则：各专业管路交叉时，管径小的自行避让管径大的，压力管道让非压力管道。各工种基本上要本着"小管道让大管道"的原则，合理布置，确定和调整本工程管道走向及支架位置。

（2）根据施工原则，在进行吊顶配管前，应首先考虑其他专业施工作业面及路由，最好等其他专业施工完土建封板前再投入人力施工。

（3）配管用支吊架的施工要合理安排，既要符合规范，又要节约材料，同时不应借用其他专业支吊架。支架及配管安装顺序如图 6.74 所示。

（4）配管时，接线盒的甩口要考虑以后穿线维修方便，尽量不使用或少使用软管，留检查口要考虑装修效果。

（5）管路应敷设在主龙骨的上边，管入盒、箱时必须煨灯叉弯，并应里外带锁紧螺母。采用内护口，管进盒、箱以内锁紧螺母平为准。

（6）固定管路时，如为木龙骨，可在管的两侧钉钉，用铅丝绑扎后再把钉钉牢；如为轻钢龙骨，可采用配套管卡和螺丝固定，或用拉铆钉固定；直径 25mm 以上和成排管路应单独设架。

(7) 管路敷设应牢固通顺，禁止做拦腰管或绊脚管。

(8) 吊顶内灯头盒至灯位可采用阻燃型普里卡金属软管过渡，长度不宜超过1m。吊顶各种盒、箱的安装口的方向应朝向检查口，以利于维修检查。

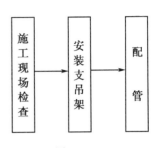

图 6.74

(五) 管内穿线配合要点

1. 作业条件

(1) 配管工程或线槽安装工程配合土建结构施工完毕。

(2) 高层建筑中的强电、弱电、综合布线竖井内，配管及线槽安装完毕。

(3) 配合土建工程顶棚施工配管或线槽安装完毕。

2. 工艺注意事项

(1) 导线的规格、型号必须符合设计要求和国家标准的规定。导线的敷设流程，如图 6.75 所示。

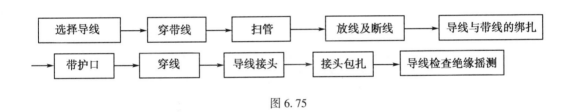

图 6.75

(2) 照明线路绝缘电阻值不小于 0.5MΩ，动力线路不小于 1MΩ。

(3) 穿线前，应首先穿带线扫管检查管路是否畅通，管路的走向、盒箱的位置是否符合设计要求。如发现有个别堵管需剔凿处理时，应与土建联系，做好方案，尽量减少损失。电管处理后，要使保护层达到 15mm，防止修补层脱落。

(4) 穿线时，应戴好护口往管中适量吹入滑石粉，严禁野蛮施工 (如用扛抬、用绞磨绞)。

(5) 导线接头可以压接，但在潮湿 (如浴室) 等场所则必须绞接，刷锡，外包一层绝缘胶布和一层电工胶布。

(6) 盒、箱内清洁无杂物，护口、护线套管齐全无脱落，导线排列整齐，并留有适当的余量。导线在管子内无接头，不进入盒、箱的垂直管子上口穿线后密封处理良好，导线连接牢固，包扎严密，绝缘良好，不伤线芯。

(六) 金属线槽安装

1. 施工条件

(1) 土建工程应全部结束且预留孔洞、预埋件符合设计要求，预埋件安装牢固，强度合格。

(2) 线槽安装沿线模板等设施的拆除完毕，场地清理干净，道路畅通。

(3) 室内电缆线槽的安装宜在管道及空调工程基本施工完毕后进行。

（4）电缆敷设时，电缆线槽应全部安装结束，并经检查合格后进行。

2. 注意事项

（1）线槽施工也应考虑各专业管道施工原则，与各专业配合做好综合剖面图，在施工前选好路径，在转弯、上下坡时要充分考虑以后敷设电缆的弯曲半径。支、吊架排布要考虑美观和通道的畅通，线槽施工流程图如图 6.76 所示。

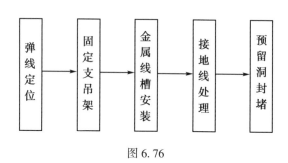

图 6.76

（2）施工完要将整个线槽做整体接地。

（3）预留孔洞要用防火枕封实，防止火灾沿线路延燃，如图 6.77。

图 6.77

（4）位置正确，连接可靠，固定牢固。需要安装盖板的线槽，应盖板齐全。支、吊架间距均匀，排列整齐，桥架横平竖直，内外清洁。

（5）电缆线槽保护接地（接零）线敷设正确，连接紧密牢固，接地（接零）线截面选用正确，接地（接零）线走向合理。

（七）插接母线安装

1. 作业条件

（1）设备到货、施工图纸及产品技术文件齐全。

（2）插接母线安装部位的建筑装饰工程全部结束，暖卫通风工程安装完毕。

（3）设备及附件应存放在干燥有锁的房间保管。

2. 注意事项

（1）插接母线及支架安装位置正确，固定牢固，成排安装应排列整齐，间距均匀，支架刷油漆均匀，无漏刷。

（2）插接母线施工要求竖井封闭，其他专业施工完毕。插接母线安装如图 6.78 所示。

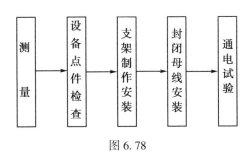

图 6.78

（3）封闭插接母线外壳地线连接紧密、无遗漏，母线绝缘电阻值大于 0.5MΩ，地线跨接板连接应牢固防止松动，严禁焊接。

（4）安装完毕后通电 24 小时应无异常。

（八）电缆敷设配合要点

1. 作业条件

（1）预留孔洞、预埋件符合设计要求、预埋件安装牢固，强度合格。

（2）电缆沟、隧道、竖井及人孔等处的地坪及抹面工作结束，电缆沟排水畅通，无积水。

（3）电缆沿线模板等设施拆除完毕，场地清理干净、道路畅通，沟盖板齐备。

（4）放电缆用的脚手架搭设完毕，且符合安全要求，电缆沿线照明照度应满足施工要求。

（5）直埋电缆沟按图挖好，电缆井砌砖抹灰完毕，底砂铺完，并清除沟内杂物；盖板及砂子运至沟旁。

（6）变配电室内全部电气设备及用电设备配电箱柜安装完毕。

（7）电缆桥架、托盘、支架及电缆过管、保护管安装完毕，并检验合格。完工后效果如图 6.79 所示。

图 6.79

2. 注意事项

（1）在敷设前，对电缆详细检查，应无扭曲、水浸。1kV 以下电缆用摇表摇测绝缘电阻不低于 10MΩ。

（2）电缆严禁有绞拧、铠装压扁、护层断裂和表面严重划伤等缺损，直埋敷设时，严禁在管道上面或下面平行敷设。

（3）坐标和标高正确，排列整齐，标志柱和标志牌设置准确；防燃、隔热和防腐要求的电缆保护措施完整。

（4）电缆敷设时，应敷设一根、整理一根、卡固一根，挂好标志牌。

（5）在支架上敷设时，固定可靠，同一侧支架上的电缆排列顺序正确，控制电缆在电力电缆下面，1kV 及其以下电力电缆应放在 1kV 以上电力电缆下面；直埋电缆埋设深度、回填土要求、保护措施以及电缆间和电缆与地下管网间平行或交叉的最小距离均应符合施工规范规定。

电缆敷设流程如图 6.80 所示。

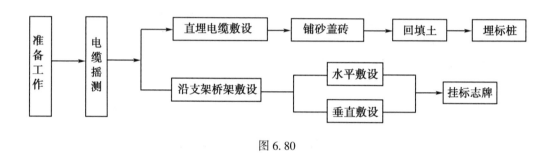

图 6.80

（九）变配电室（配电柜）安装

1. 作业条件

（1）土建工程施工标高、尺寸、结构及埋件均符合设计要求。

（2）墙面、屋顶喷浆完毕，无漏水，门窗玻璃安装完，门上锁。

（3）室内地面工程完、场地干净、道路畅通。

（4）施工图纸、技术资料齐全，技术、安全、消防措施落实。

（5）设备、材料齐全，并运至现场库。

2. 注意事项

（1）瓷件表面严禁有裂纹、缺损和瓷釉损坏等缺陷，低压绝缘部件完整。

（2）柜（盘）安装。

①柜（盘）与基础型钢间连接紧密，固定牢固，接地可靠，柜（盘）间接缝平整。基础型钢安装要用水平仪调平，需用垫片的地方最多不能超过 3 片，最终基础型钢宜高出地面 10mm，手车式高压开关柜与抹平地面相平，在震动场所应采取防震措施。

②盘面标志牌，标志框齐全、正确并清晰。

③小车、抽屉式柜推拉灵活，无卡阻碰撞现象；接地触头接触紧密、调整正确，投入时，接地触头比主触头先接触；退出时，接地触头比主触头后脱开。

④小车、抽屉式柜动、静触头中心线调整一致，接触紧密；二次回路的切换接头或机械、电气联锁装置的动作正确、可靠。

⑤油漆完整均匀，盘面清洁，小车或抽屉互换性好。

（3）柜（盘）及其支架接地（零）支线敷设，连接紧密、牢固，接地（零）线截面选用正确，需防腐的部分涂漆均匀无遗漏。线路走向合理，色标准确，涂刷后不污染设备和建筑物。

（4）在变配电室或电气竖井内不应有非电气管道穿行。

（5）接线前用500V兆欧表对线路进行绝缘摇测达到标准后再接线。

变配电室（配电柜）安装流程如图6.81所示。

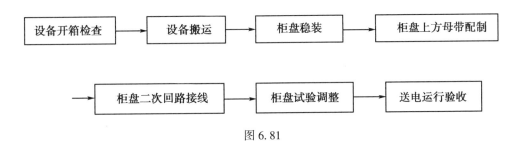

图6.81

（十）明配管

1. 施工条件

（1）配合土建结构安装好预埋件。

（2）配合土建内装修油漆，刷浆完成后进行明配管。

（3）采用胀管安装时，必须在土建抹灰完后进行。

（4）喷浆完成后，才能进行管路及各种盒、箱安装，并应防止管道污染。

2. 注意事项

（1）镀锌钢管沿顶板、梁、墙柱、转角敷设，明配管施工顺序如图6.82所示。

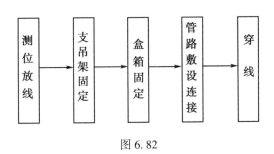

图6.82

（2）镀锌钢管固定点的距离应均匀，管卡与终端、转弯中点、电气器具或接线盒边缘的距离为150~500mm。

（3）镀锌钢管水平或垂直敷设允许偏差值，管路在2m以内时，偏差为3mm，全长不应超过管子内径的1/2。

（4）镀锌钢管管路连接应采用丝扣连接，或采用扣压式管连接，如图6.83所示。

（5）镀锌钢管与设备连接：应将钢管敷设到设备内，如不能直接进入时，应符合下列要求：

①在干燥房屋内，可在钢管出口处加保护软管引入设备，管口应包扎严密；

②在室外或潮湿房间内，可在管口处装设防水弯头，由防水弯头引出的导线应套绝缘保护软管，经弯成防水弧度后再引入设备；

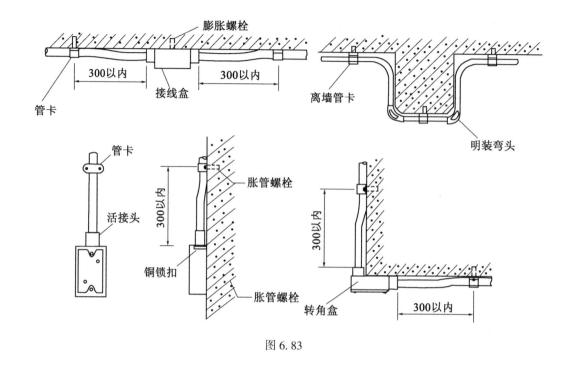

图 6.83

③管口距地面高度一般不宜低于 200mm。

上述各种配合安装施工方法都是暗配线安装。在浇筑混凝土前，应检查核对，看有无错埋、漏埋。

总之，为了提高工程质量，加快工程进度，降低工程造价，确保整个工程的顺利完成，在建筑电气安装工作时，电气施工人员要加强与土建施工人员的联系与协作，同时做好检查，以免发生漏埋、错埋，影响整个工程的进展。

思考与拓展

1. 低压配电系统配电方式有哪几种？各有何优缺点？

2. 什么叫做计算负荷和需要系数？如何根据设备的额定容量（功率）来计算其计算负荷？

3. IT、TT、TN 系统各表示什么？什么是 TN-S 系统？其工作原理是什么？

4. 施工现场临时配电线路架设应该如何选择？架设时应该注意什么问题？

本章训练题

1. 应急照明应选用（　　）光源。

    A. 高压汞灯　　　　B. 小功率的金属卤化物灯　　C. 白炽灯　　　　D. 高压钠灯

2. 根据工作场所的环境条件，在特别潮湿的场所，应采用带防水灯头的（　　　）灯具。

    A. 密封式　　　　　B. 封闭式　　　　　C. 安全式　　　　　D. 开敞式

3. 人们俗称的"地线"实际上是（　　　）。

    A. 零线　　　　　B. 相线　　　　　C. 保护线　　　　　D. 以上都不是

4. 照度的代表文字符号是（　　　）。

    A. lx　　　　　B. L　　　　　C. E　　　　　D. I

5. 下列选项中，关于熔断器，错误的是（　　　）。

    A. 结构简单　　　　　　　　　B. 熔断电流值小

    C. 动作可靠　　　　　　　　　D. 熔断电流与熔断时间分散性大

6. 选择低压类开关时，不需要考虑的因素是（　　　）。

    A. 功率　　　　　B. 电压　　　　　C. 极数　　　　　D. 电流

7. 隔离开关与断路器配合使用时的操作顺序（　　　）。

    A. 先合隔离开关后合断路器、先断隔离开关后断断路器

    B. 先合隔离开关后合断路器、先断断路器后断隔离开关

    C. 先合断路器开关后合隔离、先断隔离开关后断断路器

    D. 先合断路器开关后合隔离、先断断路器后断隔离开关

8. 现行的建筑电气设计规范规定，当用电设备容量在（　　　）或需用变压器容量在（　　　）以上时，应以高压方式供电。

    A. 200kW　150kVA　　　　　　B. 250kW　160kVA

    C. 250kW　150kVA　　　　　　D. 200kW　160kVA

9. 下列型号中属于铜芯聚氯乙烯绝缘电缆的是（　　　）。

    A. KYV　　　　　B. KXV　　　　　C. KVV　　　　　D. KXF

10. 我国规定安全电流为（　　　），这是触电时间不超过（　　　）的电流值。

    A. 30mA 1s　　　B. 50mA 1s　　　C. 30mA 2s　　　D. 50mA 2s

11. 中断供电后将造成大量人身伤亡，也可能造成重大设备损坏或破坏复杂性的工艺过程，使生产长期不能恢复，造成政治和经济上重大损失的电能用户为（　　　）。

    A. 一级负荷　　　B. 二级负荷　　　C. 三级负荷　　　D. 无法确定

12. 某工作室的面积为 $6m \times 10m$，房间吊顶高度为 2.5m，选用 36W 高效双管荧光灯吸顶安装。照明功率密度 $Ps = 11W/m^2$（对应 300lx）利用单位容量估算法，计算灯具数量应为（　　　）。

    A. 8 套　　　　　B. 9 套　　　　　C. 10 套　　　　　D. 12 套

13. 插座接线规定：单相三线是（　　　）

    A. 左相右零上接地　　　　　　B. 左零右相上接地

    C. 左接地右相上接零　　　　　D. 左零右接地上接相

14. 下列不属于防雷系统组成部分的是（　　　）

    A. 接闪器　　　　　B. 接地装置　　　　　C. 引下线　　　　　D. 熔断器

15. 一下哪个系统需要使用交换机（　　　）

    A. 供配电系统　　　B. 防雷系统　　　C. 电话系统　　　D. 照明系统

学习情境七　建筑设备图识读专项训练

【知识目标】

1. 掌握建筑设备施工图制图规范；
2. 掌握建筑设备施工图各类图纸表达的内容和特点。

【能力目标】

1. 能够识读建筑给排水、消防、暖通空调、建筑电气系统施工图；
2. 能够完成图纸会审工作，能按照图纸做好建筑施工、管理及监理工作中与建筑设备安装的协调配合工作；
3. 能够查阅设备安装相关技术规范与手册。

【重点】

1. 建筑设备施工图制图规范；
2. 建筑设备施工图识读方法。

【难点】

1. 建筑设备施工图制图规范；
2. 图纸会审各专业的配合。

任务一　建筑给排水施工图识读专项训练

一、制图规范

给排水施工图应符合《给水排水制图标准》（GB/T 50106—2010）和《房屋建筑制图统一标准》（GB/T50001—2010）的规定。

（一）比例

给排水图纸的比例与建筑图纸比例相同，常用比例应符合表 7.1 规定。在管道纵断面图中，可根据需要对纵向与横向采用不同的组合比例。在建筑给排水轴测图中，如局部表达有困难时，可不按比例绘制。

（二）线型

图线的宽度，应根据图纸的类别、比例和复杂程度，按《房屋建筑制图统一标准》中第 3.0.1 条的规定选用。线宽宜为 0.7mm 或 1.0mm。

表 7.1　　　　　　　　　　　　　　　　　　　常用比例

名　称	比　例	备　注
区域规划图 区域位置图	1：50000、1：25000、1：10000 1：5000、1：2000	宜与总图专业一致
总平面图	1：1000、1：500、1：300	宜与总图专业一致
管道纵断面图	纵向：1：200、1：100、1：50 横向：1：1000、1：500、1：300	
水处理厂（站）平面图	1：500、1：200、1：100	
水处理构筑物、设备间、 卫生间、泵房平、剖面图	1：100、1：50、1：40、1：30	
建筑给排水平面图	1：200、1：150、1：100	宜与建筑专业一致
建筑给排水轴测图	1：150、1：100、1：50	宜与相应图纸一致
详　图	1：50、1：30、1：20、 1：10、1：5、1：2、1：1、2：1	

（三）标高

给排水图纸标高标注应与总图专业一致，室内工程应标注相对标高，室外工程应标注绝对标高，当无绝对标高资料时，可标注相对标高。

标高符号及一般标注方法应符合《房屋建筑制图统一标准》中第 10.8 节的规定。压力管道应标注管中心标高；沟渠和重力流管道宜标注沟（管）内底标高。水位标注如图 7.1 所示，管道标高如图 7.2 所示，可相对本层建筑地面标高，标注方法为 $H+x.xxx$，H 表示本层建筑地面标高。

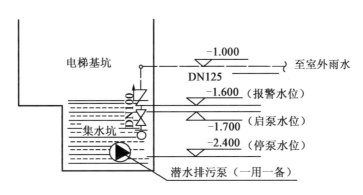

图 7.1　电梯基坑排水剖面图

（四）管径

管径标注省略单位为 mm，管径的表达方式应符合下列规定：水煤气输送钢管（镀锌或非镀锌）、铸铁管等管材，管径宜以公称直径 DN 表示，如图 7.2 所示；无缝钢管、焊

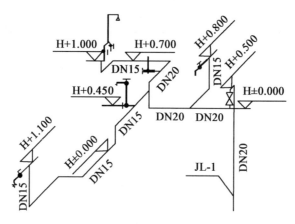

图 7.2 某户型给水系统图

接钢管（直缝或螺旋缝）、铜管、不锈钢管等管材，管径宜以外径×壁厚表示，如 D108×4、D159×4.5 等；钢筋混凝土（或混凝土）管、陶土管、耐酸陶瓷管、缸瓦管等管材，管径宜以内径 d 表示，如 d230、d380 等；塑料管材，管径宜按产品标准的方法表示。

当设计均用公称直径 DN 表示管径时，应有公称直径 DN 与相应产品规格对照表见表 7.2。

表 7.2   公称直径 DN 与相应产品规格对照表

PP-R 给水管外径 De（mm）	20	25	32	40	50	63	75	90	110	160
公称直径 DN（mm）	15	20	25	32	40	50	65	80	100	150

（五）编号

当建筑物的给水引入管或排水排出管的数量超过 1 根时，宜进行编号，编号宜按图 7.3 所示的方法表示。

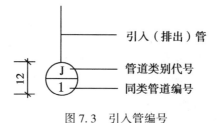

图 7.3 引入管编号

建筑物内穿越楼层的立管，其数量超过 1 根时，宜进行编号，编号宜按图 7.4 所示的方法表示。

当给排水机电设备的数量超过 1 台时，宜进行编号，并应有设备编号与设备名称对照表。

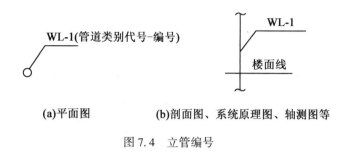

(a)平面图　　　　　(b)剖面图、系统原理图、轴测图等

图 7.4　立管编号

（六）管道图示方法（图 7.5、图 7.6）

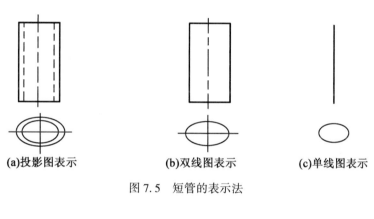

(a)投影图表示　　　(b)双线图表示　　　(c)单线图表示

图 7.5　短管的表示法

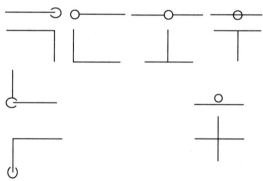

图 7.6　管道转弯、交叉画法

（七）图例

建筑给排水图纸上的管道、卫生器具、设备等均按照《给水排水制图标准》（GB/T 50106—2010），使用统一的图例来表示。《给水排水制图标准》中列出了管道、管道附件、管道连接、管件、阀门、给水配件、消防设施、卫生设备及水池、小型给水排水构筑物、给水排水设备、仪表共 11 类图例，部分常见的图例见表 7.3。

表 7.3   图   例

序号	名　称	图　例	备　注
1	生活给水管	——— J ———	
2	热水给水管	——— RJ ———	
3	热水回水管	——— RH ———	
4	中水给水管	——— ZJ ———	
5	循环给水管	——— XJ ———	
6	循环回水管	——— Xh ———	
7	热媒给水管	——— RM ———	
8	热媒回水管	——— RMH ———	
9	蒸汽管	——— Z ———	
10	凝结水管	——— N ———	
11	废水管	——— F ———	可与中水源水管合用
12	压力废水管	——— YF ———	
13	通气管	——— T ———	
14	污水管	——— W ———	
15	压力污水管	——— YW ———	
16	雨水管	——— Y ———	
17	压力雨水管	——— YY ———	
18	膨胀管	——— PZ ———	
19	保温管	∿∿∿∿	
20	多孔管	↑　↑　↑	

序号	名　称	图　例	备　注
21	地沟管		
22	防护套管		
23	管道立管	XL-1　　XL-1 平面　　系统	X：管道类别 L：立管 1：编号
24	伴热管		
25	空调凝结水管	──── KN ────	
26	排水明沟	坡向 ────→	
27	排水暗沟	坡向 ────→	

注：分区管道用加注角标方式表示：如 J1、J2、RJ1、RJ2……。

管道附件

序号	名　称	图　例	备　注
1	套管伸缩器		
2	方形伸缩器		
3	刚性防水套管		
4	柔性防水套管		
5	波纹管		

续表

序号	名　称	图　例	备　注
6	可曲挠橡胶接头		
7	管道固定支架		
8	管道滑动支架		
9	立管检查口		
10	清扫口	平面　　系统	
11	通气帽	成品　　铅丝球	
12	雨水斗	YD- 平面　　YD- 系统	
13	排水漏斗	平面　　系统	
14	圆形地漏		通用。若为无水封，地漏应加存水弯
15	方形地漏		
16	自动冲洗水箱		
17	挡墩		
18	减压孔板		
19	Y形除污器		
20	毛发聚集器	平面　　系统	

续表

序号	名　称	图　例	备　注
21	防回流污染止回阀		
22	吸气阀		

管道连接

序号	名　称	图　例	备　注
1	法兰连接		
2	承插连接		
3	活接头		
4	管堵		
5	法兰堵盖		
6	弯折管		表示管道向后及向下弯转90°
7	三通连接		
8	四通连接	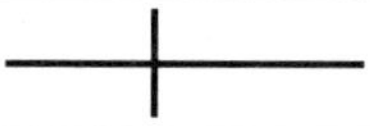	
9	盲板		
10	管道 J 字上接		
11	管道 J 字下接		
12	管道交叉	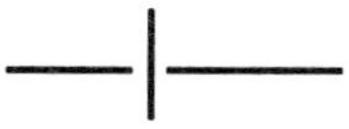	在下方和后面的管道应断开

管　件

序号	名　称	图　例	备　注
1	偏心异径管	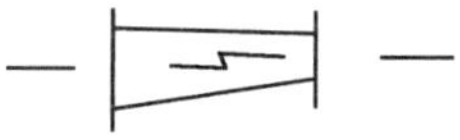	
2	异径管		

续表

序号	名　称	图　例	备　注
3	乙字管		
4	喇叭口		
5	转动接头	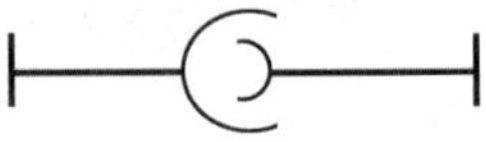	
6	短管	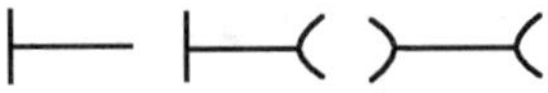	
7	存水弯	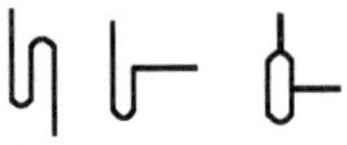	
8	弯头		
9	正三通		
10	斜三通		
11	正四通	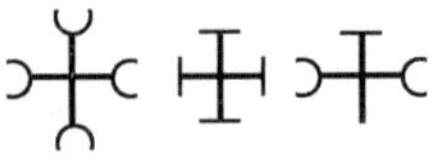	
12	斜四通	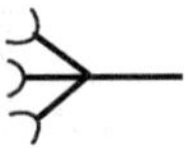	
13	浴盆排水件	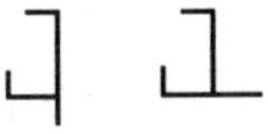	

阀　门

序号	名　称	图　例	备　注
1	闸阀		
2	角阀		
3	三通阀		

序号	名　称	图　例	备　注
4	四通阀		
5	截止阀	DN≥50　　DN<50	
6	电动阀		
7	液动阀		
8	气动阀		
9	减压阀		左侧为高压端
10	旋塞阀	平面　　系统	
11	底阀		
12	球阀		
13	隔膜阀		
14	气开隔膜阀		
15	气闭隔膜阀		
16	温度调节阀		
17	压力调节阀		
18	电磁阀		

续表

序号	名　称	图　例	备　注
19	止回阀		
20	消声止回阀		
21	蝶阀	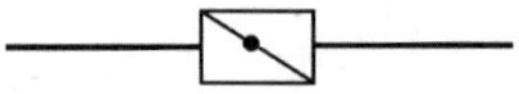	
22	弹簧安全阀		
23	平衡锤安全阀	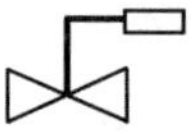	
24	自动排气阀	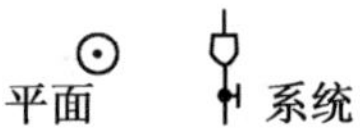 平面　系统	
25	浮球阀	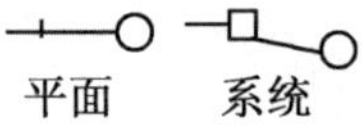 平面　　系统	
26	延时自闭冲洗阀		
27	吸水喇叭口	 平面　系统	
28	疏水器		

给水配件

序号	名　称	图　例	备　注
1	放水龙头		左侧为平面，右侧为系统
2	皮带龙头		左侧为平面，右侧为系统
3	洒水（栓）龙头	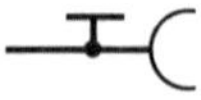	
4	化验龙头	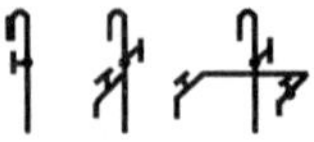	

续表

序号	名　称	图　例	备　注
5	肘式龙头	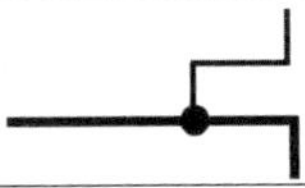	
6	脚踏开关	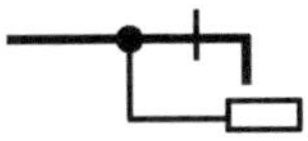	
7	混合水龙头		
8	旋转水龙头	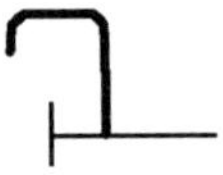	
9	浴盆带喷头混合水龙头		

消防设施

序号	名　称	图　例	备　注
1	消火栓给水管	 —— XH ——	
2	自动喷水灭火给水管	 —— ZP ——	
3	室外消火栓		
4	室内消火栓（单口）	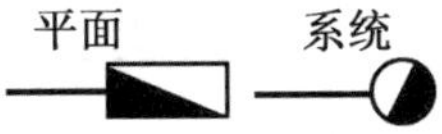 平面　　系统	白色为开启面
5	室内消火栓（双口）	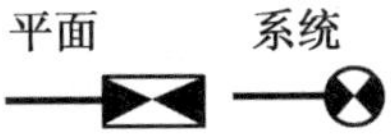 平面　　系统	
6	水泵接合器	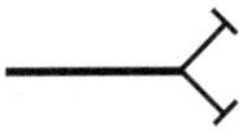	
7	自动喷洒头（开式）	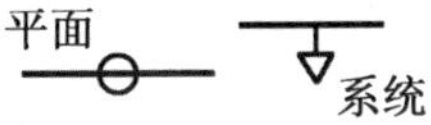 平面　　系统	
8	自动喷洒头（闭式）	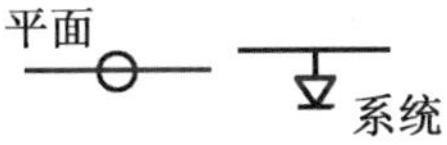 平面　　系统	下喷
9	自动喷洒头（闭式）	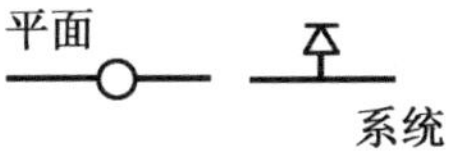 平面　　系统	上喷

序号	名　称	图　例	备　注
10	自动喷洒头（闭式）	平面 ⊙　系统	上下喷
11	侧墙式自动喷洒头	平面　系统	
12	侧喷式喷洒头	平面　系统	
13	雨淋灭火给水管	——— YL ———	
14	水幕灭火给水管	——— SM ———	
15	水炮灭火给水管	——— SP ———	
16	干式报警阀	平面 ◎　系统	
17	水炮		
18	湿式报警阀	平面 ◉　系统	
19	预作用报警阀	平面 ◐　系统	
20	遥控信号阀		
21	水流指示器		
22	水力警铃		
23	雨淋阀	平面　系统	
24	末端测试阀	平面　系统	

续表

序号	名　　称	图　例	备　注
25	末端测试阀	▲	
26	推车式灭火器	 ▲	

注：分区管道用加注角标方式表示：如 XH1、XH2、ZP1、ZP2……。

卫生设备及水池

序号	名　　称	图　例	备　注
1	立式洗脸盆		
2	台式洗脸盆	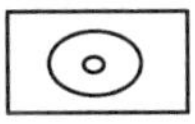	
3	挂式洗脸盆	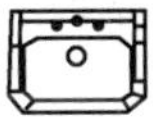	
4	浴盆	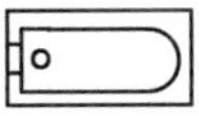	
5	化验盆、洗涤盆	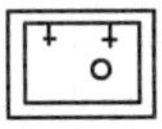	
6	带沥水板洗涤盆	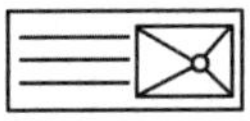	不锈钢制品
7	盥洗槽	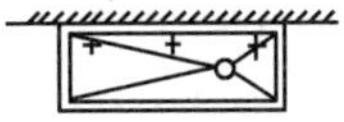	
8	污水池		
9	妇女卫生盆		
10	立式小便器		
11	壁挂式小便器		
12	蹲式大便器	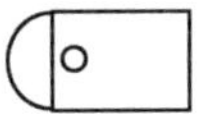	

序号	名　称	图　例	备　注
13	坐式大便器		
14	小便槽		
15	淋浴喷头		

二、图纸组成与识读方法

（一）图纸组成

建筑给排水施工图一般由图纸目录、设计施工说明、图例、主要设备材料表、平面图、系统图（轴测图）、施工详图等组成。

1. 图纸目录

图纸目录标明了建设单位、工程名称、分部工程名称、设计日期等，其作用是便于核对图样数量和查找图纸。

2. 设计施工说明

设计说明包括建筑概况、工程设计依据文件，给排水系统的概况，主要技术指标（如用水量指标、排水量指标、消防用水量指标），系统的控制方法以及工艺运转操作说明等。

施工说明包括工程中选用的管材、阀门类型，管道防腐、防冻、防露的做法，设备基础的做法，管道连接、固定、竣工验收要求以及施工中特殊情况技术处理措施。

3. 主要设备材料表

标明工程选用的主要设备及材料表，一般列清材料类别、规格、数量，设备品种、规格和主要尺寸。

4. 平面图

给水、排水、消防平面图应表达给排水、消防管线和设备的平面布置情况。一般可将给水和排水管道可以在一起绘制。若图纸管线复杂，也可以分别绘制，以图纸能清楚地表达设计意图而图纸数量少为原则，具体内容有：

（1）建筑布局；

（2）相关设备的种类、数量、位置；

（3）各种横干管、立管、支管的布置位置与管径等，平面图上管道都用单线绘出，沿墙敷设时不注管道距墙面的距离；

（4）底层平面图中还有引入管、排出管、水泵接合器、排水构筑物等于建筑物的定位尺寸、穿建筑物外墙的管道标高、防水套管的形式等。

5. 系统图

系统图也称为轴测图，系统图上各种立管的编号应与平面布置图相一致。它主要反映给排水、消防系统管道的立体走向，管径、仪表和阀门的类型，控制点标高和管道坡度，各楼层卫生器具、给排水附件和工艺用水设备的连接点位置。

6. 施工详图

施工详图一般用于平面布置图、系统图中局部构造因受图面比例限制而表达不完善的情况。建筑给排水工程的详图包括节点图、大样图、标准图，主要是管道节点、水表、消火栓、水加热器、开水炉、卫生器具、套管、排水设备、管道支架等的安装图及卫生间大样图等。

（二）识读方法

阅读主要图纸之前，应当先看说明和设备材料表，然后以系统图为线索，深入阅读平面图及详图。

建筑给水系统的识读流程为：进户管（引入管）→水表→干管→立管→支管→用水设备；

建筑排水系统的识读流程为：排水设备→支管→干管→户外排出管；

消防栓系统的识读流程为：消防水池→消防水泵→干管→立管→消火栓，自动喷淋系统的识读流程为：消防水池→消防水泵→干管→立管→支管→喷头，另需关注消防水泵接合器和消防水箱的设置状况。

三、案例分析

（一）案例1

某旅馆卫生间施工图识读如图7.7～图7.10所示。

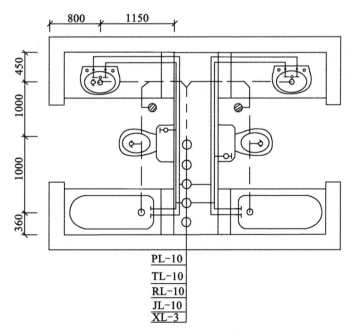

图 7.7　卫生间给排水平面图

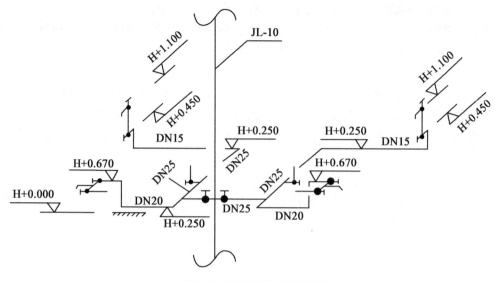

图 7.8　卫生间冷水系统图

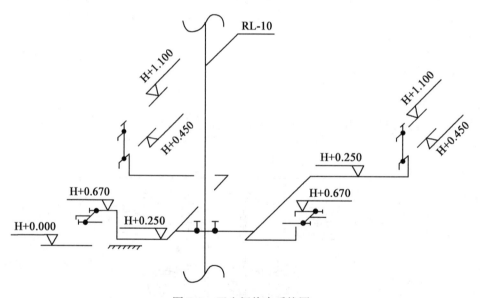

图 7.9　卫生间热水系统图

如图 7.7 所示，两个卫生间对称布置，中间有管道井，每个卫生间布置有坐便器、浴缸、洗脸盆各一个，卫生间器具的平面位置见图中尺寸标注。管道井内设有给水立管 JL-10、热水立管 RL-10、排水立管 PL-10、消防立管 XL-3，实线表示供水，虚线表示排水。

如图 7.8 所示，卫生间地面标高为 H+0.000，给水立管 JL-10 连接两个卫生间给水横管，冷水供水横管进卫生间前各设置一个截止阀，横管中心标高为 H+0.250m。大便器支管标高为 H+0.250m。洗脸盆设 DN25 角阀，角阀安装高度为 H+0.450，洗脸盆水龙头安装高度为 H+1.100m。浴缸冷水支管截止阀标高为 H+0.670m。

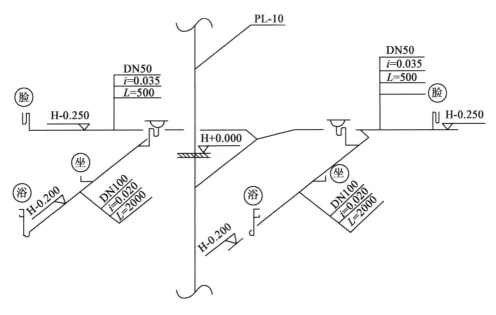

图 7.10　卫生间排水系统图

如图 7.9 所示，热水管供给至洗脸盆和浴缸，热水管进入卫生间前均设置截止阀，进入卫生器具前的阀门与冷水阀门安装高度相同，平行布置。

如图 7.10 所示，排水立管设置在管井内，排水点有洗脸盆、地漏、坐便器、浴缸。其中，连接洗脸盆支管管径为 DN50，坡度为 $i = 0.035$，管长为 $L = 500$mm，管道安装高度为 H-0.250m，属于异层排水。

（二）案例 2

某小区给排水及消防施工图识读如图 7.11~图 7.21 所示。

1. 设计说明

本建筑共 11 层，11 层顶部局部设有夹层，共 3 个单元。选取西单元为示例。本工程设有生活给水系统、生活污废水系统、消防给水系统。

生活给水系统：

（1）甲方提供职市政给水水压为 0.3MPa；

（2）1~6 层生活给水直接由市政管网供水；

（3）7~11 层由小区泵房生活变频泵组加压供水。

小区泵房及生活变频泵组的设置由小区总体设计时设计。

生活污废水系统：

（1）住宅排水管仅设伸顶通气管，采用底层单排；

（2）空调冷凝水直接排至散水。

消防施工说明：

（1）此住宅为二类居住建筑，消防给水由小区内消防泵房消防加压系统直接供水，室内消防用水量为 10L/s，室外消防用水量为 15L/s。

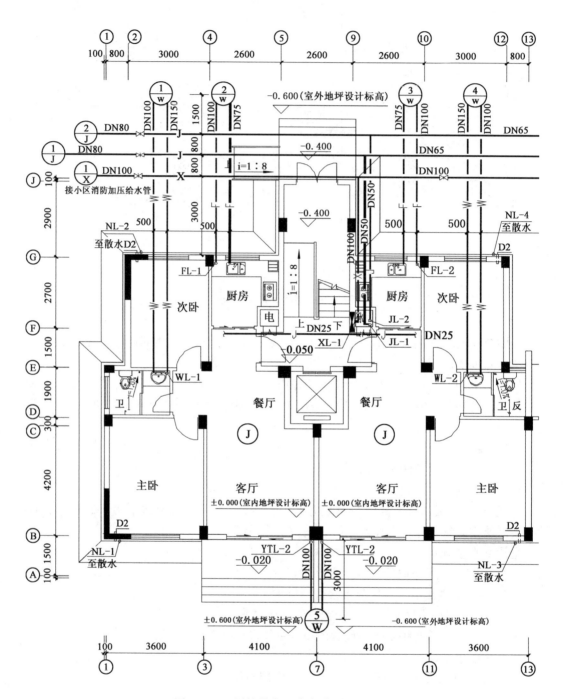

图 7.11　一层给排水、消防平面图 1：100

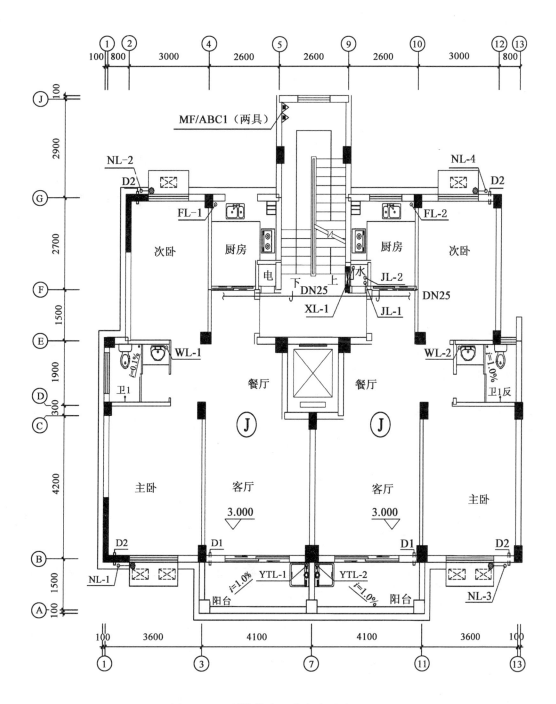

图 7.12　二层给排水、消防平面图 1：100

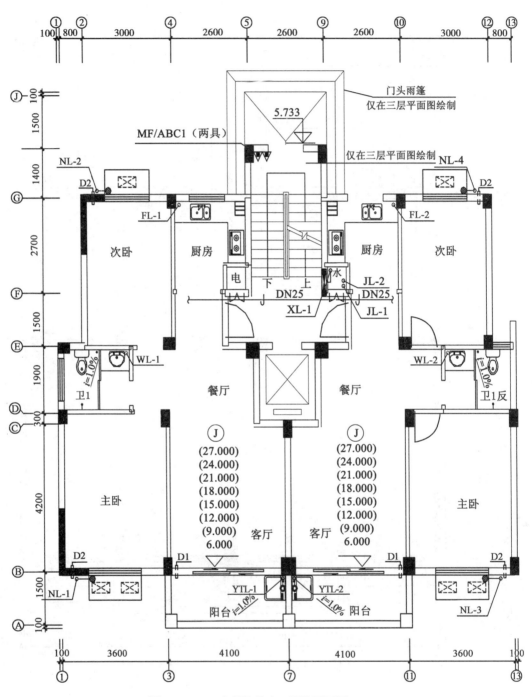

图 7.13　三~十层给排水、消防平面图 1∶100

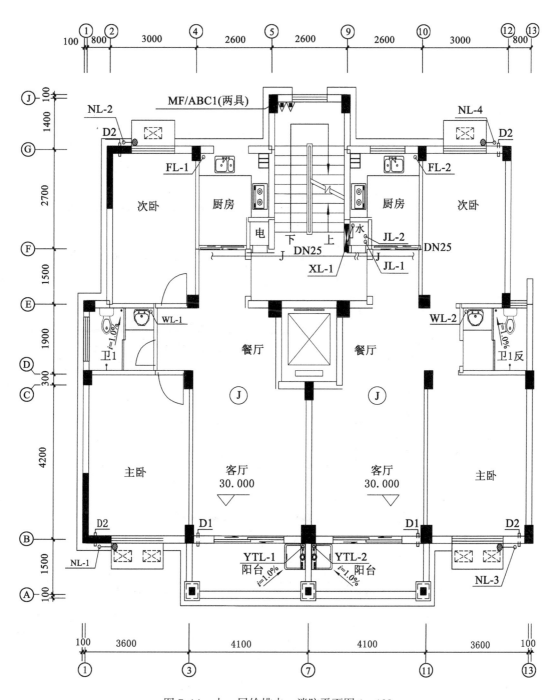

图 7.14　十一层给排水、消防平面图 1：100

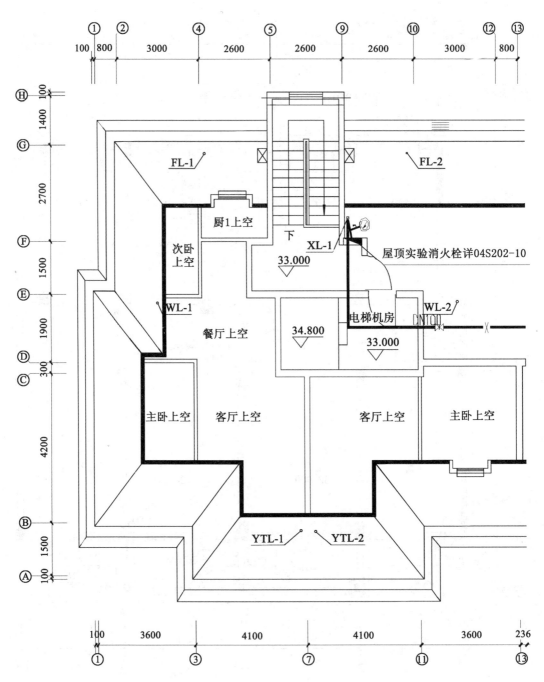

图 7.15 夹层给排水、消防平面图 1：100

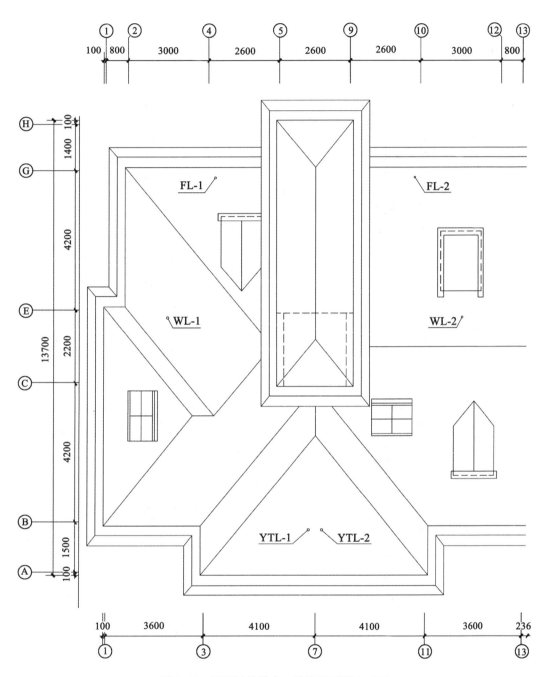

图 7.16 屋顶层给排水、消防平面图 1∶100

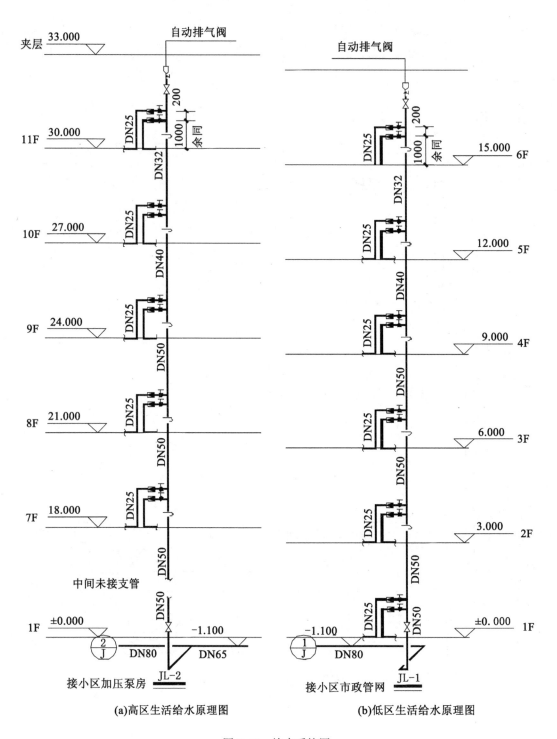

(a)高区生活给水原理图   (b)低区生活给水原理图

图7.17　给水系统图

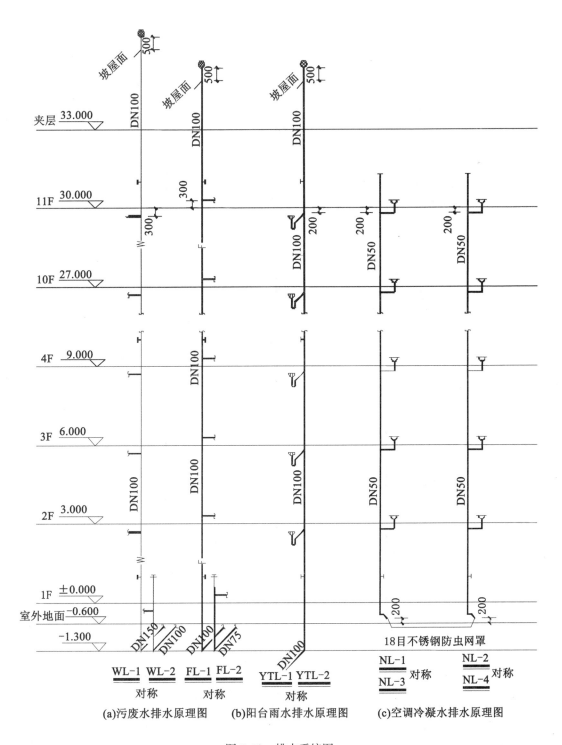

(a)污废水排水原理图 (b)阳台雨水排水原理图 (c)空调冷凝水排水原理图

图7.18 排水系统图

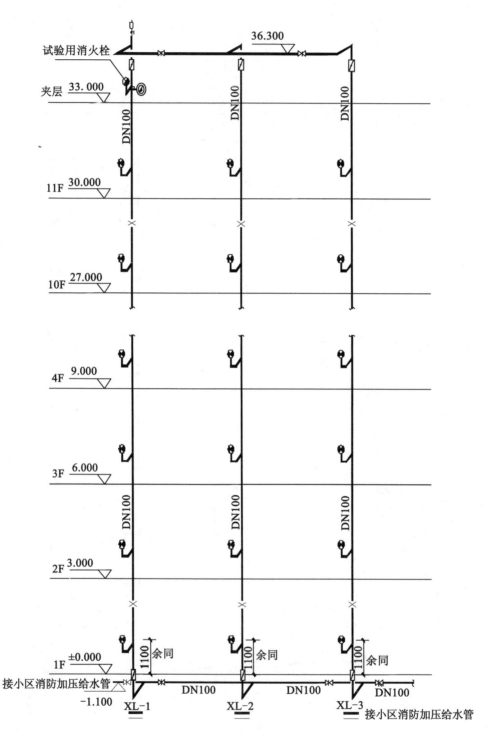

图 7.19　消火栓给水原理图

（注：1~5 层采用减压稳压消火栓）

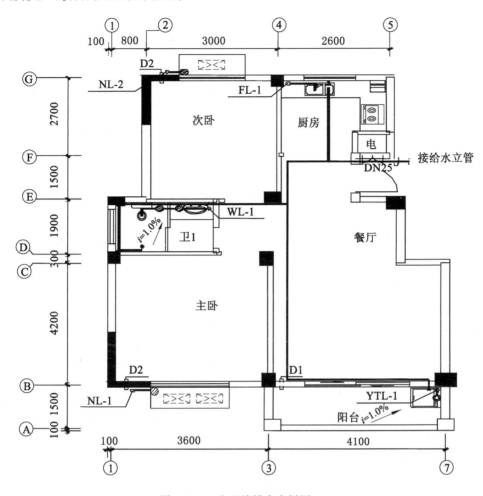

图 7.20 J 户型给排水大样图 1∶50

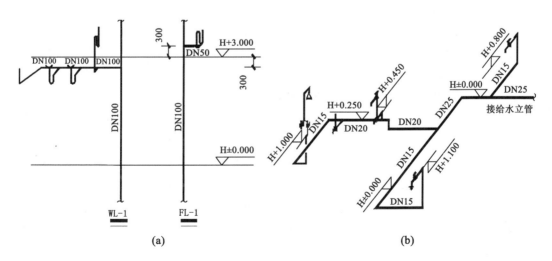

图 7.21 J 户型给排水大样系统图 1∶50

（2）消防管阀门采用闸阀与蝶阀。所有消防阀门应为常明显启闭标志。消防管管径大于等于 100mm 时，法兰连接。室内消火栓栓口安装高度均为离地 1.10m，栓口与墙面垂直安装。室内消火栓按下列原则布置：水枪口径 19mm，射流量大于 5L/s，密集水柱不小于 10m，建筑物内任何一点均有 2 股消防水柱同时到达。消火栓干管、支管均贴梁下敷设（注明从顶板上方走管的除外）；与其他管线标高有矛盾时，消火栓管可以局部绕开，管道若需上翻下弯，应在上翻处设置自动排气阀，下弯处设置放水阀或管堵。

2. 图纸分析

（1）建筑布局与用水点。西单元一梯两户，户型均为 J 户型，对称布置，两室两厅一厨一卫，楼梯间楼层平台左侧设有电线管井，右侧设有给排水管井；用水点为厨房洗涤池、卫生间洗脸盆、大便器、淋浴器、阳台处洗衣机专用水龙头。

（2）给水管线布置。由一层平面图知，给水引入管为 2 根，管径均为 DN80，其中，一根接市政管网，引入管井后接给水管 JL-1，另一根接小区加压管网，引入管井后接 JL-2，由 2 层平面图及 3~31 层平面图知，各层内各户型给水支管均由管井主立管引出。

由给水原理图知，给水管 JL-1 供给 1~6 层用户用水，横平管管径为 DN80，埋深为 −1.100m，主管顶部、底部均设截止阀，顶部设自动排气阀，各层入户管上均设阀门、水表，为便于抄表读数，一层两户的水表上下平行布置，下部水表距地面 1m，上下两表间距为 200mm。

由 J 户型给排水大样平面图知，管道横支管布置顺直简短，顺墙、梁柱走线。由 J 户型给水系统图知，从立管接出支管，标高为 H+0.000m，管道敷设于垫层内，管径为 DN25，进入卫生间后，管道上升至标高为 H+0.250m，管径为 DN20。洗脸盆角阀安装高度为 H+0.450m，大便器角阀安装高度为 H+0.250m，淋浴喷头水阀安装高度为 H+1.000m，通向阳台皮带水龙头的管道标高为 H+0.000m，管径为 DN15，皮带水龙头的标高为 H+1.100m，通向厨房洗涤池的管道标高为 H+0.000m，管径为 DN15，洗涤池水龙头安装高度为 H+0.800m。

（3）排水管线布置。由 J 户型给排水大样图知，J 户型卫生间设污水立管 WL-1 收集大便器、两个地漏、洗脸盆污水，厨房设废水立管 FL-1 收集洗菜盆废水。为保证厨房卫生安全，未设地漏。阳台处设排水管 YTL-1 接收洗衣机废水及阳台雨水。外墙设有孔洞处均表示该处设有空调室外机，所以均需考虑空调冷凝水排水，为此设置 NL-1、NL-2。

由 J 户型排水系统图知，污水横支管设于楼板下 300mm 处，横支管管径为 DN100，废水横支管设于楼板上 300mm 处，管径为 DN50。

由一层给排水消防平面图知，底层污水、废水均单独排放，阳台排水未单排。

由污废水排水原理图知，污水、废水立管相应位置以及底层单排的污水管起端均设清扫口，污水立管出户后横干管径为 DN150，底层单排水横干管为 DN100，管底标高均为 −1.300m，空调冷凝水立管底距地面 200mm，底部装有 18 目不锈钢防虫网罩，立管顶部均设清扫口。污水管、废水管顶部设通气帽。

（4）消防管线布置。由给排水消防平面图知，室内消防系统由小区消防加压给水管网两端引入室内，管径为 DN100。引入管井后，接消防立管 XL-1，在各层接消火栓。消火栓设置于楼梯间楼层平台处，暗装，消火栓为双出口消火栓。

由消火栓给水原理图知，消防引入管埋深为-1.100m，整个建筑有3个单元，设3条立管 XL-1、XL-2、XL-3，管网成环，各立管底部和顶部均设蝶阀，立管顶部设排水气阀。在顶层设置有带压力表的检验用消火栓，其他各楼层均设双出口消火栓，栓口高度为1.1m。本建筑消防水箱设于小区另一高层建筑屋顶上。

另外，由给排水消防平面图知，在2~11层楼梯间内，均设有两具 MF/ABC1 灭火器。

（三）案例3

某建筑自动喷淋施工图如图7.22、图7.23所示。

1. 设计及施工说明

（1）建筑概况。此建筑为7层（-1层为半地下室，1~3层为商场，4~7层为公寓）综合楼，建筑高度超过24m，属于二类公建。

（2）自动喷淋系统设计概况。此建筑自动喷水灭火系统的危险等级按中危险级的 I 级，作用面积160m²，喷水强度6L·min/m²，自动喷水灭火系统用水量21L/s，火灭延续时间1h。正方形布置喷头水平间距不大于3.6m，喷头与墙柱间距不大于1.8m，矩形布置喷头长边间距不大于4.0m。

喷淋干管、支管均贴梁下敷设；与其他管线标高有矛盾时，喷淋管可以局部绕开，管道若需上翻下弯，应在上翻处设置自动排气阀，下弯处设置放水阀。在未标注标高处，应尽量贴梁安装。

自动喷水湿式系统采用热镀锌钢管，螺纹连接，当 DN>100mm，螺纹连接有困难时，可采用法兰或沟槽式连接件（卡箍）连口。

设有吊顶的一般场所采用吊顶型，不设吊顶的场所采用直立型，温度均为68℃。采用直立型标准喷头，其溅水盘与顶板的距离不应小于75mm，且不宜大于150mm。

2. 图纸分析

由负一层喷淋平面图（图7.22）知，自动喷淋管道由负一层电梯间一侧引入，两根管道水平间距为400mm，进入管井后分别接入立管 HL-1、HL-2。在负一层喷头布置为中分式，除卫生间和管理用房外，均设置由喷头。管径由 DN150 逐渐变小为 DN25。负一层管道的末端位于卫生间，设置有末端试水装置。

结合自动喷水系统图（图7.23）知，两根引入管标高为-5.000m，HL-1 供给-1~3层的喷头用水，HL-2 供给4~7层。立管管径均为 DN150，立管底部均设置阀门，低区每层横支管起端均设置减压孔板、阀门和水流指示器。

横支管设置于吊顶下，如-1层，横支管上连接喷头103个，安装的是直立型标准喷头，支管末端引至男卫生间；1~3层喷头为吊顶型喷头，末端试水装置配备地漏，废水由地漏收集排至 FL-A，排出管管径为 DN50，标高为-0.700m。高区每层横支管起端不设减压孔板，只设阀门和水流指示器，喷头均为吊顶型，末端检测装置废水排至公寓卫生间。

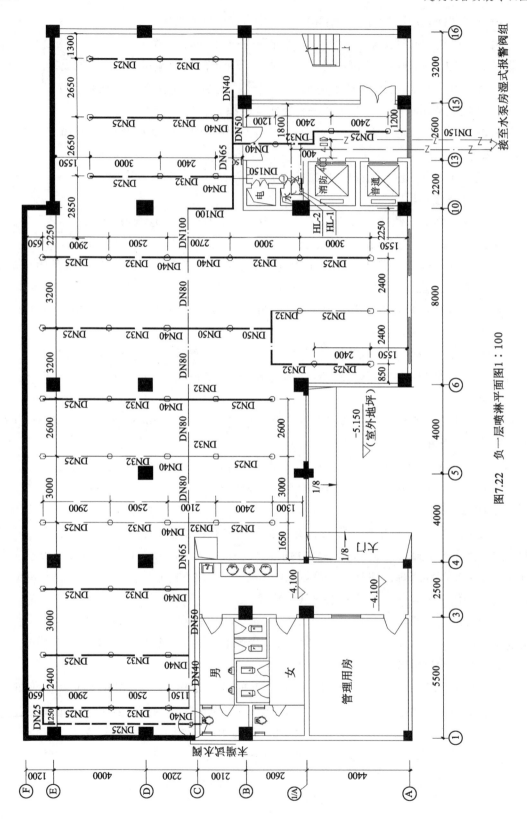

图7.22　负一层喷淋平面图1∶100

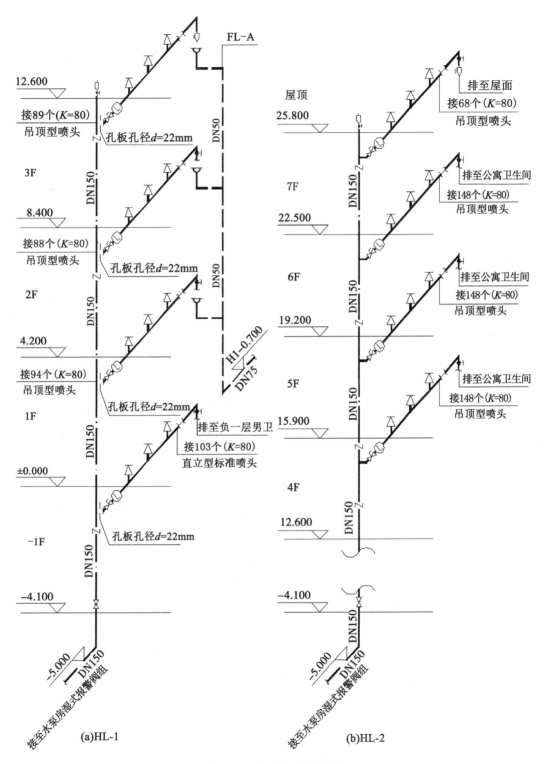

图 7.23 自喷给水系统图
(注: H1 为相应室外地面标高)

任务二　供暖系统施工图图纸识读专项训练

一、制图规范

供暖施工图应符合《暖通空调制图标准》（GB \ T50114—2010）和《房屋建筑制图统一标准》（GB/T50001—2010）的规定。图样中若采用自定义图线及含义，则应明确说明，不能与前述规范相冲突。

（一）线型（表7.4）

表7.4　　　　　　　　　　　　　　　　　　供暖管道常用线型

线　型	线　宽	适用情况
粗实线	b	采暖供水、供汽干管、立管，风管及部件轮廓线
中实线	0.5b	散热器及散热器连接支管线，采暖、通风设备轮廓线
细实线	0.25b	平、剖面图中土建构造轮廓线，尺寸线、图例、标高、引出线等
粗虚线	b	采暖回水管、凝结水管、非金属风道（砖、混凝土风道）的内表面轮廓线
中虚线	0.5b	风管被遮挡部分的轮廓线
细虚线	0.25b	原有风管轮廓线，采暖地沟轮廓线，工艺设备被遮挡部分轮廓线
细点画线	0.25b	设备、风道及部件中心线，定位轴线
细双点画线	0.25b	工艺设备外轮廓线
折断线、波浪线	0.25b	同建筑图

（二）比例

绘图时，应根据图样的用途和被绘物体的复杂程度优先选用下列常用比例，见表7.5，特殊情况允许选用可用比例。

表7.5　　　　　　　　　　　　　　　　　　比　例

图　名	常用比例	可用比例
总平面图	1：500　1：1000	1：1500
总图中管道断面图	1：50　1：100　1：200	1：150
平、剖面图及放大图	1：20　1：50　1：100	1：30　1：40　1：50　1：200
详　图	1：1　1：2　1：5　1：10　1：20	1：3　1：4　1：5

（三）常用图例（表7.6、表7.7）

表7.6　　　　　　　　　　　　　　　水、汽管道代号

序　号	代　号	管道名称	备　注
1	R	（供暖、生活、工艺用）热水管	1. 用粗实线、粗虚线区分供水、回水时，可省略代号 2. 可附加阿拉伯数字1、2区分供水、回水 3. 可附加阿拉伯数字1、2、3、……表示一个代号、不同参数的多种管道
2	Z	蒸汽管	需要区分饱和、过热、自用蒸汽时，可在代号前分别附加B、G、Z
3	N	凝结水管	
4	P	膨胀水管、排污管、排气管、旁通管	需要区分时，可在代号后附加一个小写拼音字母，即Pz、Pw、Pq、Pt
5	G	补给水管	
6	X	泄水管	
7	XH	循环管、信号管	循环管为粗实线，信号管为细虚线。不致引起误解时，循环管也可为"X"
8	Y	溢排管	

表7.7　　　　　　　　　　　　　　　水、汽管道阀门和附件

序　号	名　称	图　例	附　注
1	阀门（通用）、截止阀		1. 没有说明时，表示螺纹连接 法兰连接时 焊接时 2. 轴测图画法 阀杆为垂直 阀杆为水平

序 号	名 称	图 例	附 注
2	闸阀		
3	手动调节阀		
4	球阀、转心阀		
5	蝶阀		
6	角阀	或	
7	平衡阀		
8	三通阀	或	
9	四通阀		
10	节流阀		
11	膨胀阀	或	也称"隔膜阀"
12	旋塞		

续表

序　号	名　称	图　例	附　注
13	快放阀	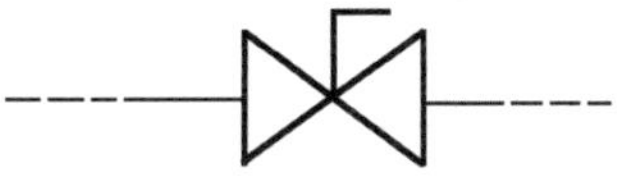	也称快速排污阀
14	止回阀	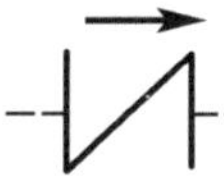 或 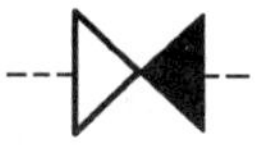	左图为通用，右图为升降式止回阀，流向同左。其余同阀门类推
15	减压阀	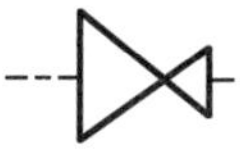 或 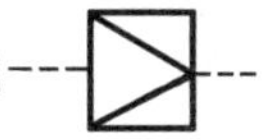	左图小三角为高压端，右图右侧为高压端；其余同阀门类推
16	安全阀		左图为通用，中为弹簧安全阀，右为重锤安全阀
17	疏水阀	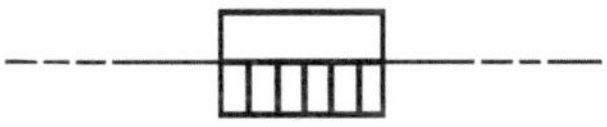	在不致引起误解时，也可用  表示也称疏水器
18	浮球阀	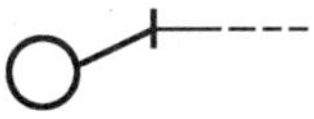 或 	
19	集气罐、排气装置	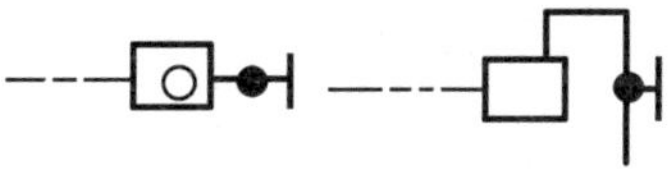	左图为平面图
20	自动排气阀		
21	除污器（过滤器）	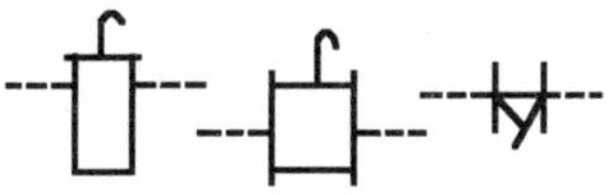	左为立式除污器，中为卧式除污器，右为 Y 形过滤器
22	节流孔板、减压孔板	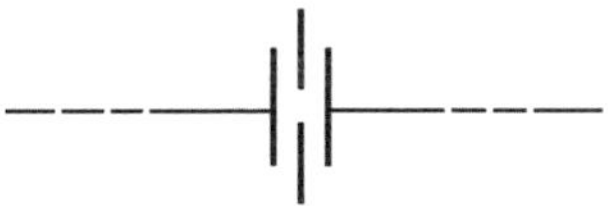	在不致引起误解时，也可用 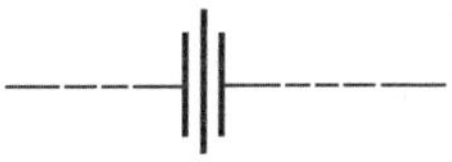 表示
23	补偿器		也称伸缩器

序　号	名　称	图　例	附　注
24	矩形补偿器	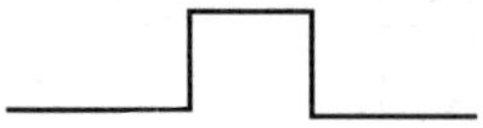	
25	套管补偿器	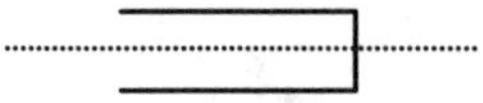	
26	波纹管 补偿器	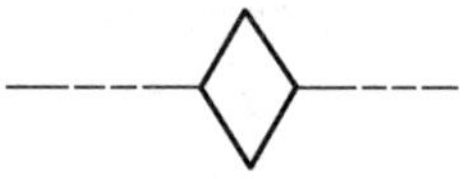	
27	弧形 补偿器		
28	球形 补偿器	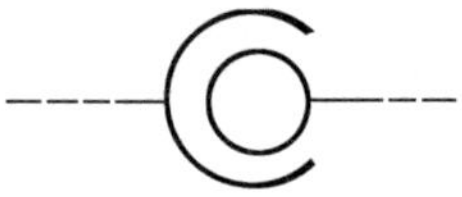	
29	变径管 异径管		左图为同心异径管，右图为偏心异径管
30	活接头	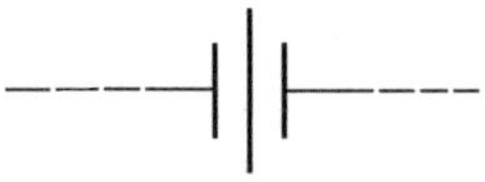	
31	法兰	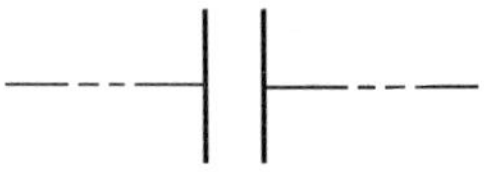	
32	法兰盖	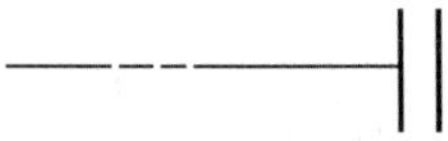	
33	丝堵		也可表示为： 
34	可屈挠橡 胶软接头		
35	金属软管		也可表示为 

续表

序　号	名　称	图　例	附　注
36	绝热管		
37	保护套管		
38	伴热管		
39	固定支架		
40	介质流向	⟶ 或 ⟹	在管道断开处时，流向符号宜标注在管道中心线上，其余可同管径标注位置
41	坡度及坡向	$i=0.003$ 或 $i=0.003$	坡度数值不宜与管道起、止点标高同时标注。标注位置同管径标注位置

（四）管径、标高、坡度

管径的标注同给排水管道（图 7.24），焊接钢管的直径用 DN 表示，如 DN32、DN15。无缝钢管直径用外径 X 壁厚表示，如 D114X5。尺寸标注于管径变径处，与管道平行，必要时，应用引出线示意该尺寸与管段的关系。同一管径的管道较多时，可不在图上标注尺寸，但需在附注中说明。

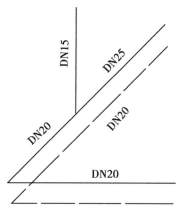

图 7.24　管径尺寸标注位置

需要限定高度的管道，应标注相对标高；散热器宜标注底标高，同一层、同标高的散热器只标注右边的一组。

坡度宜用单面箭头表示，数字表示坡度，箭头表示坡向下方。

（五）编号

采暖入口编号，X 表示采暖入口代号，n 表示编号以阿拉伯数字表示，如图 7.25 所示。采暖立管号，N 表示采暖立管号，x 表示编号，以阿拉伯数字表示，如图 7.26 所示。

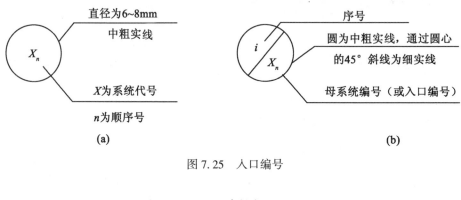

图 7.25　入口编号

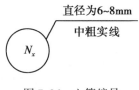

图 7.26　立管编号

二、图纸内容与识读方法

一套完整的供暖施工图应该由图纸目录、设计施工说明、主要设备材料表、平面图、剖面图、系统图和安装详图组成。

（一）图纸内容

1. 图纸目录

图纸目录是为了在一套图纸当中能快速地查阅到需要了解的单张图纸而编辑的独立文件。

2. 设计施工说明

设计说明内容包括设计概况，如建设地点、适用功能、层数、高度、工程设计依据、设计范围；室内外设计参数、冷源情况、冷媒参数、空调冷热负荷、冷热量指标；系统形式和控制方法、说明系统的使用操作要点等。

施工说明部分介绍系统使用材料和附件，系统工作压力和试压要求；施工安装要求及注意事项等内容。

3. 主要设备材料表

设备材料表的主要内容有编号、名称、型号、规格、单位、数量、质量、附注等，此项目便于施工单位能按设计要求选用设备和材料。

4. 平面图

室内供暖平面图表示建筑各层供暖管道与设备的平面布置，内容包括：

（1）建筑物布局：房屋的户型、轴线的位置、房间主要尺寸、指北针，各房屋的用途。

（2）主要设备的布置：散热器的类型、位置和数量，膨胀水箱、集气罐的类型、位置、数量。

各种类型的散热器规格和数量标注方法如图 7.27、图 7.28 所示：柱型、长翼型散热器只注数量（片数）；圆翼型散热器应注根数、排数，如 3×2（每排根数×排数）；光管散热器应注管径、长度、排数，如 DN76×200×4（管径（mm）×管长（mm）×排数）；闭式散热器应注长度、排数，如 1.0×2（长度（m）×排数）。

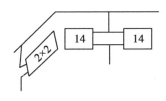

2×2
14
14

图 7.27　柱型、圆翼型散热器画法

DN76×200×4
1.0×2

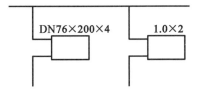

图 7.28　光管式、串片式散热器画法

（3）管道的布置：热力入口位置，供、回水总管名称、管径。干、立、支管位置和走向，平面图、系统图中散热器与供水（供汽）、回水（凝结水）管道的连接按如图 7.29～图 7.31 所示。

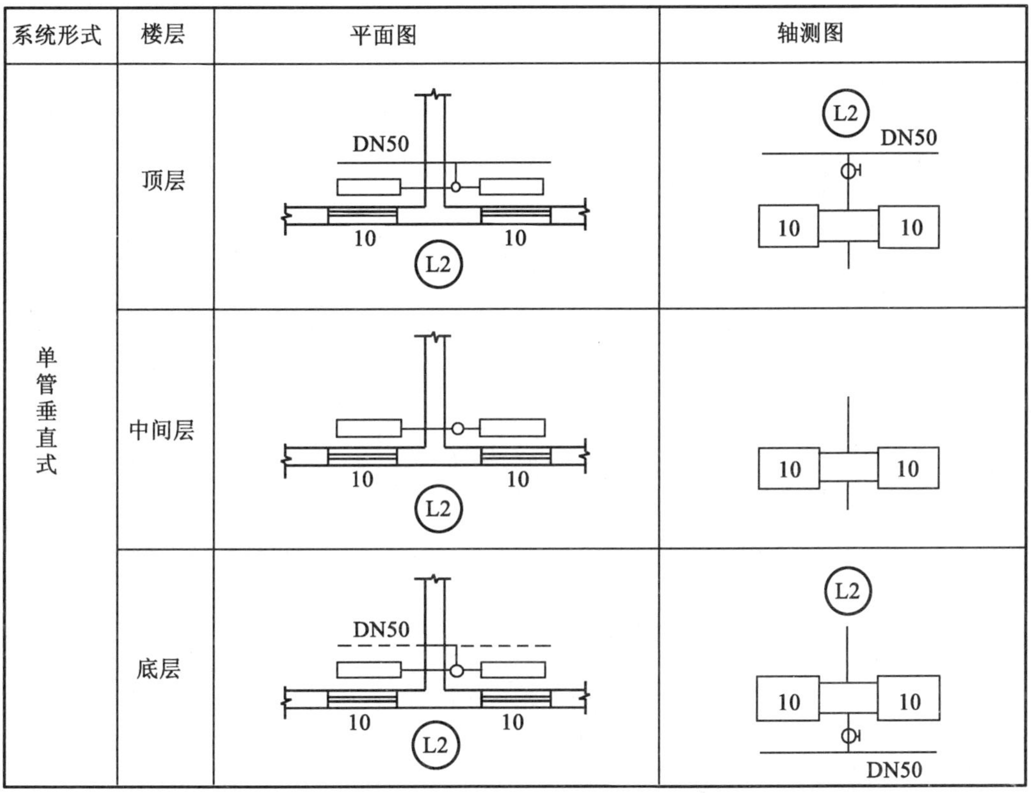

系统形式
楼层
平面图
轴测图
单管垂直式
顶层
DN50
10
10
L2
L2
DN50
10
10
中间层
10
10
L2
10
10
底层
DN50
10
10
L2
L2
10
10
DN50

图 7.29　单管垂直式

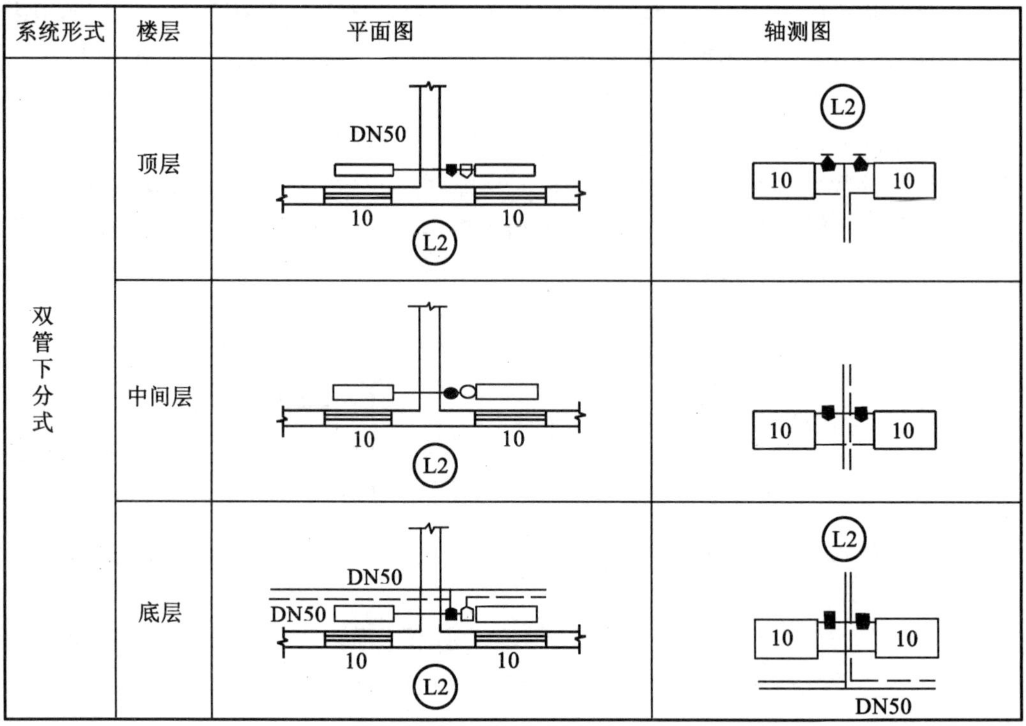

系统形式	楼层	平面图	轴测图
双管下分式	顶层	DN50 10 10 L2	L2 10 10
	中间层	10 10 L2	10 10
	底层	DN50 DN50 10 10 L2	L2 10 10 DN50

图 7.30 双管下分式

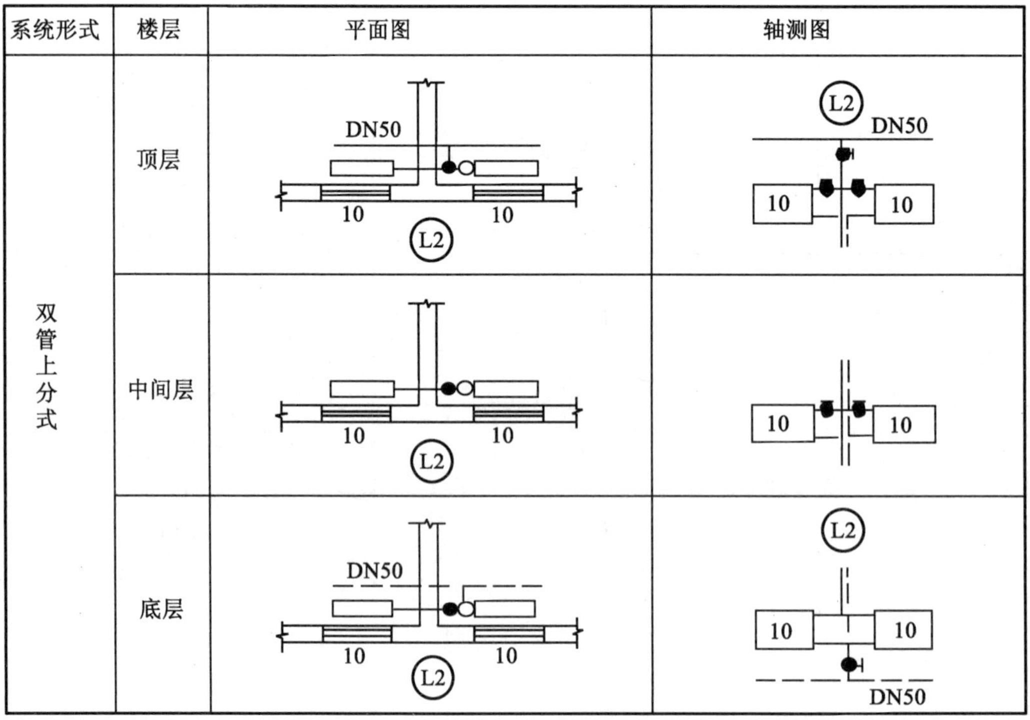

系统形式	楼层	平面图	轴测图
双管上分式	顶层	DN50 10 10 L2	L2 DN50 10 10
	中间层	10 10 L2	10 10
	底层	DN50 10 10 L2	L2 10 10 DN50

图 7.31 双管上分式

（4）膨胀水箱、集气罐等设备的位置、型号及其与管道的连接状况，补偿器与固定支架安装位置与型号。

（5）室内管沟的位置及主要尺寸，活动盖板的设置位置。

5. 系统图

系统图也称为系统轴测图，宜用正等轴测或正面斜轴测投影法。将系统图与平面图对照阅读，可了解整个采暖系统的全貌。

系统图反映了整个系统空间布置，具体包括如下内容：

（1）入口的位置、引入管的布置形式、立管编号、采暖管道的走向、空间位置、坡度、管径及变径的位置、管道与管道之间连接方式以及管道中阀门的位置、规格，集气罐的规格、安装形式。

（2）散热器与管道的连接方式，例如，是竖单管还是水平串联的，是双管上分或是下分等。

6. 详图

由于供暖平面图与系统图所用比例较小，某些构造表达不清，用文字也无法说明，需要用详图画出。采暖系统中的详图有标准详图和非标准详图，对于标准详图，可查阅标准图集，如集气罐安装详图、支架安装详图、水箱安装详图等。对于无标准详图可套用的，则需画出详图，如一般供暖系统入口处管道的交叉连接复杂，因此需要另画一张比例比较大的详图。

（二）识读方法

供暖施工图识读方法同建筑给排水施工图，一般先阅读设计说明，然后识读平面图，再将采暖平面图识读与采暖系统图相结合识读，最后识读详图。

一般由热力入口（热媒入口）起，按照流体运动方向识读供汽（水）干、立、支管及凝（回）水支、立、干管。针对平面图，先底层、中间层、顶层的采暖设备，各层对比，找出异同，对于构造较为复杂的节点，应参照原理图、系统图和详图。

三、案例分析

（一）案例1

散热器采暖宿舍楼如图 7.32~图 7.35 所示。

1. 设计及施工说明

（1）建筑概况。本工程为某厂区职工宿舍散热器采暖施工图的设计，工程位于河北张家口。该建筑结构形式为砖混结构，主体 2 层，层高 3.3m。

总建筑面积约为：1289.12m^2。

（2）设计依据。建筑专业根据甲方设计委托及要求提供的文字、平、立、剖面作业图，《采暖通风与空气调节设计规范》，《实用供热空调设计手册》，《建筑设计防火规范》，《建筑给水排水及采暖工程施工质量验收规范》，《通风与空调工程施工质量验收规范》。

（3）采暖设计及计算参数。冬季室外计算参数：（河北张家口）；

冬季采暖室外计算温度: -10℃;

冬季室外平均风速: 6.0m/s;

冬季室外最大冻土深度: 800mm;

冬季主导风向: NNW;

冬季室内计算参数:

车间、办公室: 18℃ (根据甲方要求);

卫生间: 16℃;

楼梯间、走道: 16℃;

厨房: 10℃。

(4) 设计范围。楼内散热器采暖系统设计、卫生间排风系统设计、防火专篇、环保专篇。

(5) 设计内容。

①楼内散热器采暖系统设计。

本工程采暖热源由自建锅炉房热水提供,供回水温度为85/60℃,经无缝钢管引至建筑物热力入口处。该无缝钢管设有50mm厚聚氨酯保温层和聚乙烯护壳,室外直埋。保温管供楼内冬季散热器热水采暖使用。采暖系统定压及补水由锅炉房统一解决(系统工作压力0.4Mpa)。采暖计算热负荷为$Q=38.31kW$,面积热指标为29.72W/m²。

供暖方式采用单管跨越式上供中回采暖系统,保证管中的水流速不得小于0.25m/s,采用无坡敷设,供水干管顶层梁下敷设,回水干管一层梁下敷设,经校核采暖管道内的平均流速0.36m/s> 0.25m/s,并在管道起端和终端设置了排气阀,满足无坡敷设要求。

散热器采用椭圆钢管柱散热器,高度635mm。GGZ2-Ⅱ-600(宽×厚×高=80×60×635),施工图中散热器均距地100mm挂墙安装。

排气阀均采用优质铜质立式自动排气阀(接管DN20)。

②卫生间排风系统设计。卫生间按照10次/h计算通风量设置吸顶式通风器由变压式风道排至室外。

③防火专篇。本工程采暖热媒为85℃/60℃低温热水,椭圆钢管柱散热器热水采暖。

采暖管道均为热镀锌钢管,所有热水管道在穿墙及楼板处施工完后,均要求将其管道与穿墙套管之间的空隙用石棉麻絮非燃材料填充,外表抹平,采暖主管道均采用超细玻璃棉非燃保温材料。

④环保专篇。风机均选用低噪声设备。

2. 图样分析

由供暖一层平面图(图7.32)知,本建筑坐南朝北,房屋布局不对称,楼梯间、卫生间、休息间、活动室、工作间以及走道的两端均设置散热器。供暖引入管和和回水管设置于西单元楼梯间处,参照热力入口装置详图(图7.35)知,引入管、回水管管径为DN32,引入管标高为-0.300m,回水管标高为-0.600m,引入管中设置闸阀、泄水阀、过滤器、压力表、温度计等。回水管中设置闸阀、温度计、压力表、自力式差压控制阀、泄水阀。引入管与回水管之间设置旁通管。立管总共31根,均靠墙角设置。

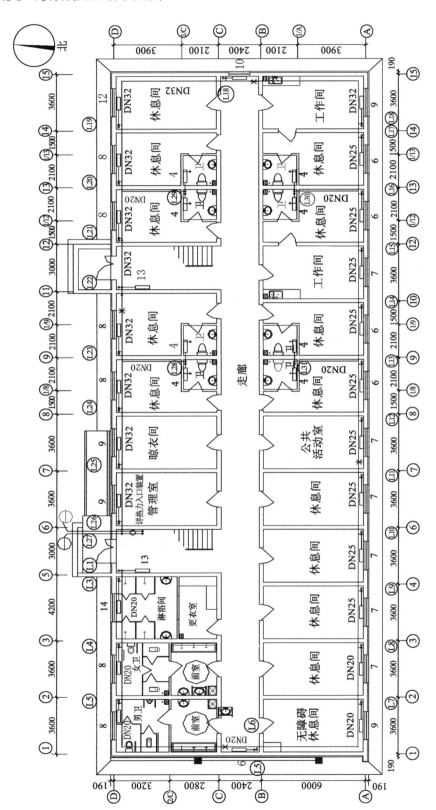

图7.32 供暖一层平面图1:100

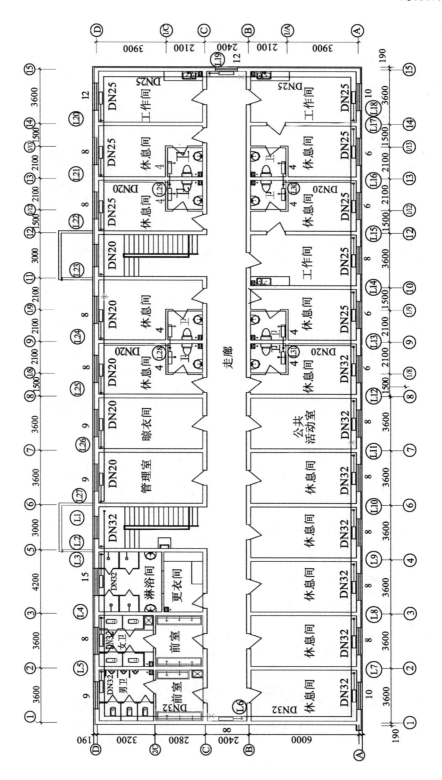

图7.33 供暖二层平面图1∶100

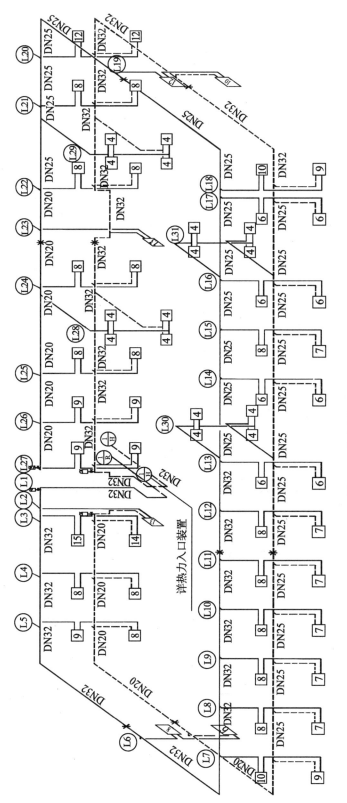

图7.34 采暖系统图1:100

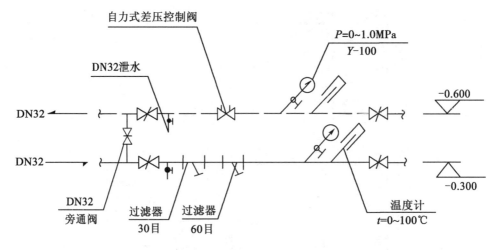

图 7.35 热力入口装置详图

对比供暖二层平面图（图 7.33）知，二层散热器布置与一层基本相同，部分房间暖气片片数增加，二楼楼梯间未设置散热器。

结合采暖系统图（图 7.34）和设计说明知，本系统采用上供中回式供暖，供水管由北边引入后靠楼梯间右侧墙角设置供水主立管 L1，上升至二楼顶棚梁下，接供水横干管，依次供暖至立管 L2~L31，其中，L28~L31 为卫生间内供暖立管。立管上各散热器均为单管串联，回水管设置于一楼顶棚梁下。管道敷设均无坡度。

暖气片的片数均已标明，如立管 L2 设于楼梯间，在一楼处接散热器，暖气片片数为 13 片，二楼未设置。又如 L31，每层楼均接 2 个散热器，总共 4 个，每个散热器片数均为 4 片。在供水立管 L1、L27 顶部设置排气阀，在回水横干管的起端和末端均设置排气阀。管道相应的位置还设有固定支架。

（二）案例 2

低温热水辐射采暖住宅如图 7.36~图 7.41 所示。

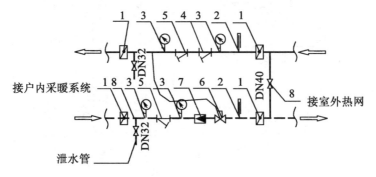

1—金属硬密封蝶阀；2—温度计；3—压力表；4—一级过滤器；
5—二级过滤器；6—自力式差压控制器；7—热量表；8—球阀

图 7.36 热力入口详图

1. 设计说明

本工程为小区保障性住房 1# 楼。剪力墙结构，地上 11 层，层高 3m；地下一层，层高 3.2m。本工程位于 A 县境内。采暖室外计算温度为 11℃；最大冻土深度为 660mm。卧室、起居室 18℃，书房 18℃，餐厅 18℃，厨房 16℃，卫生间 23℃，水箱间 5℃。热媒参数为供水温度 55℃，回水温度 45℃。采暖系统为连续供暖设计，系统补水及定压由小区换热站统一考虑，工程采用低温热水地板辐射采暖系统。

2. 图样分析

由热力入口详图（图 7.36）知，供暖管网进出户时，应对热量、温度、流量、水质、水压进行控制和调节，引入管和回水管上均设置泄水管，方便系统检修。引入管和回水管中间设置旁通管。

由低区入口大样图（图 7.37），并结合地下一层供暖平面图（图 7.39）知，热力入口引入管有两条，即 R1 与 R2，将系统分为高区和低区。引入管与回水管管径均为 DN80，管道水平间距为 300mm，管道中心标高为-1.200m，穿外墙处均设置防水套管。引入热力小室后进入管井，供回水立管均设置于管井，立管与立管间距、立管与墙体间距均参照大样图可得。

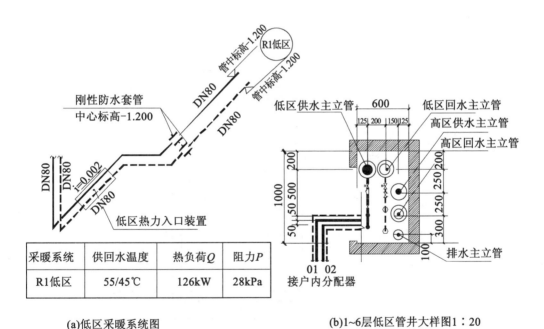

采暖系统	供回水温度	热负荷 Q	阻力 P
R1 低区	55/45℃	126kW	28kPa

(a)低区采暖系统图　　　　　　　　**(b)1~6层低区管井大样图1:20**

图 7.37　低区入口大样图

由低区采暖系统图（图 7.38）知，低区立管供给 1~6 层热媒，供回水立管底部均设置蝶阀，顶部设置排气阀。各层均连接两个出水管和两个回水管，供给东西两户人家，两户供暖横干管和回水横干管平行敷设，左边一户供暖横干管起端和回水横干管末端安装高度为 H+1.300m，分户横干管设有坡向散热设备，坡度为 0.01。分户支管后加装锁闭调节阀、过滤器、热量表后引至各户分配器。

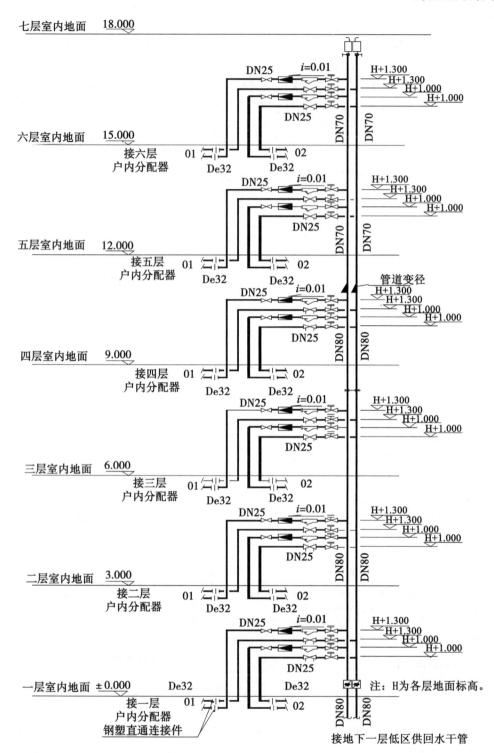

图 7.38 低区采暖系统图 1 : 100

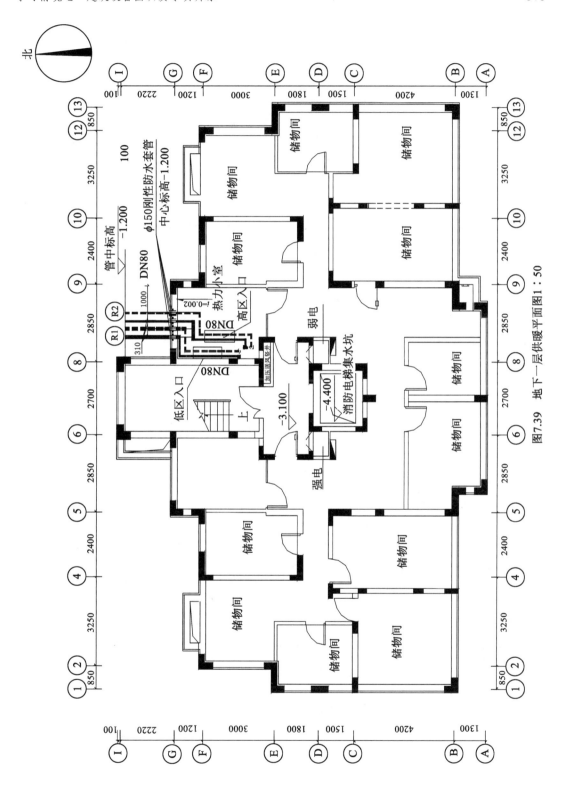

图7.39 地下一层供暖平面图1:50

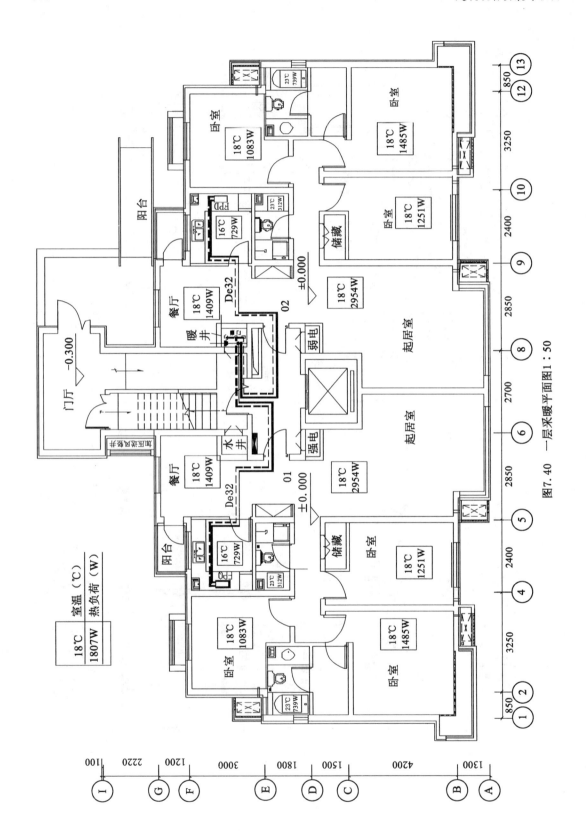

图7.40 一层采暖平面图1：50

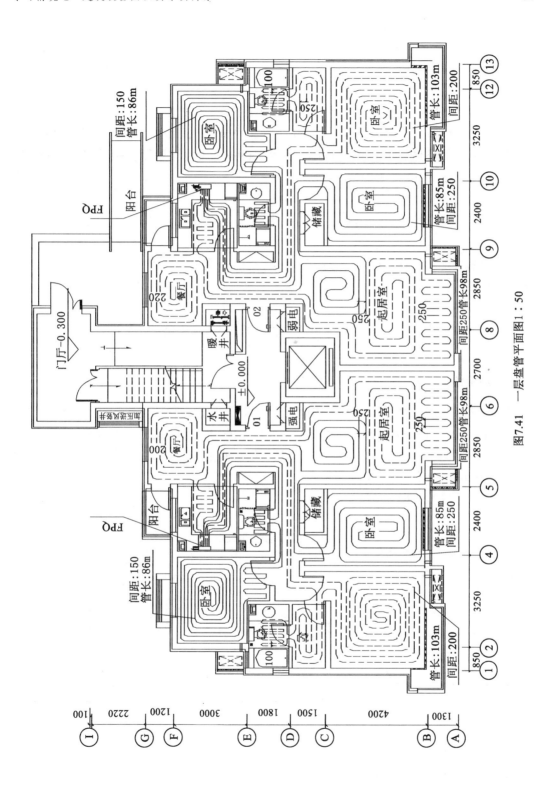

图7.41　一层盘管平面图1：50

由一层采暖平面图（图 7.40）知，一层为两户对称的户型，采暖支管由立管引出，从低区给水立管分出的 De32 的管道延伸至两户的厨房。各户型内的房间的采暖温度和热负荷均已标明，如一楼西边户型中西北处的卧室温度为 18℃，热负荷为 1083W。

由一层盘管平面图（图 7.41）知，各户的分集水器均设置于厨房内，以西边户型为例，将整个户型分成四个盘管区域。西南边主卧为一个系统，管长为 103m，间距为 200mm；北边的卧室与主卫生间为一个系统，管长为 86m，间距为 150mm；南边的卧室和部分起居室为一个系统，管长为 85m，间距为 250mm；厨房、餐厅、起居室的部分区域为一个系统，管长为 98m，间距为 250mm。

3. 管材的选择和连接

热力入口及管道井内供、回水管及各分户支管采用热镀锌钢管，丝扣连接，用 DN 表示。

户内接各分配器前管道材质为对接焊铝塑复合管，用 De 表示，户内暗埋部分管道不能有任何形式的接头。

任务三　通风空调系统施工图图纸识读专项训练

一、制图规范

通风空调施工图应符合《暖通空调制图标准》（GB/T50114—2010）和《房屋建筑制图统一标准》（GB/T50001—2010）的规定。图样中若采用自定义图线及含义，应明确说明，不能与前述规范相冲突。对于室外供热管网，按行业标准《供热工程制图标准》（CJJ/T 78—2010）执行。

（一）线型（表 7.8）

表 7.8　　　　　　　　　　　　空调工程施工图常用线型

供水管、风管及部件	粗实线　b	——————————
回水管、凝结水管	粗虚线　b	—— —— —— ——
设备、风管法兰	中实线　0.5b	
土建轮廓线、尺寸线、 引出线、标高符号	细实线　0.35b	——————————
设备和风管的中心线、定位轴线	细点画线　0.35b	—·——·——·——·—

（二）标注方法

1. 管道尺寸标注

圆形风管的截面定型尺寸应以直径符号 "ϕ" 后跟以毫米为单位的数值表示。

矩形风管（风道）的截面定型尺寸应以 "$A \times B$" 表示。"A" 为该视图投影面的边长尺寸，"B" 为另一边尺寸。A、B 单位均为毫米。

焊接（镀锌）钢管用公称直径 DN 表示；无缝钢管用外径 X 壁厚表示。

标注位置：变径处、水平管的上方、立管的左侧、斜管的斜上方，标注时，尺寸应与被标注的对象平行。

2. 定位尺寸与标高

一般标高单位为 m，其他尺寸用 mm。

平面图上应注出设备、管道与建筑定位轴线间的尺寸关系；剖面图上应标出设备、管道中心（或管底）标高。

3. 系统编号

通风空调系统一般均以汉语拼音字头加阿拉伯数字进行编号，如送风系统 S-1、S-2，排风系统 P-1、P-2，空调系统 K-1、K-2。

4. 坡度及坡向（图 7.42）

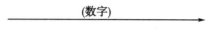
(数字)

数字表示坡度，箭头表示坡向下方
图 7.42　坡度的表示方法

（三）图例（表 7.9~表 7.11）

表 7.9　　　　　　　　　　　　　　　管　道　图　例

序　号	名　称	图　例	序　号	名　称	图　例
1	送风系统	——— S ———	10	洁净系统	——— J ———
2	排风系统	——— P ———	11	正压送风系统	——— ZS ———
3	空调系统	——— K ———	12	人防送风系统	——— RS ———
4	新风系统	——— X ———	13	人防排风系统	——— RP ———
5	回风系统	——— H ———	14	蒸汽管	——— Z ———
6	排烟系统	——— PY ———	15	凝结水管	——— N ———
7	制冷系统	——— L ———	16	膨胀水管	——— P ———
8	除尘系统	——— C ———	17	补给水管	——— G ———
9	采暖系统	——— N ———	18	信号管	——— X ———

续表

序 号	名 称	图 例	序 号	名 称	图 例
19	溢排管	——Y——	28	氟气管	——RQ——
20	空调供水管	——L_1——	29	氟液管	——FY——
21	空调回水管	——L_2——	30	氨气管	——AQ——
22	冷凝水管	——n——	31	氨液管	——AY——
23	冷却供水管	——LG_1——	32	平衡管	——P——
24	冷却回水管	——LG_2——	33	放油管	——Y——
25	软化水管	——RH——	34	放空管	——k——
26	盐水管	——YS——	35	不凝性气体管	——b——
27	冷剂管道	——YS——	36	紧急泄氨管	——j——

表 7.10　　　　　　　　　　　　　**管道阀门附件图例**

序 号	名 称	图 例	序 号	名 称	图 例
1	送风管、新、进风管		5	天圆地方	
2	回风管、排风管		6	柔性风管	
3	混凝土或砖砌风管		7	插板阀	
4	异径风管		8	蝶阀	

续表

序　号	名　称	图　例	序　号	名　称	图　例
9	方形散流器		16	安全阀	
10	圆形散流器		17	蝶阀	
11	风管测定孔		18	手动排气阀	
12	矩形三通		19	回风口	
13	圆形三通		20	伞形风帽	
14	弯头		21	锥形风帽	
15	带导流片弯头		22	筒形风帽	

表 7.11　　　　　　　　　　**通风、空调、制冷设备图例**

序　号	名　称	图　例	序　号	名　称	图　例
1	离心式通风机		2	轴流式通风机	

序 号	名 称	图 例	序 号	名 称	图 例
3	离心式水泵		11	空气过滤器	
4	制冷压缩机		12	空气加热器	
5	空气加湿器		13	空气冷却器	
6	窗式空调器		14	消声弯头	
7	风机盘管		15	喷雾排管	
8	消声器		16	挡水板	
9	减振器		17	水过滤器	
10	水冷机组		18	通风空调设备	

二、图纸内容

通风空调施工图一般由文字部分和图样部分组成。文字部分包括图纸目录、设计施工说明、图例、设备及主要材料表。图样部分包括基本图和详图，基本图包括工艺（原理）图、平面图、剖面图、原理图、系统图等，详图包括系统中某局部或局部放大图、加工图、施工图等，如果详图中采用了标准图或其他工程图样，则需在目录中附有说明。

（一）通风施工图的组成

（1）设计施工说明。主要说明在施工图纸上无法用线型或符号表达的一些内容，如技术标准、质量要求等，具体有建筑概况、设计依据、系统工作原理，设计参数，管材、阀门的材质要求，施工质量要求和特殊的施工方法。

（2）设备、材料清单。设备表一般包括序号、设备名称、技术要求、数量、备注栏。材料表一般包括序号、材料名称、规格或物理性能、数量、单位、备注栏；设备部件需标明其型号、性能时，可用明细栏表示。

（3）原理图。表明整个系统的原理和流程，可不按比例绘制，只要绘出设备、附件、仪表、部件和各种管道之间的相互关系。例如送、排风原理图，对通风与空调工程中的送风、排风、消防正压送风、排烟等流程做出表示。该图是施工中检查核对管道是否正确和确定介质流向的依据。

（4）平面图。其主要内容有建筑物轮廓、主要轴线号、轴线尺寸、室内外地面标高、房间名称，风道烟道及风口的位置尺寸，各设备、部件的名称、规格、型号、尺寸及设备基础的主要尺寸；在底层平面图上有指北针；相应的位置应标明防火分区与防烟分区。

（5）剖面图。它主要用来表达较复杂的管道相对关系及竖向位置。剖面图中展示了管道与设备、管道与建筑梁、板、柱、墙以及地面的尺寸关系，表达了风管、风口的尺寸和标高，部分图样还标出了气流方向及详图索引编号等。

平（剖）面图中的风管宜用双线绘制，风管法兰盘宜用单线绘制。两根风管相交叉时，可不断开绘制，其交叉部分的不可见轮廓线可不绘出。

（6）系统图。即系统轴测图，也称为透视图。系统图一般用单线表示，按比例绘制，能形象地表达通风系统空间走向。系统的主要设备、部件应进行编号，注明管径、标高。

（7）详图。其主要内容有风管、部件及设备制作和安装的具体形式、方法和详细构造及加工尺寸，对于一般性的通风空调工程，通常都使用国家标准图集；对于一些有特殊要求的工程，则由设计院设计施工详图。

（二）通风施工图识读方法

基本原则是先文字后图形，先原理图后平面图、系统图，先整体后局部，由大到小、由粗到细逐步深入。

看图纸目录和设计说明，了解工程性质、设计基本思路，熟悉选用设备类型与符号。

将风系统与水系统分开阅读。按照原理图、平面图、剖面图、系统图及详图的顺序逐一阅读，相互对照。

关注平面图，了解设备、管道的平面布置位置及定位尺寸；关注剖面图，了解设备、管道竖向的标高、位置尺寸；关注系统图，了解整个系统在空间上的布置状况；关注详图，了解设备、部件的据图构造、制作安装尺寸及要求。

识读图样的基本顺序为：送风工程沿进风口→空气处理器→风机→干管→横支管→送风口；排风工程沿排风口→横支管→干管→风机→空气处理器→排风帽。

（三）空调施工图的组成

空气调节专业设计文件应包括图样目录、设计与施工说明、设备表、设计图样、计算书等，其中，设计图样包括原理图、平面图、剖面图、系统图、详图。

（1）设计施工说明。设计说明包括的内容有建筑概况、设计依据、设计参数，冷热源设置情况、冷热媒及冷却水参数，空调系统工作方式，空调设备和管道系统的规格、性能及安装要求，节能措施以及采用的标准图集、施工及验收依据，图例等。

（2）设备表。列出空调工程主要设备，材料的型号、规格、性能和数量。

（3）原理图。针对冷热源系统、空调水系统及复杂的风系统均应绘制原理图，它能清晰地表达流体的运动路线、管道与设备的相互关系，可不按比例绘制。系统原理图中标出了设备、阀门、控制仪表、配件、标注介质流向、管径及设备编号。

（4）平面图。包括系统平面图、冷冻机房平面图、空调机房平面图等。主要内容有指北针、建筑构造基本情况，风管、水管的水平走向、规格尺寸，设备与部件的名称、规格、型号，设备的轮廓尺寸、各种设备定位尺寸、设备基础主要尺寸。

（5）剖面图。剖面图清晰地表达了管道与设备、管道与建筑物梁、板、柱、墙以及地面的尺寸关系，同时表达了风管、风口、水管的尺寸和标高，气流方向及详图索引编号等。便于设备和管道的安装，也是不同专业不同工种之间协调配合的依据。

（6）系统轴测图。空调系统轴测图中风管系统绘制同通风轴测系统，水系统轴测图按比例以单线绘制，对系统的主要设备、部件，应注出编号；对各设备、部件、管道及配件，要表示出它们的完整内容。系统轴测图宜注明管径、标高，标注方法同平、剖面图。

（7）详图。空调冷系统的各种设备及零部件施工安装应注明采用标准图、通用图的图名和型号。若无图样可选，设计人员必须绘制详图。

（8）计算书。计算书是设计的依据，包括空调冷热负荷计算，空调系统末端设备及附件的选择计算，空调冷热水、冷却水系统的水力计算，风系统的阻力计算以及必要的气流组织。

（四）空调施工图识读方法

空调系统中的新风、回风管路系统的识图与通风管道的识读方法相同，空调系统中的水系统识图与建筑给排水系统识读方法相同，均可按照流体运动方向来识读，同时，应注意文字与图样结合、平面图剖面图系统图结合。

三、案例分析

（一）案例1

图7.43所示为消防电梯前室设置的加压送风系统。

本工程地上楼梯间和房间采用自然防排烟方式，开窗面积满足规范要求，在消防电梯合用前室设置加压。

消防电梯前室加压送风口设计选用常闭型多叶送风口，多叶加压送风口尺寸为400×

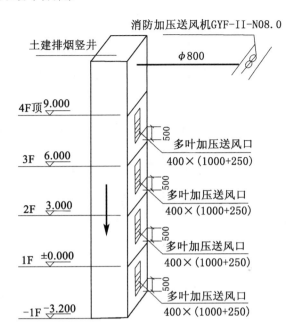

图 7.43　楼梯前室加压送风系统

（注：土建预留洞口 450×1300）

（1000+250），层层设置。防排烟通风系统在施工过程中应与其他专业密切配合，预留洞口，土建预留洞口 450×1300，下皮距地 500mm。火灾时，开启着火层和上下相邻层共三个加压送风口，同时输出信号至消防控制室，消防控制室输出电信号开启加压风机。

消防电梯合用前室安装在室外的风机，其电动机必须加装防雨罩，以防雨、防尘。管道穿出屋面及地沟顶板时，应有防雨装置。

（二）案例 2

地下室通风设计如图 7.44~图 7.46 所示。设计与施工说明如下：

（1）设计依据：已批准的方案设计文件及审批意见，建设单位对本专业提出的有关意见有关设计规范《工程建设标准强制性条文》、《高层民用建筑设计防火规范》、《通风与空调工程施工质量及验收规范》、《汽车库、修车库、停车场设计防火规范》。

（2）设计范围：地下室通风及防排烟设计。

（3）风管材料制作及安装：风管材料见表 7.12。风管采用镀锌钢板咬口制作，做法参照《通风与空调工程施工质量验收规范》（GB50243—2002）。防火阀必须单独配置支吊架，气流方向必须与阀体上标志的箭头相一致，风管支吊架做法详见国标，并在支吊架与风管间镶以软木垫；测量孔位置及做法详见国标；风管吊支架跨距最大不应超过 3m；所有风管三通处（除装有多叶调节阀的风管外）均加装风管拉杆阀，做法详见国标。油漆非镀锌钢板保温前必须清除外表污锈，刷红丹漆两道。镀锌钢板焊缝处必须清除外表污锈，刷红丹漆两道。管道支吊架及设备在表面除锈后刷红丹漆两道，再刷色漆两道。

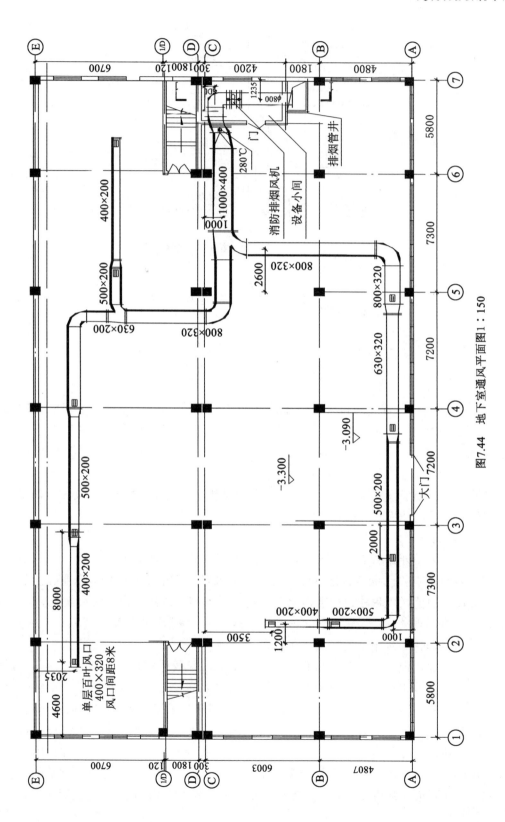

图7.44　地下室通风平面图1∶150

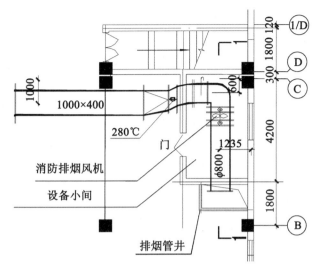

图 7.45　设备小间大样图

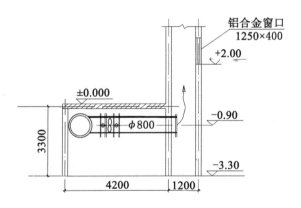

图 7.46　1—1 剖面图 1∶75

表 7.12　　　　　　　　　　　　　　风 管 材 料

风管材料	镀锌薄钢板					
长边长 mm	B≤320	320<B≤630	320<B≤630	320<B≤630	320<B≤630	320<B≤630
钢板厚度	0.50	0.60	0.75	1.00	1.20	1.20
排烟管厚度	0.80	1.00	1.00	1.20	1.20	1.20

注：防火阀至防火墙之间的风管壁厚为 2.0mm。

（4）通风：-1 层地下汽车库采取机械排风自然补风通风方式。汽车库换气次数为 6 次/h，排气量为 30618m³/h。

（5）防排烟：排风排烟合用一个系统，排风机为排风排烟两用风机。平时，各防烟分区的百叶风口正常送排风，排烟支管上的排烟防火阀、防火调节阀常开；火灾时，排风机转变为排烟风机，各防烟分区百叶风口转变为排烟和补风；当排烟温度大于 280℃ 时，排烟防火阀关闭，并联动排烟风机关闭。

（6）风机等设备应采用 20~50mm 厚的橡胶减振垫隔振，接头处均设置 150mm 长的防火软接头。

（7）其他本工程所有标高均为相对标高，标高以 m 计，尺寸以 mm 计，所有圆形风管标高均为管中心标高，矩形风管标高均为管顶标高。静压箱里的消声材料及软接头均为不燃型。本说明未尽处，按国家有关施工及验收规范执行。本设计所使用的部分设备统计见表 7.13

表 7.13
材 料 表

序号	名称	型号性能	单位	个数	备注
1	排烟风机	YZW.1 型 N0.10 处理风量 35000M/H	台	1	顶棚贴梁底吊装
2	防火软接头	厚度 150mm	个	2	
3	排烟防火阀	φ800　280℃	个	1	
4	风口	单层百叶风口 400×320	个	10	
5	插板阀		个	1	
6	铝合金窗口	1250×400	个	1	
7	天圆地方	φ800	个	1	

（三）图纸分析

如图 7.44、图 7.45 所示，由地下室通风平面图知，排烟管井设置于设备小间旁，风机设置于设备小间内。管道在进入设备小间前为矩形管，连接一个天圆地方，变成圆管，并设有一个排烟防火阀。进设备小间后，管道中设有一插板阀，风机前后接头处均设置 150mm 长的防火软接头。排烟风口采用单层百叶风口，风口尺寸为 400mm×320mm，共 10 个风口，风口间间距为 8m，风口与墙体、柱子、轴线间间距均已标明。

如图 7.46 所示，由 1—1 剖面图知，地下室烟气最终通过排烟风机抽入排烟竖井，排出室外。排风干管的管中心标高为 -0.9m，管径为 φ800，安装于地下室顶板下面。

（四）案例 3

办公楼通风空调系统如图 7.47~图 7.52 所示。

如图 7.47、图 7.48 所示，L1 为空调冷冻水供水管，供水管由冷水机组引出，其上设置水流开关、橡胶软接头、蝶阀、压力表、温度计，此水管出水温度为 7℃，输送至换热设备，通过换热设备与热空气进行热交换，温度升高为 12℃，再通过冷冻水回水管 L2 回到冷水机组内。冷却水供水管道为 L3，此水管水温大约 37℃，由冷水机组通向冷却塔，在冷却塔内冷却为 32℃，由冷却水回水管 L4 输送至冷水机组。冷冻水回管上设置冷冻水泵，冷却水回水管上设置冷水泵。冷却塔中设置补水管 S。冷冻水泵进水管前端设置膨胀水箱，水箱上设置补水管和溢流管。水泵前设置蝶阀、Y 形水过滤器、橡胶软接头，水泵后设置橡胶软接头、温度表、蝶阀、压力表。

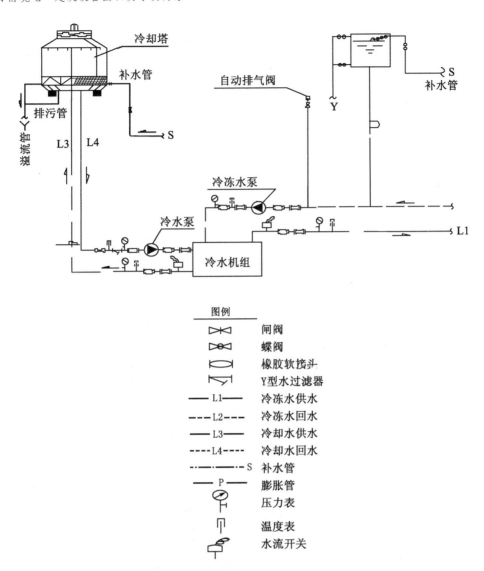

图例

符号	名称
⋈	闸阀
⋈	蝶阀
⟨⟩	橡胶软接斗
⋎	Y型水过滤器
——L1——	冷冻水供水
- - -L2- - -	冷冻水回水
——L3——	冷却水供水
- - -L4- - -	冷却水回水
- · - · S	补水管
— P	膨胀管
⊘	压力表
⌐	温度表
☇	水流开关

图 7.47 办公楼冷冻水系统原理图

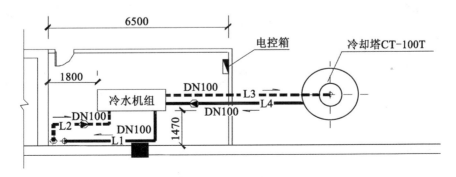

图 7.48 空调机房平面图

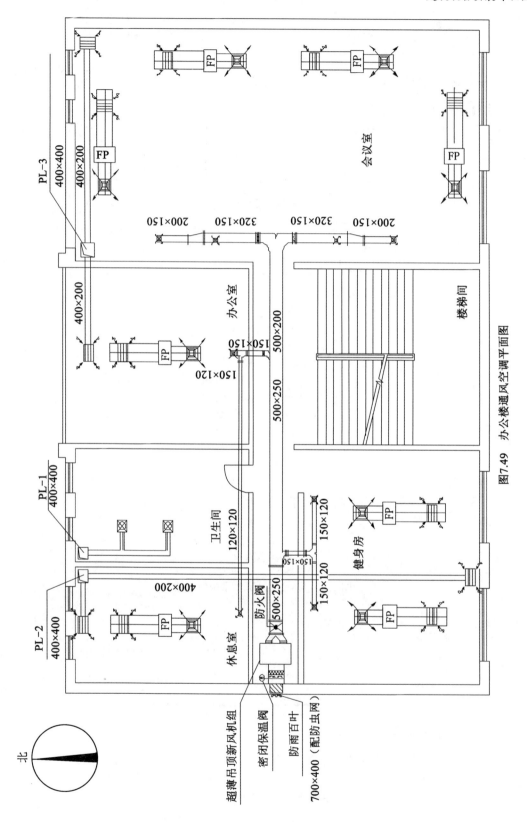

北

图7.49 办公楼通风空调平面图

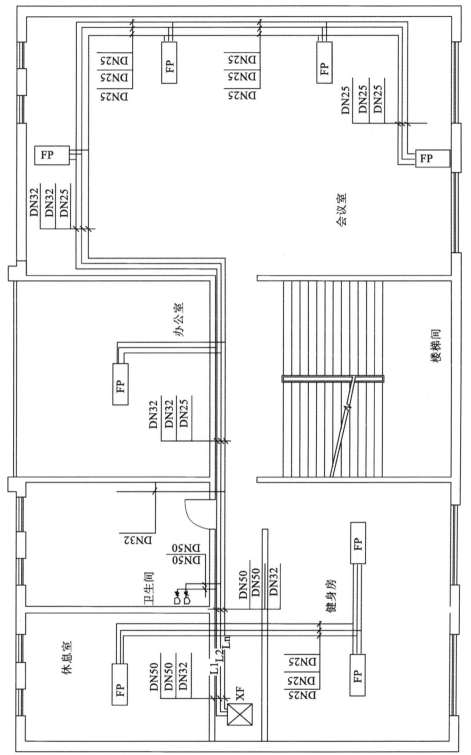

图7.50 办公楼空调水管道平面图

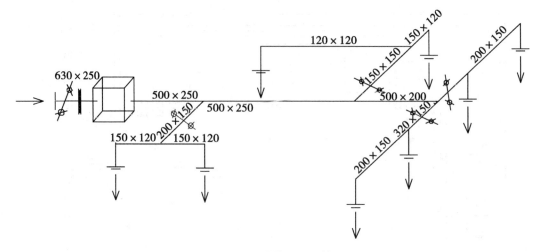

图 7.51　办公楼风机系统图

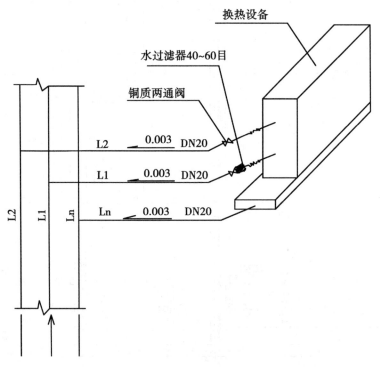

L2—热水回水管　L1—热水供水管　Ln—冷凝水管

图 7.52　风机盘管接管图

由图 7.49 知，该办公楼的卫生间、休息室和会议室均设置排风口和排风管，三个排风立管尺寸均为 400mm×400mm。

由图 7.50、图 7.51 知，办公楼通风空调房间内采用独立新风加风机盘管系统。新风由走廊吊顶新风机组提供。超薄吊顶新风机组设置于走道西端，新风口设置防雨百叶、密闭保温阀，新风机组后管道设置防火阀，由矩形管道输送至健身房、休息室、办公楼和会议室，管道分支处均设置调节阀。独立新风系统共设置 8 个送风口，新风加风机盘管系统设有 8 个风机盘管，8 个回风口和 8 个送风口。

由图 7.50、图 7.51、图 7.52 知，空调供回水立管由卫生间引出，L1 为供水管，L2 为回水管，Ln 为空调冷凝水管。供回水管将冷媒或热媒分别输送至各个房间的风机盘管内，在盘管内与房间内的空气进行热交换。

任务四　建筑电气施工图识读专项训练

一、制图规范

建筑电气施工图应符合《建筑电气制图标准》（GB/T 50786—2012）和《房屋建筑制图统一标准》（GB/T50001—2010）的规定。图样中若采用自定义图线及含义，应明确说明，不能与上述规范相冲突。

（一）线型（表 7.14）

表 7.14　　　　　　　　　　　　　　　图线、线型及线宽

本专业设备之间电气通路连接线、本专业设备可见轮廓线、图形符号轮廓线	粗实线　b	▬▬▬▬
本专业设备课件轮廓线、图形符号轮廓线、方框线、建筑物可见轮廓	中粗线　0.5b	▬▬▬▬
	中实线　0.35b	▬▬▬▬
非本专业设备课件轮廓线、建筑物可见轮廓；尺寸、标高、角度等标注线及出线	细实线　0.25b	————

（二）比例

绘图时，应根据图样的用途和被绘物体的复杂程度优先选用表 7.15 所列常用比例，特殊情况允许选用可用比例。

表 7.15　　　　　　　　　　　　　　　比　　　例

图　　名	常用比例	可用比例
电气总平面图、规划图	1：500　1：1000　1：2000	1：300　1：5000
电气平面图	1：50　1：100　1：150	1：200
电气竖井、电信间、变配电室等平面图、剖面图	1：20　1：50　1：100	1：25　1：150
详　　图	5：1　1：1　1：2 1：5　1：10　1：20	4：1　1：25　1：50

（三）常用图例（表 7.16、表 7.17）

表 7.16

序　号	图形符号	说　明
1		开关（机械式）
2		多级开关一般符号多线表示
3		接触器（在非动作位置触点断开）
4		负荷开关（负荷隔离开关）
5		熔断器式断路器
6		断路器
7		隔离开关
8		熔断器一般符号
9		熔断器式开关
10	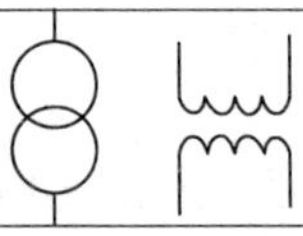	双绕组变压器
11		三绕组变压器
12		电流互感器脉冲变压器
13		热继电器的驱动器件
14	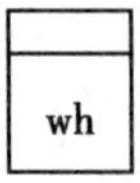 wh	电能表（瓦特小时表）

序　号	图形符号	说　明
15		原电池或蓄电池
16		接地一般符号
17		电缆终端头
18		手动报警器
19		感烟火灾探测器
20		感温火灾探测器
21		火警电话机
22		报警发声器

电力、照明和电信布置插座

序号	图形符号	说明
23		单相插座
24		暗装单相插座
25		密闭（防水）单相插座
26		带接地插孔的三相插座
27		带接地插孔的暗装三相插座

序　号	图形符号	说　明
28	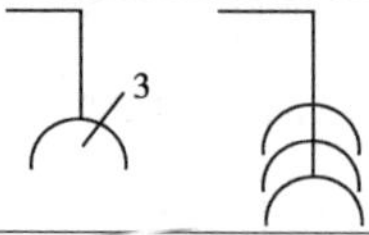	多个插座（示出 3 个）
29	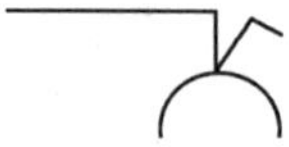	具有单极开关的插座

电力、照明和电信布置开关

序号	图形符号	说明
30		开关一般符号
31		单极开关
32		暗装单极开关
33		双极开关
34		三极开关
35		单极限时开关
36	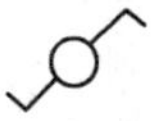	双极开关（单极三线）

表 7.17

图形符号		图集使用的范例和说明
图　标	名　称	型号、规格、做法说明
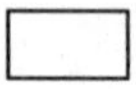	屏、台、箱、柜的一般符号	配电室及进线用开关柜
	多种电源配电箱（盘）	画于墙外为明装，除注明外，底边距地 1.2m
	电力配电箱（盘）	画于墙内为暗装，除注明外，底边距地 1.4m

续表

图形符号	图集使用的范例和说明	
图　标	名　　称	型号、规格、做法说明
▅	照明配电箱（盘）	画于墙外为明装，除注明外，底边距地 2.0m，明装电能表板底距地 1.8m 画于墙内为暗装，除注明外，底边距地 1.4m，明装电能表板底距地 1.8m
 ⊗	各灯具一般符号	
 ⊗	花灯	
 ▭	荧光灯列（带状排列荧光灯）	规格、容量、型号、数量按工程设计图要求，施工中一般均应用高效节能型荧光灯灯具及与其配套的高可靠、高功率因素（>0.95）的交流电子镇流器
 ⊢─┤	单管荧光灯	
⊢──┤	双管荧光灯	
 ⊨══╡	三管荧光灯	
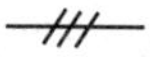 ─///─	交流配电线路	铝芯导线时为 3 根 铜芯导线时为 3 根
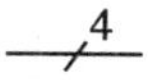 ─/⁴─	交流配电线路	铝芯导线时为 4 根 铜芯导线时为 4 根
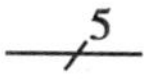 ─/⁵─	交流配电线路	铝芯导线时为 5 根 铜芯导线时为 5 根
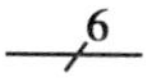 ─/⁶─	交流配电线路	铝芯导线时为 6 根 铜芯导线时为 6 根
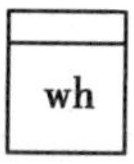 wh	有功电能表	除注明外，均由供电部门备料安装（虚线时为表位）
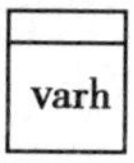 varh	无功电能表	除注明外，均由供电部门备料安装（虚线时为表位）

二、图纸内容

（一）图纸目录与设计说明

图纸目录与设计说明包括图纸内容、数量、工程概况、设计依据以及图中未能表达清楚的各有关事项，如供电电源的来源、供电方式、电压等级、线路敷设方式、防雷接地、设备安装高度及安装方式、工程主要技术数据、施工注意事项等。

（二）主要材料设备表

主要材料设备表包括工程中所使用的各种设备和材料的名称、型号、规格、数量等，它是编制购置设备、材料计划的重要依据之一。

（三）系统图

照明系统图的主要内容包括：

（1）电源进户线、各级照明配电箱和供电回路，表示其相互连接形式；

（2）配电箱型号或编号，总照明配电箱及分照明配电箱所选用计量装置、开关和熔断器等器件的型号、规格；

（3）各供电回路的编号，导线型号、根数、截面和线管直径，以及敷设导线长度等；

（4）照明器具等用电设备或供电回路的型号、名称、计算容量和计算电流等。

例如，图7.53所示为某商场楼层配电箱照明配电系统图。

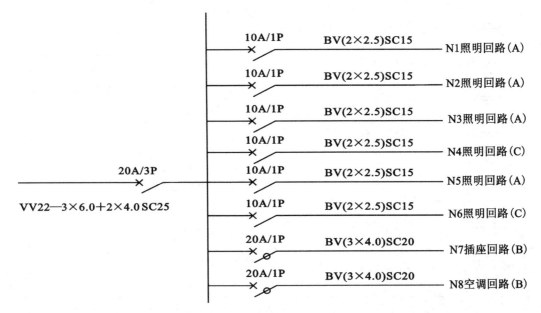

图7.53　某商场楼层配电箱照明配电系统图

（四）平面布置图

平面布置图是电气施工图中的重要图纸之一，如变、配电所电气设备安装平面图、照明平面图、防雷接地平面图等，用来表示电气设备的编号、名称、型号及安装位置、线路的起始点、敷设部位、敷设方式及所用导线型号、规格、根数、管径大小等。通过阅读系统图，了解系统基本组成之后，就可以依据平面图编制工程预算和施工方案组织施工。

（五）控制原理图

控制原理图包括系统中各所用电气设备的电气控制原理，用以指导电气设备的安装和控制系统的调试运行工作。

（六）安装接线图

安装接线图包括电气设备的布置与接线，应与控制原理图对照阅读，进行系统的配线和调校。

（七）安装大样图（详图）

安装大样图是详细表示电气设备安装方法的图纸，对安装部件的各部位注有具体图形和详细尺寸，是进行安装施工和编制工程材料计划时的重要参考。

三、电气施工图中常见的标注方法

（一）照明灯具的标注

灯具的标注是指在灯具旁按灯具标注规定标注灯具数量、型号、灯具中的光源数量和容量、悬挂高度和安装方式。灯具光源按发光原理分为热辐射光源（如白炽灯和卤钨灯）和气体放电光源（荧光灯、高压汞灯、金属卤化物灯）。常用光源的类型、型号见表 7.18。

表 7.18

灯具类型	代　号	灯具类型	代　号
白炽灯	IN		
荧光灯	FL	汞灯	Hg
碘钨灯	I	钠灯	Na
花灯	H	防水防尘灯	F
吸顶灯	D	搪瓷伞罩灯	S
壁灯	B	隔爆灯	G
普通吊灯	P	柱灯	Z
荧光灯	Y	投光灯	T

照明灯具的标注格式为

$$a-b\ (c\times d\times l)\ /ef$$

其中：a 为同类照明灯具个数；b 为灯具的型号或者编号；c 为照明灯具的灯泡数；d 为灯泡或者灯管的功率（W）；e 为灯具安装高度（m）；f 为灯具安装方式；l 为电光源的种类（一般不标注）。

灯具安装方式代号见表 7.19。

表 7.19

灯具安装方式	新标准	旧标准
线吊式	CP	X
链吊式	CH	L
管吊式	P	G
壁装式	W	B
吸顶式	C	D
吸顶嵌入式	CR	DR
墙装嵌入式	WR	BR

例如：5—YZ402×40/2.5Ch 表示 5 盏 YZ40 直管型荧光灯，每盏灯具中装设 2 只功率为 40W 的灯管，灯具的安装高度为 2.5m，灯具采用链吊式安装方式。如果灯具为吸顶安装，那么安装高度可用"—"号表示。在同一房间内的多盏相同型号、相同安装方式和相同安装高度的灯具，可以标注一处。

例如：20—YU601×60/3CP 表示 20 盏 YU60 型"U"形荧光灯，每盏灯具中装设 1 只功率为 60W 的"U"形灯管，灯具采用线吊安装，安装高度为 3m。

（二）配电线路的标注

配电线路的标注用以表示线路的敷设方式及敷设部位，采用英文字母表示。

配电线路的标注格式为

$$a-b(c×b)e-f$$

其中：a 为线路编号或者线路功能的符号；b 为导线型号；c 为导线根数；d 为导线截面积；e 为导线辐射方式或者穿管管径；f 为导线敷设部位。

常用绝缘导线型号见表 7.20、线路敷设方式及敷设部位见表 7.21 及表 7.22。

表 7.20　　　　　　　　　　　　　　　　　常用绝缘导线型号

型号	名　称	主要用途	备　注
BX	铜芯橡皮线		
BLX	铝芯橡皮线		
BXR	铜芯橡皮软线		
BV	铜芯塑料线		B—布线用
BLV	铝芯塑料线	固定敷设用	X—橡皮绝缘
BVR	铜芯塑料软线		V—塑料绝缘
BVV	铜芯塑料护套线		L—铝芯（铜芯不表示）
BLVV	铝芯塑料护套线		R—软导线
BXF	铝芯氯丁橡皮线		
RVS	铜芯塑料绞型软线	用于盘内配线及	
RCB	铜芯塑料平型软线	小功率用电设备	

表 7.21　　　　　　　　　　　　　　　　　线路敷设方式文字符号

中文名称	文字代号	中文名称	文字代号
明敷	E	电线管配线	MT
暗敷	C	钢管配线	SC
瓷瓶配线	K	硬塑料管配线	PC
铝卡线配线	AL	金属线槽配线	MR
瓷卡配线	PL	塑料线槽配线	PR
塑料夹配线	PCL	电缆桥架配线	CT
穿阻燃半硬塑料管配线	FPC	钢索配线	M
		金属软管配线	PMC

表7.22 线路敷设部位文字符号

中文名称	文字符号	中文名称	文字符号
梁	B	构架	R
柱	CL	顶棚	C
墙	W	吊顶	SC
地板	F		

例如：BV（3×50+1×25）SC50-FC 表示线路是铜芯塑料绝缘导线，三根 50mm²，一根 25mm²，穿管径为 50mm 的钢管沿地面暗敷。

例如：BLV（3×60+2×35）SC70-WC 表示线路为铝芯塑料绝缘导线，三根 60mm²，两根 35mm²，穿管径为 70mm 的钢管沿墙暗敷。

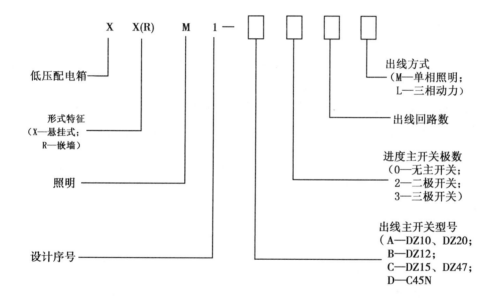

（三）照明配电箱的标注

例如：型号为 XRM1-A312M 的配电箱表示该照明配电箱为嵌墙安装，箱内装设一个型号为 DZ20 的进线主开关，单相照明出线开关 12 个。

（四）开关及熔断器的标注

开关及熔断器的标注也为图形符号加文字，其文字标注格式一般为

$$a\frac{b}{c/i} \qquad a\text{-}b\text{-}c/i$$

若需要标注引入线的规格时，则标注为

$$a\frac{b\text{-}c/i}{d(e\times f)\text{-}g}$$

其中：a 为设备编号，b 为设备型号，c 为额定电流，i 为整定电流，d 为导线型号，e 为

导线根数，f 为导线截面，g 为导线敷设方式。

例如：Q3DZ10-100/3-100/60 表示编号为 3 号的开关设备，其型号为 DZ10-100/3，即装置式 3 极低压空气断路器，其额定电流为 100A，脱扣器整定电流为 60A。

四、电气施工图的阅读方法

（1）熟悉电气图例符号，弄清图例、符号所代表的内容。常用的电气工程图例及文字符号可参见国家颁布的《电气图形符号标准》。

（2）针对一套电气施工图，一般应先按以下顺序阅读，然后再对某部分内容进行重点识读：

①看标题栏及图纸目录：了解工程名称、项目内容、设计日期及图纸内容、数量等；

②看设计说明：了解工程概况、设计依据等，了解图纸中未能表达清楚的各有关事项；

③看设备材料表：了解工程中所使用的设备以及材料的型号、规格和数量；

④看系统图：了解系统基本组成，主要电气设备、元件之间的连接关系以及它们的规格、型号、参数等，掌握该系统的组成概况；

⑤看平面布置图：如照明平面图、防雷接地平面图等，了解电气设备的规格、型号、数量及线路的起始点、敷设部位、敷设方式和导线根数等，平面图的阅读可按照以下顺序进行：电源进线→总配电箱→干线→支线→分配电箱→电气设备；

⑥看控制原理图：了解系统中电气设备的电气自动控制原理，以指导设备安装调试工作；

⑦看安装接线图：了解电气设备的布置与接线；

⑧看安装大样图：了解电气设备的具体安装方法、安装部件的具体尺寸等。

（3）抓住电气施工图要点进行识读。

①在明确负荷等级的基础上，了解供电电源的来源、引入方式及路数；

②了解电源的进户方式是由室外低压架空引入还是电缆直埋引入；

③明确各配电回路的相序、路径、管线敷设部位、敷设方式以及导线的型号和根数；

④明确电气设备、器件的平面安装位置。

（4）结合土建施工图进行阅读

电气施工与土建施工结合得非常紧密，施工中常常涉及各工种之间的配合问题。电气施工平面图只反映了电气设备的平面布置情况，结合土建施工图的阅读，还可以了解电气设备的立体布设情况。

（5）熟悉施工顺序，便于阅读电气施工图，如识读配电系统图、照明与插座平面图时，就应首先了解室内配线的施工顺序。

①根据电气施工图确定设备安装位置、导线敷设方式、敷设路径及导线穿墙或楼板的位置；

②结合土建施工进行各种预埋件、线管、接线盒、保护管的预埋；

③装设绝缘支持物、线夹等，敷设导线；

④安装灯具、开关、插座及电气设备；

⑤进行导线绝缘测试、检查及通电试验；

⑥工程验收。

（6）识读时，施工图中各图纸应协调配合阅读。对于具体工程来说，为说明配电关系，需要有配电系统图；为说明电气设备、器件的具体安装位置，需要有平面布置图；为说明设备工作原理，需要有控制原理图；为表示元件连接关系，需要有安装接线图；为说明设备、材料的特性、参数，需要有设备材料表等。这些图纸各自的用途不同，但相互之间是有联系并协调一致的。在识读时，应根据需要，将各图纸结合起来识读，以达到对整个工程或分部项目全面了解的目的。

五、案例分析

（一）案例一

图 7.54、图 7.55 所示是某私人住宅楼的供电系统图和标准照明平面图，该住宅楼一梯共五层，每层各一套间，其中一楼为临街商铺，二楼结构稍有不同，三至五楼为标准层。现分析三至五楼为标准层电气平面图和配电系统图。

（1）本住宅楼采用三相四线制供电，电压为 380/220V，由一层穿 ϕ50 塑料管埋地进户。进户处重复接地，接地电阻小于 4Ω。

（2）室内导线选用 BV 耐压 500V 铜芯导线，普通单个插座用 2.5mm^2 导线，照明使用 1.5mm^2 导线，按房主的要求采用塑料管暗敷设。

在施工图中，电力或配电线路的标注采取 $a-b$ $(c \times d)$ $e-f$ 的形式，a 为本张图纸安装数量，b 为导线型号（如 BV、BVV、BLV、VV 等），c 为导线根数，d 为导线截面（单位：mm^2），e 为导线敷设方法，f 为导线敷设的部位（建筑物位置）。

（3）配电箱 AL$_0$ 采用 JXR4006 型，配电箱 AL$_2$ ～ AL$_5$ 采用 JX4003 型，安装高度均为底边距地 1.5m。

（4）所有拉线开关安装高度均为 2.5m，暗设板把式开关距地向度为 1.5m。

从配电系统图知道，进户线采用聚氯乙烯绝缘铜芯导线（BV-4X16/PC50），从首层引入总配电箱 AL$_0$ 内，各层干线的布线方式为树干式，分别引到各层的分配电盘 AL$_2$ ～ AL$_5$。在总配电箱内装有电能表 DT862-4，电能表后装有漏电自动保护开关（型号为 DZ20L-100/4P）。从自动保护开关后引出干线到各层的分配电箱（AL$_2$ ～ AL$_5$）内，第一层分配电箱 AL$_1$ 与总配电箱（AL$_0$）设置同一地方。第二至第五层干线所用的导线为 BV-3X10/PR/WS/CE，分配电箱支路经电能表 DD862-4-10（40）A 和带漏电装置的自动空气开关（型号为 DZ47-63/2P/C40）引入各户内。各层走廊、楼梯公共照明由一支路 BV-3x2.5/PR/WS 单独提供。

从三至五层标准层照明平面图可以看出，配电箱在东北角 B 轴上，进户线内楼梯间引入，由分配电箱引出四条支路至各层。各户房间内的所有插座均为明设（有两极插座和三极插座），室内灯开关均为明设板把开关，大厅空调插座可考虑使用三相开关盒控制。各灯具和插座的位置如图所示，其规格、安装高度均标注在相应的图形符号旁边或图例说明表内，例如，日光灯标有 $\frac{30\times2}{2.8}$B 表示该日光灯内有功率为 30W 两只灯管，安装高度为距该层楼板地面 2.8m 壁装。

电气平面图是表示房间里面设备的安装布置和线路的走向等情况，按敷设方式分明敷和暗敷设两大类。图 7.54 为采用暗敷设方式。暗敷设一般埋于楼板、地砖、吊顶和墙等处，图纸上最明显是与设备连接"走直线"；而明敷的最大特点是"横平竖直"，线路沿墙敷设，图上一般看到的线路是"贴墙平行"布置。

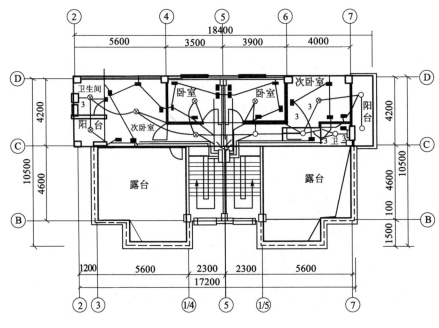

图 7.54　电气平面图

（二）案例二

图 7.55～图 7.63 为某汽车销售公司的电气工程图，该汽车销售公司为五层建筑，一层为汽车展厅及卖场，二至四层为汽车修理中心，五层为工作人员办公场所。

1. 电气设计说明

（1）建筑概况。本工程为三类建筑。建筑主体五层，建筑物高度为 23.5m，面积为 4100.0m²。

（2）设计依据：①低压配电设计规范（GB50054—95）；

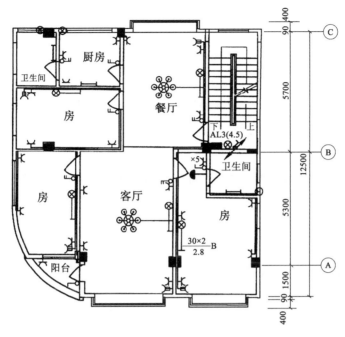

图 7.55　3～5 层电气标准平面图

②建筑物防雷设计规范（GB50057—94）；

③民用建筑电气设计规范（JGJ/T16—92）；

④建筑照明设计标准（GB50034—2004）；

⑤2003 年全国民用建筑工程设计技术措施——电气；

⑥内部各专业相互提出的设计资料。

（3）设计内容：

①电力配电系统；

②照明系统；

③建筑物防雷、接地系统；

④电视、电话及网络系统。

（4）供电导线的选择及敷设。自变电所引入的电源线采自 YJV22-1kV 电力电缆 -0.8m 埋地引入，供电电压为 220V/380V，电缆在进户处穿焊接钢管保护，并伸出散水坡 100mm。未注处插座分支线路均采用 BV-3×2.5mm² PC20 导线。未注处照明分支线路均采用 BV-2.5mm² 导线。

（5）防雷接地的做法：

①避雷带支架做法：在女儿墙上预埋 25×4mm 镀锌扁钢作为支架，外露长度为 0.1m，支架间距 1.0m，转弯处 0.5m。

②引下线：利用混凝土柱内两根不小于 φ16 以上主筋通长焊接作为引下线，间距不大于 25m。引下线位置详见防雷平面图（图 7.62）。外墙引下线在室外地面下 1m 处引出与室外接地线焊接。

③接地极：接地装置利用地基梁的钢筋，要求所有地基梁的两根主筋均应与引下线焊接。

④建筑物四角的外墙引下线在距室外地面上 0.5m 处设测试卡子，防雷接地与其他电气接地采用统一接地装置，其总接地电阻应不大于 1Ω。施工完成后实测接地电阻，不能满足要求时，增加人工接地极。

⑤所有露出屋面的金属管道及金属构件均应与屋面避雷带可靠连接。所有防雷接地装置中的金属件均应镀锌。

⑥本工程采用总等电位联接，总等电位板由紫铜板制成。

⑦本工程接地形式采用 TN-S 系统。

（6）弱电系统及线路敷设。

电视系统：电视信号线埋地引入，在一层设前端放大器，通过各层分支箱将信号输送至各电视终端。

电话系统：电话电缆埋地引入，在每层设电话分线箱。

网络系统：多模光纤从室外埋地引入，在一层设网络配线架。

（7）其他。

①施工做法参见《建筑电气安装工程图集》及现行有关国标执行。

②未尽事宜由现场配合解决，电气专业应与土建密切配合，预埋管线、预留孔洞、箱体留洞以建施为准。

③电气装置施工、安装及验收按《建筑电气安装工程施工质量验收规范》（GB50303—2002）执行。

2. 干线系统图

如图 7.56 所示。

3. 配电系统图

如图 7.57、图 7.58 和图 7.59 所示。

4. 照明平面图（以一层为例）

一层照明平面图如图 7.60 所示。一层干线及插座平面图如图 7.61 所示。

5. 防雷接地平面图

屋顶防雷平面图如图 7.62 所示。基础接地平面图如图 7.63 所示。

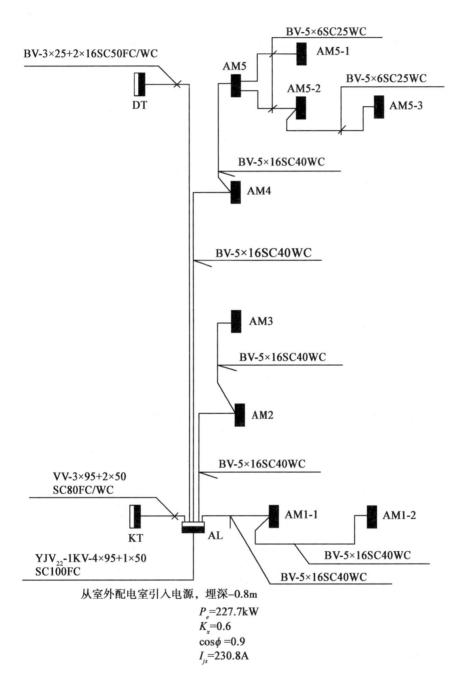

图 7.56　干线系统图

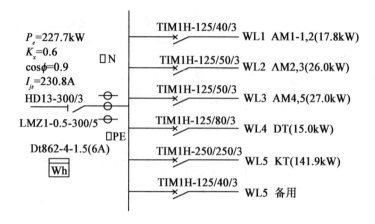

P_e=227.7kW
K_x=0.6
cosϕ=0.9
I_{js}=230.8A
HD13-300/3
LMZ1-0.5-300/5
Dt862-4-1.5(6A)
Wh

| N
| PE

TIM1H-125/40/3 WL1 AM1-1,2(17.8kW)
TIM1H-125/50/3 WL2 AM2,3(26.0kW)
TIM1H-125/50/3 WL3 AM4,5(27.0kW)
TIM1H-125/80/3 WL4 DT(15.0kW)
TIM1H-250/250/3 WL5 KT(141.9kW)
TIM1H-125/40/3 WL5 备用

(a)AL配电柜系统图
XL-21
600×1700×400

P_e=14.2kW
K_x=0.9
cosϕ=0.9
I_{js}=21.6A
TIB1-63C25/3
| N
|⊦ PE

A TIB1-63C16 n1 照明 1.73kW
B TIB1-63C16 n2 照明 1.73kW
C TIB1-63C16 n3 照明 1.73kW
A TIB1-63C16 n4 照明 1.1kW
B TIB1-63C16 n5 照明 0.65kW
C TIB1-63C16 n6 照明 0.7kW
A TIL₃-32C16/0.03 n7 插座 0.5kW
B TIL₃-32C16/0.03 n8 插座 0.7kW
C TIL₃-32C16/0.03 n9 插座 0.8kW
A TIB1-63C16 n10 BV-3×2.5PC20CC 空调室内机1.0kW
B TIB1-63C16 n11 BV-3×2.5PC20CC 空调室内机1.0kW
C TIB1-63C16 n12 BV-3×2.5PC20CC 空调室内机0.2kW
A TIB1-63C20 n13 BV-5×4PC25CC 风幕2.4kW

(b)AM1-1箱系统图
600×250×160
(宽×高×深)

| N
TIB1-63C20/3
|⊦ PE

A TIB1-63C16 n1 照明 0.4kW
B TIB1-63C16 n2 照明 0.4kW
C TIB1-63C16 n3 照明 1.2kW
A TIB3-32C16/0.03 n4 插座 0.2kW
B TIB1-63C16 n5 BV-3×2.5PC20CC 空调室内机 1.4kW
C TIB1-63C16 备用

(c)AM1-2箱系统图
400×250×160
(宽×高×深)

图 7.57　AL 配电柜系统图

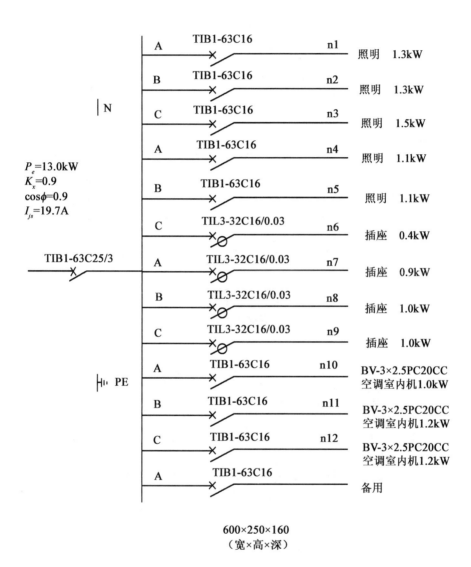

P_e=13.0kW
K_x=0.9
cosϕ=0.9
I_{js}=19.7A

TIB1-63C25/3

A	TIB1-63C16	n1	照明　1.3kW
B	TIB1-63C16	n2	照明　1.3kW
C	TIB1-63C16	n3	照明　1.5kW
A	TIB1-63C16	n4	照明　1.1kW
B	TIB1-63C16	n5	照明　1.1kW
C	TIL3-32C16/0.03	n6	插座　0.4kW
A	TIL3-32C16/0.03	n7	插座　0.9kW
B	TIL3-32C16/0.03	n8	插座　1.0kW
C	TIL3-32C16/0.03	n9	插座　1.0kW
A	TIB1-63C16	n10	BV-3×2.5PC20CC 空调室内机1.0kW
B	TIB1-63C16	n11	BV-3×2.5PC20CC 空调室内机1.2kW
C	TIB1-63C16	n12	BV-3×2.5PC20CC 空调室内机1.2kW
A	TIB1-63C16		备用

N

PE

600×250×160
（宽×高×深）

图 7.58　AM2（AM3、AM4）箱系统图

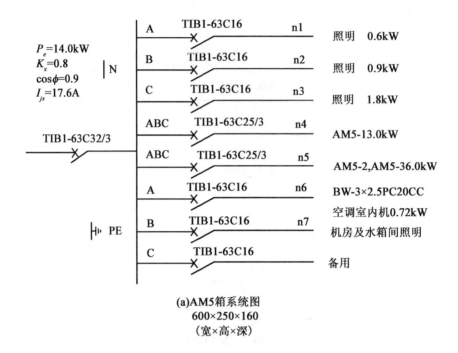

$P_e=14.0\text{kW}$
$K_x=0.8$
$\cos\phi=0.9$
$I_{js}=17.6\text{A}$

N

TIB1-63C32/3

PE

A	TIB1-63C16	n1	照明　0.6kW
B	TIB1-63C16	n2	照明　0.9kW
C	TIB1-63C16	n3	照明　1.8kW
ABC	TIB1-63C25/3	n4	AM5-13.0kW
ABC	TIB1-63C25/3	n5	AM5-2,AM5-36.0kW
A	TIB1-63C16	n6	BW-3×2.5PC20CC 空调室内机0.72kW
B	TIB1-63C16	n7	机房及水箱间照明
C	TIB1-63C16		备用

(a)AM5箱系统图
600×250×160
（宽×高×深）

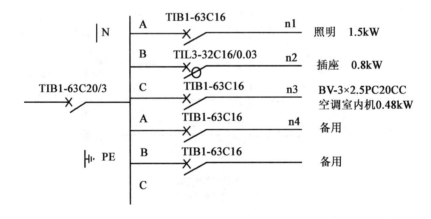

N

TIB1-63C20/3

PE

A	TIB1-63C16	n1	照明　1.5kW
B	TIL3-32C16/0.03	n2	插座　0.8kW
C	TIB1-63C16	n3	BV-3×2.5PC20CC 空调室内机0.48kW
A	TIB1-63C16	n4	备用
B	TIB1-63C16		备用
C			

(b)AM5-1(AM5-2,AM5-3)箱系统图
400×250×160
（宽×高×深）

图 7.59　AM5 箱系统图

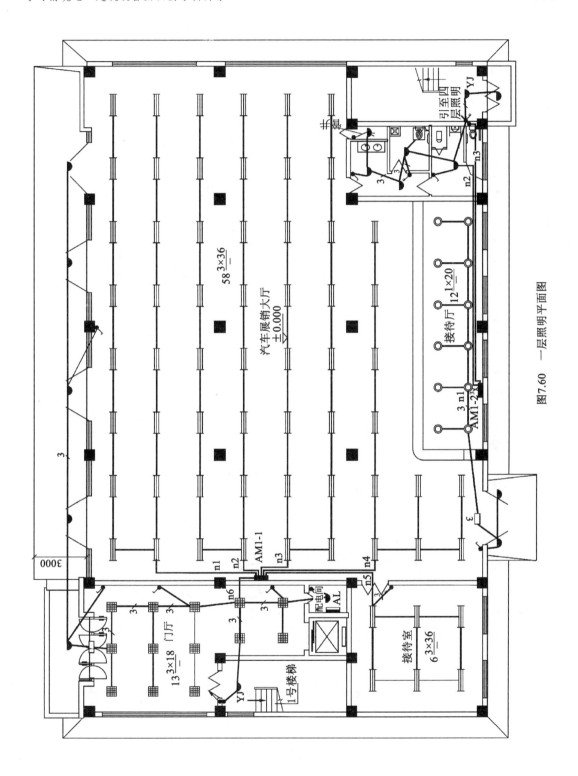

图7.60 一层照明平面图

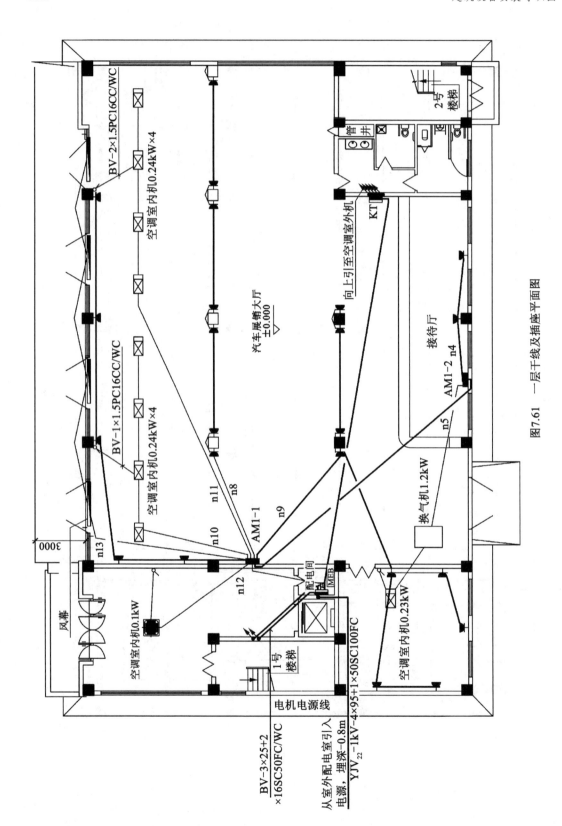

BV-2×1.5PC16CC/WC

空调室内机0.24kW×4

BV-1×1.5PC16CC/WC

空调室内机0.24kW×4

汽车展销大厅
±0.000

2号楼梯

管井

向上引至空调室外机

KT

接待厅

AM1-2 n4

n5

换气机1.2kW

n11

n8

n9

n10

AM1-1

n13

3000

n12

配电间

MEB

风幕

空调室内机0.1kW

1号楼梯

空调室内机0.23kW

电机电源线

BV-3×25+2×16SC50FC/WC

从室外配电室引入电源，埋深-0.8m
YJV₂₂-1kV-4×95+1×50SC100FC

图7.61　一层干线及插座平面图

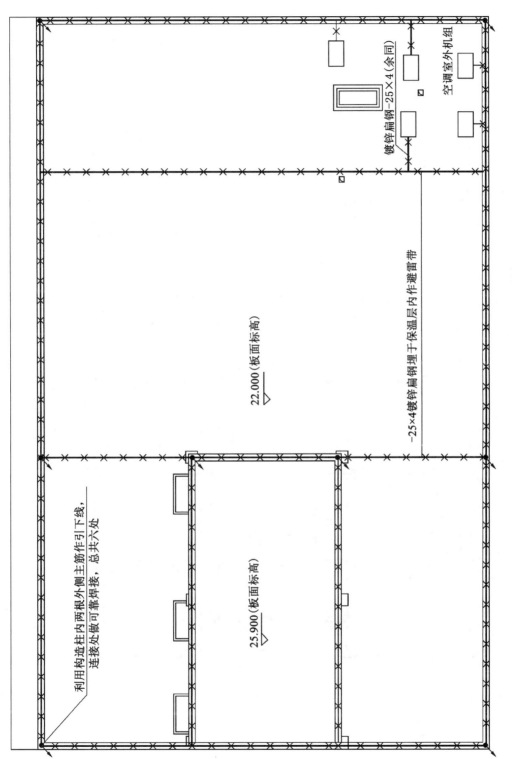

空调室外机组

镀锌扁钢−25×4（余同）

−25×4镀锌扁钢埋于保温层内作避雷带

22.000（板面标高）

利用构造柱内两根外侧主筋作引下线，连接处做可靠焊接，总共六处

25.900（板面标高）

图7.62　屋面防雷平面图

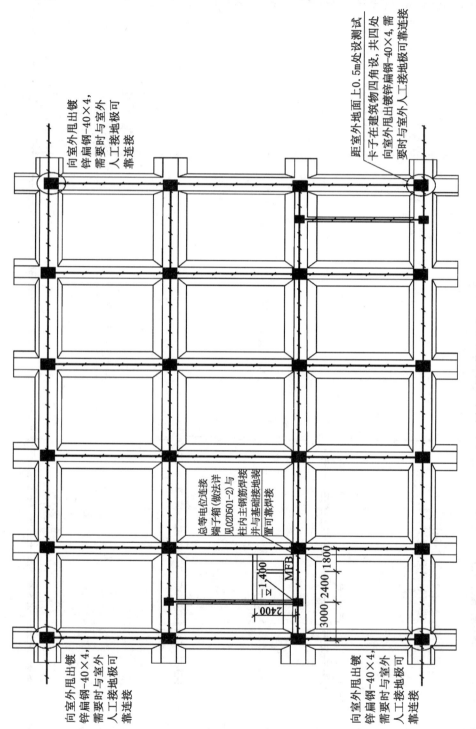

图7.63 基础接地平面

向室外甩出镀锌扁钢-40×4，需要时与室外人工接地极可靠连接

距室外地面上0.5m处设测试卡子在建筑物四角处，共四处，需向室外甩出镀锌扁钢-40×4，需要时与室外人工接地极可靠连接

总等电位连接端子箱（做法详见02D501-2）与柱内主钢筋焊接并与基础接地装置可靠焊接

MEB

-1.400

2400

3000 2400 1800

向室外甩出镀锌扁钢-40×4，需要时与室外人工接地极可靠连接

参 考 文 献

［1］郭卫琳．建筑设备．北京：机械工业出版社，2010.

［2］陈思荣．建筑设备安装工艺与识图．北京：机械工业出版社，2012.

［3］刘妍，黄向阳．建筑设备工程．北京：中国水利水电出版社，2011.

［4］张胜峰．建筑给排水工程施工．北京：中国水利水电出版社，2010.

［5］魏恩忠．锅炉与供热．北京：机械工业出版社，2003.

［6］张志贤．管道施工技术手册．北京：中国建筑工业出版社，2009.

［7］陆耀庆．实用供热空调设计手册．第2版．北京：中国建筑工业出版社，2008.

［8］北京建工培训中心．给排水及建筑设备安装工程．北京：中国建筑工业出版社，2012.

［9］许琢玉，谭荣伟．建筑设备技术细节与要点．北京：化学工业出版社，2011.

［10］文桂萍．建筑设备安装与识图．北京：机械工业出版社，2010.

［11］张东放．建筑设备工程．北京：机械工业出版社，2009.

［12］给水排水管道工程施工及验收规范（GB50268—2008）.

［13］建筑给水排水及采暖工程施工质量验收规范（GB50242—2002）.

［14］通风与空调工程施工质量验收规范（GB50243—2002）.

［15］建筑电气制图标准（GB/T50786—2012）.